Hubert Ludwig

Der Pharmazie Chemistry in Life Sciences

Archiv

Hubert Ludwig

Der Pharmazie Chemistry in Life Sciences
Archiv

ISBN/EAN: 9783742818836

Manufactured in Europe, USA, Canada, Australia, Japa

Cover: Foto ©Klaus-Uwe Gerhardt /pixelio.de

Manufactured and distributed by brebook publishing software
(www.brebook.com)

Hubert Ludwig

Der Pharmazie Chemistry in Life Sciences

ARCHIV

DER

PHARMACIE.

Eine Zeitschrift

des

allgemeinen deutschen Apotheker-Vereins,
Abtheilung Norddeutschland.

Herausgegeben vom Directorium unter Redaction

von

H. Ludwig.

XXI. Jahrgang.

Im Selbstverlage des Vereins.
In Commission der Buchhandlung des Waisenhauses in Halle a. S.
1871.

ARCHIV

DER

PHARMACIE.

Zweite Reihe, CXLVIII. Band.
Der ganzen Folge CXCVIII. Band.

Unter Mitwirkung der Herren

G. H. Barkhausen, Aug. Burgemeister, Ed. Fischer, Adelb. Geheeb,
Osw. Hesse, F. Kostka, K. Kraut, M. Löhr, R. Mirus, E. Myllus,
W. Stein, B. Unger, H. Vohl u. A. Vollrath

herausgegeben vom Directorium unter Redaction

von

H. Ludwig.

Im Selbstverlage des Vereins.
In Commission der Buchhandlung des Waisenhauses in Halle a./S.
1871.

ARCHIV DER PHARMACIE.

CXCVIII. Bandes erstes Heft.

A. Originalmittheilungen.

I. Chemie und Pharmacie.

Beiträge zur Kenntniss des Antimons.

Von Bodo Unger.

(Aus dem Laboratorium von E. de Haen & Co., chem. Fabrik List vor Hannover.)

(Schluss).

Wir haben im ersten Theil dieser Beiträge (im September-Hefte d. A.) gesehn, dass die Vorgänge, welche sich bei Bildung des Schlippe'schen Salzes zeigen, zu der Annahme auffordern, dass aus der Einwirkung von kaustischer Lauge auf Dreifachschwefelantimon eine niedrigere Schwefelungsstufe des Antimons hervorgehe; die bei dieser Reaction auftretende Quantität von antimonsaurem Alkali wies darauf hin, dass es Zweifachschwefelantimon sein werde. Dieses wurde jedoch nicht beobachtet, weder in isolirter Form, noch auch in beweisender Art als Bestandtheil einer Verbindung, und es musste demnach neues Material zu weiteren Aufschlüssen herbeigeschafft werden.

Wenn auch in dem Schlippe'schen Processe ursprünglich kaustisches Natron die Reaction einleitet, so wissen wir doch, dass es durch Hergabe seines Sauerstoffs zur Bildung von antimonsaurem Natron dient, und dass ein anderer Theil durch Aufnahme von Schwefel aus dem Schwefelantimon zu Schwefelnatrium wird, und es ist klar, dass es die Reaction zwischen diesen beiden letzteren ist, der sich unsere Betrachtung zuwenden muss.

Indem es sich wesentlich um den Beweis handelte, ob Zweifachschwefelantimon in der That existirte, so war

1

für die Versuche folgende Ueberlegung maassgebend: Sollte
es sich zeigen, dass Schwefelnatrium auf Dreifachschwefelantimon eine solche Wirkung ausübte, dass ein höheres Schwefelantimon entstände, in welchem das Antimon einen bestimmten einfachen Bruchtheil vom angewandten ausmachte; und
sollte sich darthun lassen, dass dabei das Schwefelnatrium
keinen Schwefel an das Dreifachschwefelantimon abgäbe: so
müsste es für bewiesen angesehn werden, dass das Dreifachschwefelantimon eine solche Spaltung erfahren hätte, dass
daraus eine höhere und eine niedrigere Schwefelungsstufe
des Antimons hervorgingen.

Die Versuche waren für Annahme der Spaltung entscheidend und bestätigten die Existenz des Zweifachschwefel-
antimons; an ihre Darstellung reiht sich die Frage vom
Kermes.

1) Dreifachschwefelantimon durch Schwefel- natrium gespalten.

Die Erscheinungen bei Vermischung von Dreifachschwefelantimon mit Schwefelnatriumlauge sind je nach den angewandten relativen Gewichtsmengen verschieden: eine kleine
Menge der letzteren und in concentrirter Form bewirkt die
Bildung des kupferfarbigen, metallisch glänzenden Körpers,
auf den bereits früher aufmerksam gemacht wurde; 4 Th.
Dreifachschwefelantimon und 5 Th. Schwefelnatriumlösung,
welche 1,3 Th. NaS enthalten oder gleiche Aequivalente von
beiden, liefern ihn in grosser Menge, wenn sie bei Abschluss
der Luft längere Zeit mit einander erwärmt werden; es werden dadurch $^3/_4$ vom angewandten Schwefelantimon in die
Verbindung verwandelt, welche indessen bisher nicht frei
erhalten wurde von einem beigemengten rothen, amorphen
Körper, welcher Fünffachschwefelantimon zu enthalten scheint.

Wird dagegen Dreifachschwefelantimon mit viel Schwefelnatriumlauge übergossen, so findet völlige Auflösung statt
und man erhält eine Flüssigkeit von weingelber Farbe. Giesst
man dieselbe in absoluten Alkohol, so schlägt sich hel-
les Salz nieder, gemengt mit einem wie Theer aussehenden

Körper; durch Zusatz von mehr Alkohol erhärtet auch dieser, wiewohl langsam, und ist in dünnen Schichten undurchsichtig, theils blut-, theils zinnoberroth. Darüber befindet sich eine farblose Auflösung von Schwefelnatrium in Alkohol, welche nur Spuren von Antimon hält. Entfernt man letztere durch Decantiren und Abspülen, übergiesst den Rückstand mit wenig Wasser, worin er sich sofort zu einer schwach gelben Flüssigkeit löst, und verdampft im Wasserbade, so scheidet sich während des Abdampfens ein dunkelbrauner Körper in Flocken aus, welche den Rand der Schale mit einem dichten, schwarzen, leicht zerreiblichen Ueberzuge bekleiden, der sich gut auswaschen lässt. Hat man bis zur Trockniss verdampft, mit kaltem Wasser das Lösliche ausgezogen, abfiltrirt und wieder bis auf ein kleines Volum verdampft, so schiessen beim Erkalten Tetraëder an. Es scheidet sich auch bei dem zweiten Abdampfen von dem dunklen Körper aus, aber viel weniger als das erste Mal und nicht mehr so schwarz, sondern von rötherer Farbe. Filtrirt man wieder und verdampft die Lösung, so ist die Ausscheidung noch geringer und heller, während das Filtrat reichliche Tetraëder liefert, die sich als Schlippe'sches Salz ausweisen. Löst man noch einmal und verdampft, so zeigen sich nur noch wenige Flocken des unlöslichen Körpers und das Filtrat giebt gelbliche Tetraëder, gemengt mit einer geringen Menge einer leicht verwitternden Masse, welche meist aus kohlensaurem Natron besteht.

Eine gleichzeitige Beobachtung am metallischen Antimon wies darauf hin, dass das Schlippe'sche Salz auf Kosten der Luft gebildet sein könnte; denn als sehr fein gepulvertes Antimon zwei Tage hindurch in offener Schale bei 60—80° mit ziemlich concentrirter Lauge, worin sich die fünffache Menge Schwefelnatrium befand, digerirt worden, war alles Antimon in Lösung übergegangen und es krystallisirten bei allmähligem Verdunsten sehr reichlich Tetraëder von Schlippe'schem Salz. Als hingegen derselbe Versuch in verschlossener Flasche unter häufiger Erwärmung bis etwa 90° angestellt wurde, hatte sich im Verlaufe von 10 Tagen keine deutlich nachweisbare Menge jenes Salzes gebildet.

1 *

Es wurden desshalb 4,276 Grm. rothes Dreifachschwefelantimon, worin 3,054 Grm. Sb, welches aus Brechweinstein dargestellt und bei 125° getrocknet war, in einem Kölbchen mit 34 C.C. Natriumsulfhydratlauge, worin sich 5,98 Grm. NaS befanden, oder 1 Aeq. SbS³ mit 6 Aeq. NaS, übergossen und in der Wärme gelöst, während das Kölbchen mit Cautschucstöpsel wohlverschlossen war. Das Sulfhydrat wurde desswegen statt des Schwefelnatrium angewandt, weil dadurch die Gegenwart von sauerstoffhaltigem Natron um so sicherer vermieden wurde; doch geschah dies erst, nachdem die Ueberzeugung erlangt war, dass sich das Sulfhydrat gegen Schwefelantimon ebenso verhielte, wie Schwefelnatrium. Der Raum im Kölbchen, welchen die Luft einnahm, betrug 26 C.C., der Sauerstoff derselben wog mithin 0,0075 Grm. und konnte möglicherweise Schwefelantimon in Schlippe'sches Salz überführen, dessen Gewicht dann 0,225 Grm. betragen würde. Beim Oeffnen des Kölbchens fand ein kaum merkbares Einsaugen von Luft statt; dabei war eine Aenderung seines Gewichtes nicht eingetreten. Der Inhalt wurde in absoluten Alkohol gegossen, das dadurch Gefällte rasch mit Alkohol abgespült, und von anhängender Flüssigkeit in einem Strome von Wasserstoffgas befreit; während das nemliche Gas den Zutritt der Luft abhielt, wurde die feste Masse in der kleinsten Menge von heissem, luftfreien Wasser gelöst. Am andern Tage zeigten sich in der mit Wasserstoff gefüllten, wohlverschlossenen Flasche deutliche Tetraëder und, obwohl sie aus der soviel fremdartiges Schwefelsalz enthaltenden Lauge schwierig anschossen, doch augenscheinlich beträchtlicher an Gewicht als 0,225 Grm., welche durch den Sauerstoff der Luft hätten gebildet werden können. Es sei hier erwähnt, dass, wo irgend bei Versuchen mit Antimonschwefelverbindungen Tetraëder auftraten, diese sich ohne Ausnahme als Schlippe'sches Salz auswiesen; übrigens würde es sich im weiteren Verlauf dieses Versuchs auch herausgestellt haben, wenn sie irrthümlich dafür angesehn worden wären.

Da, wenn alles gebildete Schlippe'sche Salz unter Ausschluss der atmosphärischen Luft dargestellt werden sollte,

auch die unumgänglichen Filtrationen in Wasserstoffgas vorgenommen werden mussten, dies jedoch eine sehr umständ-
liche und dabei vielleicht nicht einmal völlig beweisende
Arbeit wäre, so wurde die Masse, in welcher die Tetraëder
entstanden waren, mit Wasser übergossen und im Wasserbade so oft zur Trockniss verdampft, bis die dunklen Ausscheidungen aufhörten. Die aus der Flüssigkeit durch Abdampfen und schliesslich durch freies Verdunsten erhaltenen
Tetraëder, beiläufig 6,286 Grm., wurden in Wasser gelöst
und mit Chlorbaryumlösung versetzt; dadurch fielen zunächst
kohlensaurer und schwefelsaurer Baryt und später etwas roth-
braune Substanz, wahrscheinlich das dem Schlippe'schen
correspondirende Baryt-Salz. Nachdem letzteres mit Ammoniak
ausgezogen war, wurde es mit dem Filtrate vereinigt, welches
das Schlippe'sche Salz enthielt und mit diesem durch Salzsäure zersetzt: der erhaltene Goldschwefel wog getrocknet
1,9388 Grm. Davon wurden 1,888 Grm. mit Schwefel erhitzt
und lieferten 1,464 Grm., welche an Wasser 0,012 Grm. ab-
traten, also 1,452 Grm. Sb S^3 oder, auf das Gesammtgewicht
von 1,9388 Grm. berechnet, 1,491 Grm. Sb S^3, welche 1,065 Grm.
Sb enthalten. Dies ist nahezu $^1/_8$ vom angewandten Antimon, welches der Rechnung nach 1,018 Grm. beträgt.

Die bei dem wiederholten Abdampfen gewonnenen dunklen, amorphen Massen wogen beiläufig 3,37 Grm. und enthielten 1,988 Grm. Sb, während $^2/_3$ vom angewandten Antimon
der Rechnung nach 2,036 Grm. betragen. Aus der Analyse
dieser Ausscheidungen ergab sich, wie etwas später gezeigt
werden soll, dass sie unter Mitwirkung der atmosphärischen
Luft gebildet sein mussten, und dass, da sie sauerstoff-
frei sind, der Sauerstoff der Luft in der Art eingewirkt
haben musste, dass er einen Theil des Natrium entzog, welcher der Verbindung zuvor angehörte; durch diesen Vorgang
war aus einem in Wasser höchst leichtlöslichen Körper ein
neuer, wasserfreier, unlöslicher entstanden. Das Natrium,
welches ihm durch die Luft entzogen war, befindet sich bei
den Tetraëdern als kohlensaures und zum Theil als schwefelsaures Natron; beide wurden in Form von schwefelsaurem

Baryt gewogen: das kohlensaure Natron lieferte 1,246 Grm. schwefelsauren Baryt, und das schwefelsaure 0,552 Grm. zusammen 1,798 Grm. schwefelsauren Baryt, welchen 0,3547 Grm. Na entsprechen.

Bevor diese Zahlen einer Kritik unterworfen werden, ist es nöthig, von der Zusammensetzung der beim Abdampfen erzeugten dunklen Ausscheidungen zu reden. Obgleich die, welche man zuerst erhält, dunkler gefärbt sind, als die späteren, so scheint ein wesentlicher Unterschied zwischen ihnen doch nicht zu bestehen; es scheint vielmehr, dass die dunklen nur dichter sind, als die hellen. Von einer gleich wie im vorhergehenden Versuch dargestellten Portion, welche bei Zimmerwärme getrocknet war, hatten 1,355 Grm. nach zweitägigem Stehen über Schwefelsäure 0,0025 Grm. verloren oder 0,18%; nach dem Trocknen bei 130°C. war der Verlust 0,004 Grm. oder 0,3%; der Körper ist demnach fast nicht hygryskopisch.

Es wurden von der trocknen Substanz 0,302 Grm. mit kaustischem und salpetersauren Natron geschmolzen,*) mit Salzsäure und Weinsäure versetzt und mit Chlorbaryum gefällt, und es wurden erhalten 0,676 Grm. schwefelsaurer Baryt oder 30,80% Schwefel. Dann wurden 1,049 Grm. Substanz mit Essigsäure zersetzt und aus dem verdampften Filtrate durch Glühen 0,2105 Grm. kohlensaures Natron gewonnen, welche durch Glühen mit Salmiak 0,2325 Grm. Na Cl oder 8,73 % Na lieferten. Das ausgeschiedene Schwefelantimon wog trocken 0,924 Grm.; davon wurden 0,8947 Grm. mit Schwefel erhitzt und gaben 0,903 Grm.; diese wurden zerrieben, mit Essigsäure digerirt, wobei Schwefelwasserstoff entwich, und ausgewaschen. Das Filtrat gab, mit Salmiak geglüht, 0,064 Grm. Na Cl, aufs

Ganze berechnet 0,0661 Grm. NaCl oder 2,48% Na. Das Schwefelantimon wog 0,8411 Grm., aufs Ganze berechnet 0,8686 Grm. SbS³ oder 59,14% Sb.

	gefunden	berechnet nach NaSbS⁴
Antimon	59,14	57,97
Schwefel	30,80	30,91
Natrium	11,21	11,11
	101,15	100.

Der Körper hat demnach die Zusammensetzung wie NaS + SbS³ und Säuren scheiden daraus SbS⁴, obgleich er sich aus einer Verbindung von Schwefelnatrium mit Zweifachschwefelantimon gebildet haben muss, weil der dritte Theil vom angewandten Dreifachschwefelantimon zu Schlippo'schem Salze wurde, die übrigen zwei Drittel also Zweifachschwefelantimon bilden mussten, indem, wie wir später sehen werden, das Schwefelnatrium keinen Schwefel an das Antimon abgiebt.

Entstand nun der Körper aus Schwefelnatrium und Zweifachschwefelantimon, so mussten auf die Verbindung dieser beiden beim Abdampfen die Gase der Atmosphäre eingewirkt haben, und man wird soviel kohlensaures Natron finden, als dem aus der Verbindung eliminirten Natrium entspricht; dass hierbei ein Theil desselben sich in schwefelsaures Salz verwandelt vorfindet, dürfte von partiellen Zersetzungen herrühren. Das aus den Barytsalzen berechnete Natrium, welches also ursprünglich mit dem braunen Körper verbunden gewesen sein musste, betrug, wie erwähnt, 0,3547 Grm. und diesem ist nahezu ebensoviel, als in den erhaltenen 3,37 Grm. des braunen Körpers enthalten ist, nemlich 0,374 Grm. Na. Bestand nun aber die eine Verbindung ursprünglich, wie es einleuchtet, aus 2 (Na² SbS⁴), und die andern, das Schlippe'sche Salz, aus Na³ SbS³, so fand folgende Reaction statt: 3 SbS³ + 7 NaS = 2 (2 NaS, SbS³) + 3 NaS, SbS⁵.

Dies findet durch folgenden Versuch seine Bestätigung. Erwärmt man ein Gemisch von Dreifachschwefelantimon mit etwas Wasser und setzt allmählig Schwefelnatriumlauge hinzu, so findet die Auflösung von sämmtlichem Schwefelantimon in dem Augenblick statt, wo das angegebene Mischungsverhältniss vorhanden ist. Rothes und schwarzes Dreifachschwefelantimon erfordern dieselbe Quantität Lauge, nur wird das rothe rascher gelöst.

5,6375 Grm. rothes Dreifachschwefelantimon, worin 4,0268 Grm. Sb, mit 15 Grm. Wasser erwärmt, brauchten zur Lösung der anfänglich schwarz, dann breiartig werdenden Masse 24,1 C. C. Schwefelnatriumlauge, worin 3,044 Grm. Na S. Die Rechnung verlangt für den Fall, dass zur Auflösung .von 3 Aeq. Schwefelantimon 7 Aeq. Schwefelnatrium nöthig sind, 3,053 Grm. Die Lösung hat die Farbe des Chlorgases und setzt beim Verdunsten bis auf ein geringes Volum verworrene Tetraëder ab. Bei fünfmaligem Auflösen und Abdampfen bis zur Trockniss wurden 4,262 Grm. der Verbindung Na Sb S⁴ erhalten, worin 2,47 Grm. Sb; ³/₅ des angewandten Antimons sind 2,684 Grm.

Die Tetraëder von Schlippe'schem Salze waren mit kohlensaurem und etwas schwefelsauron Natron gemengt. Ihre Lösung, in zwei gleiche Hälften getheilt, wurde theils mit Chlorbaryum, theils mit Manganchlorür gefällt. Das Gemenge von Mangansulfantimoniat und kohlensaurem Manganoxydul wurde, nachdem es gewaschen, mit Salzsäure zerlegt: der Goldschwefel wog 1,2703 Grm.; davon gaben 1,256 Grm., mit Schwefel erhitzt, 1,023 oder aufs Ganze 2,069 Grm. Sb S³ = 1,478 Grm. Sb; ⅓ vom angewandten ist = 1,342 Grm.

Die vom Goldschwefel abfiltrirte Manganlösung wurde mit kohlensaurem Kali gefällt und lieferte 1,0984 oder aufs Ganze berechnet 2,1968 Grm. Mn³ O⁴, denen 2,2159 Grm. Na S entsprechen. Da die gefundenen 1,478 Grm. Sb als Schlippe'sches Salz mit 1,441 Grm. Na S verbunden waren, so waren mithin 2,2159 — 1,441 = 0,7749 Grm. Na S in kohlensaures Natron umgewandelt worden.

Die Fällung mit Chlorbaryum lieferte andrerseits 0,085 Grm., aufs Ganze 0,17 Grm. schwefelsauron Baryt als Antheil desjenigen Schwefelnatrium, welches in schwefelsauren

Natron verwandelt war, und es wurde bei dieser Gelegenheit festgestellt, dass ausser kohlensaurem und schwefelsauren Natron weder schweflig - noch unterschwefligsaures Salz gegenwärtig waren. Den gefundenen 0,17 Grm. BaO, SO^3 entsprechen 0,0569 Grm. NaS; im Ganzen hatten sich also 0,8318 Grm. Schwefelnatrium auf Kosten der Luft beim Abdampfen oxydirt, welche ursprünglich als Zweifachschwefelantimonnatrium vorhanden gewesen sein mussten. Da von der Verbindung Na Sb S^4 4,262 Grm. erhalten wurden, worin Einfachschwefelnatrium 0,8029 Grm. wiegt, und da die oxydirten 0,8318 Grm. ohne Zweifel dieselbe Quantität repräsentiren: so erhellt, dass die Verbindung Na Sb S^4 ursprünglich Na^2 Sb S^4 oder 2 NaS, Sb S^3 gewesen sein muss, von welcher durch Sauerstoffaufnahme 1 Aeq. Natrium eliminirt wurde:

$$3 Sb S^3 + 7 Na S - Na^3 Sb S^6 \text{ (wasserfreies Schlippe'sches Salz)}$$
$$+ 2 (2 NaS, Sb S^3),$$

und durch Oxydation an der Luft

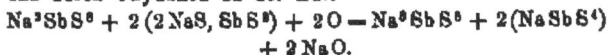

$$Na^3 Sb S^6 + 2 (2 NaS, Sb S^3) + 2 O - Na^6 Sb S^6 + 2 (NaSb S^4)$$
$$+ 2 NaO.$$

Um für das schwarze Dreifachschwefelantimon die zur Lösung nöthige Menge Schwefelnatrium zu finden, wurden davon 7,9644 Grm. mit 54 C.C. Schwefelnatriumlauge, welche 3,93 Grm. NaS enthielt, im Kolben mit Gasleitungsrohr gekocht; das ungelöst gebliebene, welches unangegriffenes Schwefelantimon war, wurde abfiltrirt, gewaschen, gewogen. Es waren 0,0666 Grm.; also hatten 7,2978 Grm. Sb S^3 3,93 Grm. NaS zur Auflösung gebraucht: es verhalten sich aber 3 Sb S^3 : 7 Na S = 7,2978 : 3,953 statt der gefundenen 3,93 Grm.

Das Gasleitungsrohr tauchte in Salzsäure, denn es war beim rothen Schwefelantimon wahrgenommen worden, dass es während des Titrirens Ammoniak ausgab; das schwarze verhielt sich ähnlich. Nun war das rothe, aus Brechweinstein bereitet, bei 120° C. getrocknet gewesen, das schwarze bei 103°; das letztere, wenig Stunden vorher mit Salzsäure und Weinsäure gekocht, lieferte freilich nur ein paar Milligramme Platinsalmiak: man sieht aber, wie gross die

Absorptionsfähigkeit sein muss. Uebrigens ist diese Abgabe von A m m o n i a k schon vor sehr vielen Jahren beobachtet worden.

Mit der Lösung, welche der letzte Versuch gab, wurde ermittelt, dass man fast alles gebildete S c h l i p p e'sche Salz durch partielle Fällung mit Alkohol erhält, wenn man nur ungefähr die Hälfte der Salze ausfüllt. Es wird freilich von Anfang an ein Theil der leicht oxydirbaren Zweifachschwefel-antimonverbindung mit niedergerissen, von welcher der grössere Theil jedoch in Lösung bleibt. Verdunstet man den Alkohol von der partiellen Fällung und löst den Rückstand in Wasser, so zeigt sich in der S c h l i p p e'schen Lauge auch der kupferfarbige, krystallinische Körper, dessen öfter Erwähnung geschehen ist.

Um einen Anhaltspunkt über die Geschwindigkeit zu haben, mit welcher die Schwefelantimonlauge den Sauerstoff anzieht, wurde 1 C. C. einer nach dem Verhältniss von 3 Sb S³ zu 7 Na S frisch dargestellten Lauge zu 12 C. C. Luft über Quecksilber treten gelassen: nach ¼ Stunde war von der Luft 1 C. C. verschluckt, nach 3 Stunden 1,9 C. C., während der Sauerstoff im angewandten Luftvolum 2,4 C. C. ausmachte. Da das Rohr nur 12 MM. inneren Durchmesser hatte, so ist die Absorption eine rasche zu nennen. Schwefelnatrium-lauge absorbirte in ¼ Stunde 0,1 C. C. und in 12 Stunden 1 C. C. von 12 C. C. Luft.

Indem wir uns nun zu der für unsere Betrachtung wichtigen Frage wenden, ob das Schwefelnatrium bei Ausschluss der Luft Schwefel an das Dreifachschwefelantimon abgiebt, sei zunächst der Merkmale des Niederschlages, welchen Säuren mit der Auflösung erzeugen, gedacht.

Während sowohl Fünffachschwefelantimon, welches durch Eingiessen von S c h l i p p o'scher Lauge in überschüssige Säure dargestellt, als auch Dreifachschwefelantimon, welches aus dem Chloride oder Brechweinstein durch Schwefelwasserstoff-gas niedergeschlagen ist, die bekannte schön gelbrothe Farbe

zeigen, hat die Fällung, welche eine Auflösung von Dreifachschwefelantimon in Schwefelnatrium beim Eingiessen in Säuren hervorbringt, die Farbe des Eisenoxydhydrats
oder des Kermes. Sie ist sehr voluminös und gallertar-
tig, wenn sie in der Kälte bewirkt wurde; die heisse Fällung
giebt einen dichteren, doch aber noch recht voluminösen Niederschlag, und so nimmt die trockene, gepulverte Masse auch
noch einen bedeutenden Raum ein. Wasser scheint sie trotzdem nicht chemisch gebunden zu halten; einmal trocken, ist
sie gleich den übrigen Schwefelantimonen fast nicht hygroskо-
pisch. Ein Präparat, bei 80 — 90° getrocknet, verlor bei
105° 0,9% und darauf bei 138° noch 0,2% ; ein anderes, bei
80 — 90° getrocknet, verlor bei 135° 1,7%, und es ist wahrscheinlich, dass die in höheren Temperaturen so langsam auftretenden Vorluste weniger das Wasser, als vielmehr absor-
birtes Ammoniak angeben.

Die kermesfarbige Fällung hat das Besondere,
dass sie Schwefelnatrium in einem durch Säuren
ungewöhnlich schwer zerlegbaren Zustande enthält: während halbstündigen Kochens mit viel ziemlich
starker Säure steigen aus dem Niederschlage am Boden fortwährend Blasen von Schwefelwasserstoff auf, und beim Auswaschen kommt ein Zeitpunkt, wo die saure Reaction des
Waschwassers einer alkalischen weicht, daran kenntlich, dass
ein empfindliches, rothes Lackmuspapier, mit dem Waschwasser genetzt, beim Eintrocknen blau wird. Etwas Schwefelnatrium findet man stets in dem wohlgewaschenen Präparate.

Die Lösung von rothem Dreifachschwefelantimon in Natriumsulfhydratlauge wurde in siedende verdünnte Phosphorsäure gegossen und damit länger gekocht; dann wurde die
Flüssigkeit abgegossen und der Niederschlag mit Weinsäure
gekocht, welche indessen nichts auflöste. Von dem erhaltenen kermesfarbigen Körper wurden, nachdem er gewaschen
und bei 138° getrocknet· war, 1,7177 Grm. mit Schwefel
erhitzt; aus den erhaltenen 1,6847 Grm. zog Essigsäure unter
Entwicklung von Schwefelwasserstoff Natronsalz aus, welches,

mit Salmiak geglüht, 0,0107 Grm. Chlornatrium gab =
0,245 % Na. Das ausgewaschene Schwefelantimon wog
1,6745 Grm. = 69,635% Sb. Ferner geben 1,103 Grm.
Substanz, mit kaustischem und salpetersaurem Natron geschmolzen und mit Baryt gefällt, 2,4191 Grm. schwefelsauren
Baryt = 30,095% S.

	gefunden		berechnet
Antimon	69,635	SbS^3	97,489
Schwefel	30,095	NaS	0,415
Natrium	0,245	S	2,071
	99,975		99,975.

. Eine andere Fällung, aber mit Schwefelnatriumlauge und
zwar im Verhältniss von $3SbS^3$ zu $7NaS$ dargestellt, gab
auf dieselbe Art analysirt

	gefunden		berechnet
Antimon	69,69	SbS^3	97,57
Schwefel	29,75	NaS	0,57
Natrium	0,34	S	1,64
	99,78		99,78.

Die Frage, wieviel freies Fünffachschwefelantimon zugegen sein konnte, wurde in folgender Weise beantwortet:
5,37 Grm. des kermesfarbigen Körpers wurden durch starke
Salzsäure zersetzt und aus dem geringen Rückstande der
ausgeschiedene Schwefel mit Schwefelkohlenstoff extrahirt;
dieser war nach Verdunsten des letztern rein gelb, rhombisch,
und wog 0,087 Grm. Hierbei zeigte sich die Eigenthümlichkeit, dass solcher Schwefel bei vorsichtigem Destilliren einen
mitunter bedeutenden, im vorliegenden Falle nur geringfügi-
gen graphitfarbigen Rückstand lässt, welcher, da Schwefelnatrium Schwefel daraus extrahirt und der zurückgebliebene
schwarze Rückstand beim Glühen spurlos verschwindet, aus
Kohle und Schwefel bestehn muss, also ein an Kohle reiche-
rer Schwefelkohlenstoff ist, als der bekannte. Es geht daraus
zugleich hervor, dass mehr Schwefel gefunden wurde, als dem
in Freiheit gesetzten entspricht, denn der feste Schwefelkohlenstoff war mit als Schwefel gewogen worden. Dagegen

ergab der Gewichtsunterschied des Schwefelantimons vor und nach der Behandlung mit Schwefelkohlenstoff 0,0855 Grm. = 1,59% Schwefel; dies ist sowohl der freie Schwefel, als auch der durch Abgabe zweier Aequivalente aus dem Fünffachschwefelantimon entstandene, und berechnet sich mithin zu

2,5% SbS^5, worin S $^2/_5$ = 0,4, und 1,19% freier Schwefel.

Dann wurden 2,524 Grm. des kermesfarbigen Körpers mit Schwefelkohlenstoff ausgezogen und dadurch 0,026 Grm. Schwefel erhalten; dagegen wog die Substanz nach Extraction des Schwefels 2,5007 Grm., und die Differenz oder 0,92% Schwefel giebt diejenige Quantität an, welche frei war und zugleich die, welche das Fünffachschwefelantimon abtrat; und da Fünffachschwefelantimon grade $^1/_7$ seines Schwefelgehalts durch Schwefelkohlenstoff einbüsst, so ergiebt die Rechnung 2,5% SbS^5, worin S $^5/_7$ = 0,143, und 0,777% freien Schwefel.

Endlich wurden noch 3,658 Grm. kermesbraunes Schwefelantimon mit Schwefelnatriumlösung titrirt und brauchten zur Auflösung, welche mit den Erscheinungen des Dreifachschwefelantimon vor sich ging, 1,936 Grm. NaS, während 1,98 Grm. NaS nöthig gewesen wären, wenn der Körper Dreifachschwefelantimon war. Hieraus lässt sich berechnen, dass der kermesbraune Körper 97,7% SbS^3 enthielt.

Halten wir alle diese Resultate zusammen, so ist es klar, dass das kermesbraune Schwefelantimon Schwefel aus dem Schwefelnatrium nicht aufgenommen haben konnte; denn, wenn wir sogar den ungünstigsten Fall annehmen, welcher aber zweifellos nicht eintritt, dass aller Schwefel, der mehr gefunden wurde, als zur Constitution von SbS^3 nothwendig ist, als Fünffachschwefelantimon vorhanden gewesen wäre, dass also der Körper die Zusammensetzung

SbS^3	88,96
SbS^5	10,25
NaS	0,57
	99,78

gehabt hätte: so konnten doch nur höchstens 1,61% Schwefel oder 2 Aeq. von den 5 Aeq. des Fünffachschwefelanti-
mons aus dem Schwefelnatrium stammen und diese würden
von den darin angewandten etwa 22% nur den dreizehnten
Theil betragen. Das ist aber mit einer einfachen Reaction in
keinen Einklang zu bringen.

Wir sind demnach zu dem Schlusse berechtigt, dass die
kleine Verunreinigung durch Fünffachschwefelantimon von
dem Mangel des vollständigen Luftabschlusses bei Darstellung
der Lauge herrührt, und dass der freie Schwefel sich bei der
Zersetzung durch Säure aus dem Schwefelwasserstoff durch
den Sauerstoff der Luft ausschied.

Steht es nun fest, dass das kermesfarbige Schwefelantimon wesentlich aus 3 Aeq. Schwefel auf 1 Aeq. Antimon
zusammengesetzt ist, so fragt sich, da es sich aus einer Mischung von Schlippe'schem Salz mit Zweifachschwefelantimonnatrium ausschied, indem das Schwefelnatrium durch
die Säure einfach zersetzt wurde, ob die Verbindung nicht
vielmehr $SbS^5 + 2SbS^2$ ist?

Dass sie das Fünffachschwefelantimon nicht im freien
Zustande enthält, folgt aus dem Verhalten gegen Schwefelkohlenstoff, welcher in dem Falle das Vielfache derjenigen
Menge Schwefel hätte ausziehen müssen, welche er wirklich
auszog; auch daraus, dass Salzsäure ebenfalls viel weniger
Schwefel frei machte, als die Rechnung erfordert: gegen beide
Reagentien verhält sich der Körper vielmehr dem Dreifachschwefelantimon vollkommen gleich.   Auch darin gleicht er
diesem, dass er zur Auflösung dieselbe Quantität Schwefelnatrium nöthig hat.   Was trotzdem auf eine andere Lagerung
der Atome als im Dreifachschwefelantimon schliessen lässt,
ist eigentlich nur die braune Farbe, und es lässt sich
nicht leugnen, dass etwas Auffallendes darin liegt, dass wenn
man den Körper durch wiederholtes und lange fortgesetztes
Kochen mit Säure von allem Schwefelnatrium befreit hat, er
doch nicht roth ist, wie Dreifachschwefelantimon.

Ganz am Schlusse dieser Arbeit ist noch ein Argument
angeführt, welches Bedenken erregt, ohne weiteres das braune

und rothe Schwefelantimon für identisch zu erklären. Es könnte auch sein, dass die Verbindung $SbS^5 + 2SbS^3$ wohl existirte, aber leicht zu $3SbS^3$ würde.

2. Kermes.

Die Existenz eines wie Kermes aussehenden Schwefelantimons fordert zu näherer Betrachtung des wirklichen Kermes auf. Wenige Körper haben eine so ausgedehnte Literatur; dennoch ist noch manche Unklarheit da, und auch die vorliegenden Zeilen schliessen mit einer unbeantworteten Frage.

Sucht man die Quantität von kohlensaurem Kali zu bestimmen, welche zur Auflösung von Dreifachschwefelantimon nothwendig ist, dadurch dass man nach und nach eine Lösung des ersteren von bekanntem Gehalt zu siedendem Wasser fügt, in welchem das Schwefelantimon aufgerührt ist, so braucht man je nach der Quantität Wasser, welche man anwendet, sehr ungleiche Mengen von kohlensaurem Kali: während man z. B. bei dem Verhältniss von 200 Th. Wasser auf 1 Th. Schwefelantimon für 1 Aeq. desselben ungefähr 14 Aeq. kohlensaures Kali zur Auflösung nöthig hat, sind bei dem Verhältniss von 500 Th. Wasser auf 1 Th. Schwefelantimon nur etwa 6 Aeq. Alkali erforderlich. Wendet man aber sehr viel Wasser an, z. B. 1000 Th. auf 1 Th. Schwefelantimon, so braucht man zum Auflösen constantere Mengen von kohlensaurem Kali, doch ist der Endpunkt der Reaction bei der äusserst trägen Auflösung der letzten Antheile nicht leicht zu erkennen.

0,498 Grm. rothes Dreifachschwefelantimon in 500 Grm. siedenden Wassers brauchten bis zur fast völligen Lösung 0,613 Grm. KO, CO^2 oder 3 Aequivalente, aber bis zur völligen 0,816 Grm. oder fast 4 Aequivalente.

Ferner brauchten 0,498 Grm. Schwefelantimon zur völligen Lösung 0,844 Grm. KO, CO^2 oder etwas über 4 Aequivalente.

Nach dem, was wir über den Schlippe'schen Process wissen, liegt die Vermuthung nahe, dass bei der Kermes-

bildung dieselbe Reaction statt habe, wie bei jenem; dann
würden 3 Aeq. Schwefelantimon auf 6 Aeq. Alkali wirken:
da jedoch Kohlensäure im Spiele ist, und da sich bei der Darstellung des Kermes Bicarbonat bildet, so könnte die Reaction
folgende sein:

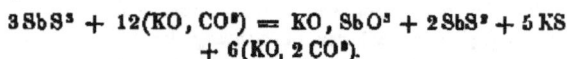

$$3 SbS^3 + 12(KO, CO^2) = KO, SbO^3 + 2 SbS^3 + 5 KS$$
$$+ 6(KO, 2 CO^2).$$

Der Theil der Gleichung, welcher das antimonsaure Kali,
das Zweifachschwefelantimon und das Schwefelkalium angeht,
ist bereits beim Schlippe'schen Processe erörtert worden;
die gebrauchte Menge des kohlensauren Kalis spricht zu
Gunsten dieser Reaction, welche 4 Aeq. kohlensaures Kali
auf 1 Aeq. Schwefelantimon verlangt.

Wie im Schlippe'schen Process der Sauerstoff des
Alkalis dazu dient, um antimonsaures Salz zu bilden, so lässt
sich auch in der Kermesflüssigkeit antimonsaures Kali nachweisen; dagegen glückte es nicht, in ihr oder im Kermes
Antimonoxyd aufzufinden.

Kermes trat an ein Gemisch von verdünnter Salzsäure
und Weinsäure im Kochen antimonsaures Kali ab. 1,298 Grm.
des bei 130° getrockneten Rückstandes liessen, mit Schwefel
erhitzt, 1,229 Grm., welche an Wasser 0,013 Grm. schwefelsaures Kali (darin 0,0048 Grm. Sauerstoff) abgaben; ausserdem lieferten 1,089 Grm. Rückstand 2,285 Grm. schwefelsauren Baryt.

Mit Säure behandelter Kermes

	gefunden		berechnet
Antimon	70,15	SbS^3	89,35
Schwefel	28,78	SbS^5	8,13
Kalium	0,47	KO, SbO^5	2,50
Sauerstoff*)	0,58		99,98;
	99,98		

*) $0,0048 \times \frac{5}{3} = 0,0072$ Grm. O, weil $KO, SbO^5 + 5 S = KO, SO^3$ $+ SbS^3 + SO^2.$

es geben der Rechnung nach

89,35 SbS³ b. Erhitzen mit Schwefel 89,35 SbS³

8,13 SbS⁵ „ „ „ „ 6,83 „

2,50 KO,SbO⁵ „ „ · „ 2,03 „ n. 1,05 KO SO³;

oder die angewandten 1,238 Grm. geben

	berechnet	gefunden
SbS³ ·	1,216 Grm.	1,216 Grm. *
KO, SO³	0,013 „	0,013 „

es wurde auch constatirt, dass die 0,013 Grm. wirklich schwefelsaures Kali waren, weil daraus folgt, dass das Kalium als antimonsaures Salz, und nicht als Schwefelkalium in dem Rückstande war.

Um zu erkennen, ob dieselben Reactionen wie zu Anfang im Schlippe'schen Processe stattfänden, wurde ermittelt, theils wieviel Schwefel vom Schwefelantimon an das Alkalimetall träte, und in welcher Form er mit diesem verbunden erschiene; dann, welcher Theil vom angewandten Antimon eliminirt würde, so dass er zur Constitution des Kermes nichts beitrüge.

1) Das Filtrat von einem Kermes, zu dessen Bereitung 1,912 Grm. SbS³ verbraucht waren, wurde unter Zusatz von chlorsaurem Kali verdunstet; der Rückstand, geglüht, mit Salzsäure und Weinsäure versetzt und mit Chlorbaryum gefällt, gab 1,275 Grm. BaO, SO³ = 0,175 Grm. Schwefel. Da das Schwefelantimon 0,546 Grm. Schwefel enthielt, so fand sich der dritte Theil vom gesammten Schwefel (berechnet 0,182 Grm.) in dem Filtrate.*)

2) Das Filtrat von einem Kermes, zu dessen Bereitung 0,6266 Grm. SbS³ verbraucht waren, gab, angesäuert mit Schwefelwasserstoff, 0,1418 Grm. Goldschwefel = 0,0851 Grm. Sb.

Der Kermes, über 100° getrocknet, wog 0,5197 Grm.; davon wogen 0,5137 Grm. nach Erhitzung mit Schwefel 0,5197 Grm.; diese traten an verdünnte Essigsäure ohne

---

*) Der zu wenig gefundene Schwefel ist wahrscheinlich die kleine Parthie, welche den Goldschwefel lieferte, von dem in der folgenden Anmerkung die Rede ist.

Entwicklung von Schwefelwasserstoff 0,018 Grm. schwefelsaures Kali ab; das gewaschene SbS^3 wog 0,5017 Grm.:

(Kermes)

	gefunden	berechnet
SbS^3	0,4459 Grm.	86,80
SbS^5	0,025 „	4,87
• KO,SbO^5	0,0428 „	. 8,33
		100.

Die Rechnung verlangt, dass durch Erhitzen mit Schwefel entstehen aus

0,4459 Grm. SbS^3 0,4459 Grm. SbS^3

0,025 „ SbS^5 0,021 „ „

0,0428 „ KO,SbO^5 0,0347 „ „ u. 0,018 Grm. KO,SO^3

a. 0,5137 Grm.   0,5016 Grm. SbS^3,

oder 0,5016 + 0,018 = 0,5196 Grm. SbS^3 nebst KO,SO^3;
oder die angewandten 0,5137 Grm. geben

	berechnet	gefunden
SbS^3	0,5016 Grm.	0,5017 Grm.
KO,SO^3	0,018 „	0,018 „

In welcher Form sich der Schwefel in dem Filtrate vom
Kermes vorfindet, dies erfährt man durch die Reaction von
alkalischer Bleilösung: schon der erste Tropfen erzeugt nicht
die momentane Fällung von schwarzem Schwefelblei, sondern
es entsteht erst einen Augenblick später die braune, sich
hernach schwärzende Fällung, welche Kaliumsulfantimoniat
oder Schlippe'sches Salz bewirken. Hierdurch ist leicht
zu erkennen, dass das Filtrat keine Spur von freiem Schwefelkalium enthält, sondern dass dieses mit Fünffachschwefelantimon verbunden ist. Hat man heiss mit überschüssiger
Natronbleioxydlösung gefällt, so krystallisirt beim Erkalten
an der Gefässwand antimonsaures Natron aus. Kaliumsulfantimoniat und antimonsaures Kali befinden sich demnach
in der Lösung, das erstere offenbar aus letzterem durch Um-
setzung mit Schwefelkalium entstanden, von welchem jedoch
nicht genug da ist, um alles antimonsaure Salz zu verwandeln.

Die Frage ist nun, wieviel antimonsaures Salz gebildet wurde. Da das in Lösung befindliche Kaliumsulfantimoniat unstreitig von antimonsaurem Kali herstammte, denn die Anwesenheit von Schwefelkalium ist erst Folge der Bildung von jenem, so kann man aus dem Gewicht der Fällung durch Schwefelwasserstoff berechnen, wieviel Antimon zu antimonsaurem Salz geworden war: das Filtrat enthielt, wie angeführt, 0,0851 Grm. Sb.

Auch im Kermes befindet sich etwas antimonsaures Kali, nemlich 0,0428 Grm. = 0,0251 Grm. Sb. Ziehen wir dies Antimon von den im Kermes überhaupt gefundenen 0,3625 Grm. Sb ab, so bleiben für das nicht in antimonsaures Salz verwandelte Antimon 0,3374 Grm. Andrerseits waren 0,0851 + 0,0251 = 0,1102 Grm. Antimon in antimonsaures Salz verwandelt. Da 0,3374 : 0,1102 = 1 : 3,06, so mussten wie im Schlippe'schen Process je 3 Aeq. Schwefelantimon 1 Aeq. antimonsaures Salz gebildet haben.[*]

Da sich, wie wir oben sahen, der dritte Theil des Schwefels vom Schwefelantimon getrennt hatte, welcher nach der Gleichung

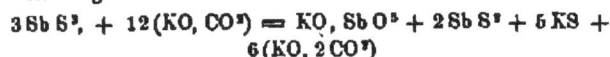

$$3 Sb S^3 + 12 (KO, CO^2) = KO, Sb O^5 + 2 Sb S^3 + 5 KS + 6 (KO, 2 CO^2)$$

drei von den fünf Aequivalenten Schwefelkalium ausmacht, so erkennen wir zugleich, mit Hülfe von wieviel Schwefelkalium sich das Zweifachschwefelantimon in Lösung befindet; es sind zwei Aequivalente, und die lösliche Verbindung muss deshalb KS, Sb S² sein. Wir finden aber, dass der Kermes nicht Sb S² ist, sondern Sb S³, und schliessen hieraus, dass sich das Schwefelkalium jener Verbindung, und zwar offenbar durch den Sauerstoff der Luft, oxydirt haben muss.

---

[*] Nehmen wir an, das im Kermes befindliche Sb S³ habe auch zuvor als antimonsaures Salz bestanden, so ist das Verhältniss nicht mehr 1 : 3,06, sondern 1 : 2,57; Kaliumsulfantimoniatlösung setzt jedoch auch bei Gegenwart von sehr viel kohlensaurem Kali keinen Goldschwefel ab: er kann sich dagegen durch Oxydation von Zweifachschwefelantimonkalium gebildet haben.

2*

Der Sauerstoff findet, wenn die Lösung des Schwefel-limons durch Schwefelnatrium bewirkt wurde, die Verbindung 2 NaS, SbS² vor, von welcher nachgewiesen wurde, dass sie 2 Aequivalente alkalischer Basis enthält, da die 2 Aequivalente Lösung in dem Augenblick eintritt, wo die 2 vollständige aufgenommen sind; diese Verbindung oxydirt sich an der Luft zu Natron und scheidet NaSbS⁴ schwarz, unlöslich und erst durch stärkere Säuren zersetzbar aus. Trifft der Sauer-stoff dagegen in der Kermesflüssigkeit die Verbindung KS, SbS², so entzieht er alles Kalium; der Rest, SbS², bleibt aber in der heissen Flüssigkeit gelöst und wird erst im Erkalten unlöslich. Hier ist etwas, was das Gefühl erregt, dass es so nicht sein könne. Wäre es das Alkali, welches die Lösung des SbS² in der heissen Flüssigkeit vermittelte, so sieht man nicht ein, warum oder wäre es etwa 2 SbS², SbS², eine Verbindung, sollte: welche die bekannte Spaltung jetzt ausbleiben Aenderung der Zusammensetzung zu lösen, gleichwie ein Salz sich in heissem, Wasser auflöst und beim Erkalten aus-scheidet?

Ueber die Einwirkung von Salzen auf Weingeist.

Von K. Kraut *)

Ich habe bereits vor einigen Jahren die Beobachtung mitgetheilt, dass essigsaures Zinkoxyd durch Weingeist mit grosser Leichtigkeit unter Bildung von Essigäther und Aus-scheidung von Zinkoxydhydrat zersetzt wird. Versuche, welche weil dieser Zeit im hiesigen Laboratorium angestellt wurden, geben einige Anhaltspunkte, wie diese Zersetzung durch Tem-poratur, Dauer des Erhitzens, Masse der auf einander wirken-len Substanzen und Art des Salzes beeinflusst wird.

*) Als Separatabdruck aus der Annal. Ch. u. Pharm. vom Hrn. Verf. erhalten. H. L.

1) Wirkung des essigsauren Zinkoxyds auf Weingeist. — Versuche v. Ad. Prinzborn ausgeführt.

Das angewandte essigsaure Zinkoxyd war durch zweijähriges Stehen neben Vitriolöl wasserfrei erhalten, hielt 44,30
pC. Zinkoxyd (Rechnung 44,26 pC.) und löste sich ohne allen
Rückstand in Wasser, was bei dem bei höherer Temperatur
getrockneten nicht der Fall ist. Der Weingeist wurde mit
Hülfe von Kupfervitriol entwässert, nochmals mit geschmolze-
ner Pottasche behandelt und unmittelbar vor jedem Versuche
destillirt. Alle Versuche wurden in zugeschmolzenen Röhren
angestellt; nach dem Erkalten wurde der Inhalt des Rohres
mit Wasser verdünnt, zur Verflüchtigung von Essigäther und
Weingeist erwärmt, das ausgeschiedene Zinkoxydhydrat ausgewaschen zur Trennung von Glassplittern in Salpetersäure
gelöst und nach dem Verdunsten und Glühen gewogen.

a) Die Einwirkung des essigsauren Zinkoxyds auf Weingeist beginnt bei Abwesenheit von Wasser schon bei gewöhnlicher Temperatur, aber verläuft dann ausserordentlich langsam, so dass bei $7\frac{1}{2}$-monatlichem Liegen eines Gemisches
von 1 Aeq. des Salzes mit 25 Aeq. Weingeist nur gegen
6 pC. des essigsauren Zinkoxyds zersetzt waren.

b) Die Einwirkung ist bei 100° beträchtlich rascher, aber
wird durch Erhitzen über diese Temperatur hinaus noch
beschleunigt, wie folgende Versuche zeigen:

Essigsaures Zinkoxyd	Weingeist	Dauer des Erhitzens Stunden	Temperatur	Ausgeschieden. Zinkoxyd, in Procenten des angewandten
1	10	10	100°	64,75
1	10	10	200 bis 220°	97,1.

c) Erhitzt man 1 Aeq. essigsaures Zinkoxyd mit 10 Aeq.
Weingeist auf 100°, so werden ausgeschieden in

5	10	15	30	50 Stunden
52,2	64,75	77,4	90,2	93,5 pC. Zinkoxyd.

d) Bei gleichbleibender Temperatur (100°) und gleicher
Dauer des Erhitzens (10 Stunden) zeigte sich die Menge des
ausgeschiedenen Zinkoxyds in folgender Weise von der Masse
des wirkenden Weingeists abhängig:

1	2	5	10	20 Aeq. Weingeist
18,0	26,6	49,5	61,75	74,3 pC. Zinkoxyd.

**2) Wirkung des valeriansauren Zinkoxyds auf
Weingeist. — Versuch von M. Kind.**

Der Oxydgehalt des neben Schwefelsäure getrockneten
und ohne Rückstand in Weingeist löslichen Salzes wurde zu
30,6 pC. (Rechnung = 30,31 pC.) ermittelt. — Als 1 Aeq. des
Salzes mit 10 Aeq. Weingeist auf 100° erhitzt wurde, betrug
die Menge des ausgeschiedenen Zinkoxyds in

ungefähr	10	20	30	50 Stunden
	36,4	61,1	71,2	78,0 pC.
	37,8	62,4	71,8	79,6 pC.

Dass die Versuche bis zu mehr als 1 pC. von einander
abweichen und die erhaltenen Zahlen hier und beim essigsauren Zinkoxyd nur als annäherungsweise richtige betrachtet
werden können, rührt hauptsächlich davon her, dass eine
öftere Unterbrechung des Erhitzens nicht vermieden werden
konnte und dadurch die Zeit der gegenseitigen Einwirkung
eine etwas verschiedene wurde.

3) Ameisensaures Zinkoxyd und Weingeist.

Das ameisensaure Salz wurde auch durch zweijähriges
Stehen neben Vitriolöl nicht wasserfrei erhalten, sondern verlor dabei nur einige Procente Wasser und eignete sich daher
nicht zu vergleichenden Versuchen. Bei 10 stündigem Erhitzen
von 1 Aeq. der Krystalle mit 10 Aeq. Weingeist hatten sich
16 pC. des Salzes unter Bildung von Ameisenäther zersetzt.
Als dieselbe Mischung 10 Stunden auf 200° erhitzt wurde,
betrug die Menge des ausgeschiedenen Oxyds 91,6 pC., aber
beim Oeffnen des Rohres entwichen gasförmige Zersetzungsproducte. Sie waren frei von Kohlenoxyd und hielten auf
0,00533 Grm. Wasserstoff 0,113 Grm. Kohlensäure, also beide
Gase im Verhältniss von 1 : 21,8. Die Ameisensäure zerlegt
sich unter diesen Umständen also gerade auf in Wasserstoff

und Kohlensäure. — Wässerige Ameisensäure wird beim Erhitzen auf 200° nicht zersetzt.

— — —

Von anderen Salzen habe ich folgende mit Weingeist erhitzt.

Essigsaures Ammoniak. — Nach 7 stündigem Erhitzen auf 100° war der Geruch des Essigäthers deutlich zu erkennen.

Essigsaures Natron. — Nach der gleichen Dauer des Erhitzens auf 100° war keine Einwirkung bemerkbar.

Essigsaure Magnesia. — Die Zersetzung zwischen 1 Aeq. des trockenen Salzes und 2,5 oder 10 Aeq. Weingeist beschränkte sich bei 10 stündigem Erhitzen auf 100° auf wenige Procente; aus einem Gemisch von 1 Aeq. des Salzes und 10 Aeq. Weingeist wurden bei 15 stündigem Erhitzen auf 200 bis 220° 25,4 pC. der vorhandenen Magnesia abgeschieden.

Essigsaures Quecksilberoxydul. — Es wurde 1 Aeq. Salz mit 10 Aeq. Weingeist erhitzt. Keine Zersetzung bei 100°, kaum bemerkbare bei 130°; nach 15 stündigem Erhitzen auf 200 bis 220° war viel Metall ausgeschieden, Aldehyd, Essigäther, freie Essigsäure, aber keine Flüssigkeit von höherem Siedepunkte gebildet.

Essigsaures Silberoxyd. — 2 Grm. mit 20 CC. Weingeist 28 Stunden auf 100° erhitzt, bildeten gegen 5 pC. Essigäther, daneben auch Aldehyd und metallisches Silber.

Endlich habe ich noch versucht, durch Erhitzen von Milchsäureäthyläther mit essigsaurem Zinkoxyd Acetylomilchsäureäther zu erhalten. Es fand in 7 Stunden bei 100° keine Einwirkung statt; bei 160° wurden Essigäther und milchsaures Zinkoxyd erzeugt.

Die fetten Säuren des mexikanischen Argemone-Oels.

Von Dr. Aug. Burgemeister.

Im Anschluss an die Untersuchungen des Dr. O. Frölich über die flüchtigen Säuren dieses Oels (Arch. d. Pharm. II. Reihe 145. Bd., S. 57) unternahm ich die Trennung der Fettsäuren aus der mir von ihm überlieferten Natronseife.

Ungefähr 250 Grm. derselben wurden in heissem Wasser gelöst, mit Salzsäure zersetzt, die abgeschiedenen Säuren mit Wasser gewaschen und im Wasserbad mit feingeriebenem Bleioxyd bis zur vollkommenen Pflasterbildung erhitzt. Da die Verbindungen der Talgsäuren mit Bleioxyd in Aether unlöslich sind, derselbe aber das ölsaure Bleioxyd, auch die Bleiverbindungen der während der Arbeit entstandenen Oxydationsproducto und den gebildeten braunen Farbstoff löst: so wurde das Pflaster vollkommen mit Aether erschöpft, und die klare Lösung von dem Rückstand abfiltrirt.

Derselbe wurde mit Alkohol und Salzsäure in der Hitze zersetzt und das Chlorblei von der fast farblosen alkoholischen Lösung abfiltrirt, der Alkohol wurde abdestillirt und die hinterbleibenden Säuren so lange mit heissem Wasser gewaschen, bis alle Salzsäure entfernt war. Die blättrigkrystallinische Säuremischung löste ich in so viel kochendem Alkohol, dass beim Erkalten keine Ausscheidung erfolgte, setzte zur siedenden Lösung den dritten Theil vom Gewichte der Talgsäuren krystallisirten Bleizucker in Alkohol gelöst, und einige Tropfen Essigsäure, da in der Hitze schon eine geringe Ausscheidung erfolgte. Den nach dem Erkalten ausgeschiedenen Niederschlag (I) filtrirte ich ab und presste ihn zwischen Fliesspapier. Die übrige Lösung fällte ich durch einen geringen Ueberschuss der alkoholischen Bleizuckerlösung, sammelte den Niederschlag (II) für sich und presste ihn ebenfalls.

Nr. I wird andere Säuren enthalten müssen, als Nr. II, falls, wie dies gewöhnlich der Fall ist, mehre fette Säuren zugleich vorkommen. Zur weiteren Trennung zersetzte ich jeden der beiden Niederschläge für sich durch ein Gemisch von Weingeist und Salzsäure, filtrirte vom Chlorblei ab, kochte das Filtrat mit wässeriger Kalilauge, entfernte den Weingeist durch Destillation und schied aus der rückständigen Seife durch Salzsäure die fetten Säuren. Die Säuren aus Nr. I behandelte ich in weingeistiger Lösung mit alkoholischer Bleizuckerlösung wie oben, und erhielt dadurch zwei neue Portionen I a und I b.

Die Säure I a war blättrig krystallinisch, hatte nach mehrmaligem Umkrystallisiron einen Schmelzpunkt von 59°,5 C.

0,1979 Grm. gaben bei der Verbrennung 0,5440 Grm. CO^2, entspr. 0,1483 Grm. = 74,9% C., und 0,2314 Grm. H^2O, entspr. 0,02571 Grm. = 13,0% H.

Demnach wäre also die Säure I a reine **Palmitinsäure** = $C^{16}H^{32}O^2$:

gef.	ber.
C = 74,9%	C^{16} = 75,0%
H = 13,0%	H^{32} = 12,5%
	O^2 = 12,5%.

Die Säure I b — mit etwas niedrigerem Schmelzpunkt als I a — gab bei der Analyse folgende Zahlen:

0,2504 Grm. gaben 0,6791 Grm. CO^2, entspr. 0,18521 Grm. = 74,0% C. und 0,2843 Grm. H^2O, entspr. 0,031588 Grm. = 12,6% H. Sie ist also ein **Gemisch von Palmitin- und Myristinsäure**:

ber.	gef.	ber.
C^{16} = 75,0%	C = 74,0%	73,7% = C^{14}
H^{32} = 12,5%	H = 12,6%	12,3% = H^{28}
O^2 = 12,5%		14,0% = O^2.

Die Säure II wurde ganz so wie I in 2 Fractionen getrennt, blos statt essigsaurem Bleioxyd wurde essigsaure Magnesia angewandt.

Der Theil II b wurde analysirt, und folgende Resultate erhalten:

0,2529 Grm. gaben 0,6887 Grm. CO^2, entsprechend 0,187827 Grm. = 74,2 % C., und 0,2868 Grm. H^2O, entspr. 0,031866 Grm. 12,6 % H. Demnach ist dieselbe ein Gemisch von **Myristinsäure** = $C^{14}H^{28}O^2$ mit **Palmitinsäure** $C^{16}H^{32}O^2$.

$$C^{18} = 75,0\%_0 \qquad C = 74,2\%_0 \qquad 73,7\%_0 = C^{18}$$
$$H^{33} = 12,5\%_0 \qquad H = 12,6\%_0 \qquad 12,3\%_0 = H^{18}$$
$$O^3 = 12,5\%_0 \qquad\qquad\qquad 14,0\%_0 = O^3.$$
$$\overline{\;\;100,0\;\;} \qquad\qquad\qquad \overline{\;\;100,0.\;\;}$$

Die ätherische Lösung des ölsauren Bleioxyds wurde durch Destillation vom Aether befreit und der Rückstand mit heisser, verdünnter Salzsäure zersetzt; die abgeschiedene Säure mit warmen Wasser gewaschen, in einem Ueberschuss von Ammoniak gelöst und mit Chlorbaryum gefällt. Ein Versuch, die braungefärbte Oelsäure durch mehrstündiges Erkälten auf — 20°C. zum Krystallisiren zu bringen, war ohne Erfolg, sie wurde nur etwas dickflüssiger.

Der grobflockige, gelbe Niederschlag von ölsaurem Baryt färbte sich nach einigem Stehen an der Luft dunkler und backte zusammen, eine Eigenschaft, die dem leinölsauren Baryt zukommt; er wurde nach dem Abfiltriren und Trocknen oft mit heissem Alkohol behandelt, um ihn rein zu erhalten. Aus der filtrirten alkoholischen Lösung schieden sich nach längerem Stehen weisse, warzenförmige Krystalle aus, die gesammelt und getrocknet wurden; sie betrugen aber nur einen kleinen Theil des rohen Barytsalzes. Zur Bestimmung des Baryumgehaltes wurden 0,4969 Grm. des fettig anzufühlenden Barytsalzes im Platintiegel vorsichtig erhitzt, und dann stark geglüht, bis der Rückstand weiss war: es hinterblieben 0,1425 Grm. kohlens. Baryt, entspr. 0,099099 Grm. Ba = 19,94 % Ba. Da der ölsaure Baryt nach der Formel $C^{18}H^{33}BaO^3$ 16,2% Ba, der leinölsaure aber nach der Formel $C^{18}H^{27}BaO^3$ 17,8% Ba verlangt: so lässt sich wohl annehmen, dass das untersuchte Salz aus leinölsaurem Baryt bestand. Ausserdem spricht dafür noch, dass einige Gramme der freien Säure durch salpetrige Säure nicht fest wurden, also keine Elaïdinsäure bildeten; sowie das Flüssigbleiben der Säure bei — 20°C.

Nach diesen Untersuchungen bestehen die Fettsäuren des Oeles von Argemone mexicana aus: Palmitinsäure

$C^{16}H^{30}O^2$, Myristinsäure $C^{14}H^{28}O^2$ und Leinölsäure $C^{16}H^{28}O^2$. — O. Frölich hatte als flüchtige Säuren im Argemone-Oel gefunden: Buttersäure, Valeriansäure, Essigsäure und Benzoësäure.

Jena, den 30. Juni 1871.

Ueber die Anwendung der Polarisation zur Bestimmung des Werthes der Chinarinden.

Von O. Hesse.

(Als Separatabdruck aus d. Sitzungsberichten d. Deutsch-Chemischen Gesellschaft in Berlin vom Hrn. Verfasser eingesandt. *H. L.*).

Die starke Ablenkung der Polarisationsebene, welche die meisten Chinaalkaloïde bewirken, soll sich nach de Vry[*]) vortrefflich zur Werthbestimmung der Chinarinden eignen. Freilich scheint dabei de Vry ganz ausser Acht zu lassen, dass dieser Werth nicht allein vom Chiningehalt bedingt wird, denn sonst würden ja die Rinden, welche aus den asiatischen Cinchonaplantagen neuerdings wiederholt in grösseren Posten in Amsterdam und London angeboten worden und die zum Theil de Vry nicht unbekannt geblieben sind, nicht zu enorm hohen Preisen verkauft worden sein, da sie doch meist nur äusserst geringe Mengen Chinin enthielten, bisweilen auch frei davon waren. Wenn ich nicht irre, so beabsichtigt do Vry den Werth der Chinarinden nur nach deren Chiningehalt zu bemessen; es wäre dann gewiss ein leichtes, denselben mittels des Polariskopes zu bestimmen, wenn diese Rinden eben nur Chinin enthielten. So aber wird dieses Alkaloïd in der Natur von fünf und vielleicht noch von mehr Basen begleitet, die zwar nicht alle gleichzeitig in ein und derselben Rinde vorkommen, immerhin aber in solcher Weise, dass die Beobachtung der Ablenkung der Ebene, welche die Gesammtheit der Alkaloïde einerseits und der in Aether schwer lösliche Antheil derselben andererseits bewirkt,

---

[*]) The pharm. Journ. and Transact. Nr. 53. S. 1. 1871.

in den meisten Fällen nicht ausreicht, um daraus auch nur ein annähernd richtiges Urtheil über den Werth der Rinde fällen zu können. Dazu kommt noch, dass der Wirkungswerth [σ] nur bei Chinin und Chinidin richtig ermittelt worden ist, nemlich für

Chinin in alkohol. Lösung σj = — 184° 35 nach de Vry und Allnard

Chinidin in alkohol. Lösung σj = — 113° nach Scheibler,[*]) während [σ] bei den übrigen Chinaalkaloïden, dem Conchinin und Cinchonin, bezüglich der Richtigkeit noch einiges zu wünschen übrig lässt. Endlich findet sich nach de Vry und J. Jobst in den Javarinden eine amorphe Base vor und überdies in den Neilgherry-Rinden nach meinen Beobachtungen nicht selten Paricin, beides Substanzen, die bezüglich ihres optischen Verhaltens so gut wie unbekannt sind, aber sicherlich Einfluss auf die Ablenkung des Chinins haben; denn selbst, wenn die beiden Alkaloïde im reinsten Zustande optisch völlig unwirksam sein sollten, was noch nachzuweisen ist und somit die Linksdrehung des Chinins nicht beeinträchtigen würden, so bewirken sie doch andererseits, dass von den übrigen Basen, insbesondere von dem Conchinin, wenn solche mit Aether behandelt worden, ein nicht unerheblicher Theil mit in Lösung geht. Selbst aber in dem Falle, dass beide amorphe Basen fehlten, nimmt Aether vom Conchinin und Chinidin gerade so viel auf, dass sich die zweite Beobachtung, d. i. die mit dem angeblich unlöslichen Antheil, von der Wahrheit ziemlich entfernen muss. Dagegen wird sich der

---

[*]) Mittel von 8 gut übereinstimmenden Versuchen, wozu Hr. Dr. Scheibler ein von mir dargestelltes, absolut reines Präparat verwendete. Pasteur, welcher für das offenbar nicht reine Alkaloïd [α] = — 144° 61 fand, nennt es Cinchonidin, eine Bezeichnung, die zu mancherlei Widersprüchen führt, welche aber bei der von Winkler zuerst gebrauchten Bezeichnung wegfallen. Ich behalte daher für dieses Alkaloïd, selbst nach der Erklärung des Hrn. de Vry in The pharm. Journ. and Transact. [3] Nr. 28 S. 543 auch fernerhin für dieses Alkaloïd den Namen Chinidin bei, werde jedoch später bei einer anderen Gelegenheit die Gründe, die mich dazu bestimmen, noch besonders vorbringen.

Chiningehalt wahrscheinlich in der Weise ermitteln lassen, dass man die neutralisirte schwefelsaure Lösung sämmtlicher Chinabasen mit einem kleinen Ueberschuss von weinsaurem Kalinatron ausfällt und den aus Chinin- und Chinidintartrat bestehenden Niederschlag nach vorheriger Auflösung in verdünnter Schwefelsäure auf seine Ablenkung prüft, da anzunehmen ist, dass die grosse Differenz, die beide Basen für sich in Betreff von [α] zeigen, auch bei ihren Tartraten entsprechend stattfinden wird.

Chemische Studien über die Alkaloïde des Opium.[*]
Von Demselben.

Von den vielen Verfahren, die zur Darstellung des Morphins in Vorschlag gebracht und zum Theil auch angewendet worden sind, wird das von Robertson-Gregory angegebne als dasjenige bezeichnet, nach welchem man die übrigen Alkaloïde des Opium am besten gewinnen könne. Es war daher für mich von besonderem Interesse, zu untersuchen, ob die neuen Alkaloïde, das Cryptopin, Laudanin, Codamin, Lanthopin und Mekonidin ebenfalls nach diesem Verfahren zu erhalten seien; die Lösung dieser Frage war um so eher für mich zu erzielen, als ich gerade über eine grössere Menge von der fraglichen schwarzen Mutterlauge disponirte, aus welcher sich das Morphin-, Codeïn- und Pseudomorphin-Chlorhydrat abgeschieden hatte. Diese Lauge wurde zunächst mit dem gleichen Volumen kalten Wassers verdünnt, mit Ammoniak im Ueberschuss ausgefüllt, die klare Lösung mit Aether extrahirt und dieser in der Weise weiter behandelt, wie ich in Annal. Chem. Pharm. CLIII, 47[**]) angegeben habe. Es wird daselbst angeführt, dass die erhaltnen

---

[*] Als Separatabdruck aus d. Sitzungsberichten der Deutsch-chem. Gesellschaft in Berlin vom Hrn. Verfasser eingesandt. _H. L._

[**] Siehe Archiv d. Pharm. 1870, II. B. Bd. 142, S. 1.

Alkaloïde durch Natronlauge in zwei Theile zerlegt werden
können, nemlich in eine Partie, die in der Aetzlauge unlöslich
ist, und eine andere, die sich im Ueberschuss des Alkalis löst.
   Die alkalische Lösung nun, welche im vorliegenden Falle
erhalten wird, liefert nach der frübern Weise behandelt,
zuerst eine geringe Menge Lanthopin. Das Filtrat hiervon
enthält weder Codeïn, das bekanntlich schon als Chlorhydrat
gewonnen worden ist, noch Mekonidin, denn es färbt sich auf
Zusatz von etwas Schwefelsäure beim Erwärmen nicht roth.
Das Mekonidin wird also, wie nach seinen Eigenschaften zu
urtheilen nicht anders sein kann, bei dem genannten Verfahren zersetzt. Ein gleiches Resultat stand für Codamin in
Aussicht; doch ist es mir schliesslich gelungen, eine geringe
Quantität dieses seltnen Alkaloïdes zu erhalten. Dafür lässt
sich aber das Laudanin leicht gewinnen, da man nur nöthig
hat, die Lösung mit Ammoniak auszufüllen und den harzigen
Niederschlag in möglichst wenig siedendam, verdünnten
Weingeist zu lösen, worauf beim Erkalten des letzteren weisse
Krystalle anschiessen, aus welchen das Laudanin mittels HJ,
womit es eine schwerlösliche Verbindung bildet, abzuscheiden
ist. Das Laudanin hat dann eine der Formel $C^{20}H^{25}NO^4$
entsprechende Zusammensetzung, also nicht $C^{20}H^{25}NO^3$, wie
früher auf Grund einer Analyse angegeben wurde. Schmelzpunkt 166°, statt früher 165°; im Uebrigen fanden die frü-
hern Angaben ihre Bestätigung. Auch beim Codamin gestat-
tete sein Verhalten zu HJ und AgJ die völlige Reindarstel-
lung, resp. die Entfernung einer Substanz, die namhaften
Einfluss auf die Zusammensetzung der Base ausübt. Das
Codamin schmilzt bei 126° (statt früher 121°) und besitzt im
Uebrigen die bereits bekannten Eigenschaften. Seine Formel
ist noch nicht sicher ermittelt; sie würde nach einer Analyse
$C^{20}H^{23}NO^4$ sein.
   Der oben erwähnte, in Aetzlauge unlösliche Niederschlag,
welcher das Thebaïn und Papaverin enthalten musste, wurde
in Essigsäure gelöst und die Lösung bei Gegenwart von
etwas Alkohol genau neutralisirt, wobei ein aus Papaverin
und Narkotin bestehender krystallinischer Niederschlag resul-

tirte, der mittels Oxalsäure in seine Bestandtheile zerlegt wurde. Für das Narkotin ergab sich die von Matthiessen und Foster ermittelte Formel $C^{22}H^{23}NO^7$. Es schmilzt bei 176° anstatt 170° und bildet mit Platinchlorid das Doppelsalz $2(C^{22}H^{23}NO^7,HCl) + PtCl^4 + 2H^2O$. Ein Narkotin von einer andern Zusammensetzung, als die angegebene, habe ich bis jetzt noch nicht auffinden können.

Das Papaverin ist, wie bekannt, nach der Formel $C^{21}H^{21}NO^4$ zusammengesetzt. Es löst sich, wenn es absolut rein ist und nur kleine Mengen von Alkaloïd angewendet werden, in reiner concentrirter Schwefelsäure farblos; meist beobachtet man aber, dass z. B. ein Krystall von Papaverin in Berührung mit concentrirter Schwefelsäure in Folge der Erwärmung, die nothwendig beim Zusammentreffen von concentrirter Säure mit der festen Base stattfinden muss, eine schwach blaue Färbung zeigt, und dann erst, nachdem die erste Einwirkung vorüber ist, löst sich der Rest des Krystalls farblos. Daher kommt es auch, dass, wenn man grössere Mengen von Papaverin mit concentrirter Schwefelsäure übergiesst, diese sich ausnahmslos blau färben und später eine Lösung geben, deren Farbenintensität nicht im rechten Verhältniss zur angewandten Menge Substanz steht, offenbar weil nach der anfänglichen Einwirkung nur noch eine geringe Zersetzung stattfindet. Bemerkenswerth dürfte noch sein, dass eine Auflösung von Papaverin in concentrirter Schwefelsäure auf Zusatz von Wasser eine harzige, nach kurzer Zeit erstarrende Fällung von Papaverinsulfat giebt. Kein anderes Opiumalkaloïd giebt diese Reaction; denn Pseudomorphin, das, ebenfalls aus der schwefelsauren Lösung durch Wasser gefällt wird, giebt ein krystallinisches Pulver, keine harzige Ausscheidung. Wenn Chlorzink nach den Angaben von Hrn. E. L. Mayer*) nur kurze Zeit auf salzsaures Papaverin, das nicht rein ist, einwirkt, so werden die Verunreinigungen desselben zerstört und es resultirt ein salzsaures Alkaloïd, welches bezüglich seiner Zusammensetzung und

---

*) Sitzungs-Berichte der Deutsch-chem. Gesellsch. zu Berlin, IV, 126.

seinen Eigenschaften mit dem reinen Papaverinchlorhydrat
übereinkommt, daher die Gleichung

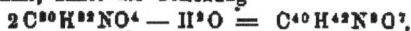

$$2 C^{20} H^{22} NO^4 - H^2 O = C^{40} H^{42} N^2 O^7,$$

Papaverin nach Mayer angebl. neues Derivat

nach welcher sich Hr. Mayer die Reaction verlaufen denkt,
überflüssig ist. Verdünnte Salpetersäure führt das Papaverin
sehr leicht in Nitropapaverin $C^{21} H^{20} (NO^2) NO^4 + H^2 O$ über,
das in farblosen, äusserst dünnen, bei 163° schmelzenden
Prismen erhalten werden kann, die aber auch die Eigenschaft
besitzen, dass sie sich am Licht äusserst rasch gelb färben,
besonders wenn sie noch feucht sind. Mit den Säuren bildet
dieses neue Alkaloïd sehr hübsch krystallisirende Salze, z. B.
mit Oxalsäure $C^{21} H^{20} (NO^2) NO^4$, $C^2 H^2 O^4 + 2 H^2 O$, die meist
an die Salze des Cryptopins erinnern. Letztere Base unterscheidet sich vom Papaverin durch $H^2 O$, welches sie mehr
enthält; es liesse sich desshalb das nitrirte Papaverin, da es
sein Krystallwasser beim Erhitzen nicht abgiebt, ohne gleichzeitige Zersetzung zu erleiden, als Nitrocryptopin betrachten,
entstanden nach der Gleichung

$$C^{21} H^{21} NO^4 + NHO^3 = C^{21} H^{22} (NO^2) NO^5.$$

Diese Ansicht findet indess in den Salzen des Nitropapaverins
nicht die erwünschte Stütze; auch besitzt das Nitrocryptopin
wesentlich andere Eigenschaften, als das Nitropapaverin.

Die neutralisirte, essigsaure Lösung, welche bei der Abscheidung von Narkotin und Papaverin erhalten wurde, enthält noch das Thebaïn, welches sich auf Zusatz von pul-
verisirter Weinsäure als Bitartrat abscheidet. Dieses Salz
löst sich leicht in concentrirter Salzsäure auf. Bringt man
daher zur essigsauren Lösung anstatt Weinsäure concentrirte
Salzsäure, so ist keine Ausscheidung vom Thebaïnsalz zu
erwarten, dagegen bestehen jetzt die in Menge sich ausschei-
denden Krystalle, welche denen des Thebaïntartrates ähneln,
aus salzsaurem Cryptopin. Indem ich so verschiedene
Mittel in Anwendung brachte, habe ich aus dieser dunkelge-
färbten Lösung noch folgende drei Alkaloïde abscheiden können: Protopin $C^{20} H^{19} NO^5$, Laudanosin $C^{21} H^{27} NO^4$
und Hydrocotarnin $C^{12} H^{15} NO^3$. Es würde zu weit

führen, wollte ich hier die Details der Verfahren angeben,
die mich in den Besitz dieser interessanten Substanzen brach-
ten; ich werde darüber an einem andern Orte berichten und
jetzt nur Folgendes anführen:

Cryptopin besitzt die Formel $C^{21}H^{23}NO^5$, die namentlich durch die Analyse mehrer Salze ermittelt wurde, während die Base für sich immer etwas zu wenig Kohlenstoff ergab. Vielleicht kommt dies daher, dass dem Alkaloïde noch ein zweites, wahrscheinlich homologes, etwa nach der Formel $C^{20}H^{21}NO^5$ zusammengesetztes Alkaloïd anhaftet. Ich würde es Deuteropin nennen. Das Cryptopin schmilzt bei 217°, löst sich leicht in Chloroform, schwer in Alkohol, nicht in Aether, reagirt stark basisch, neutralisirt die Säuren und liefert damit Salze, die fast durchgehends anfangs gelatiniren, späterhin doch in Krystallen anschiessen. Mit Salzsäure bildet es zwei Salze, nemlich $C^{21}H^{23}NO^5$, HCl + 6 H^2O und 5 H^2O, dagegen kein Salz mit 2 HCl, wie T. und H. Smith glauben gefunden zu haben. Aus seiner neutralen Lösung wird es auf Zusatz von concentrirter Salzsäure in der Kälte in gelatinösen Massen, in der Wärme in zarten Prismen gefällt, die kein saures Salz sind, denen aber Salzsäure hartnäckig anhaftet, die an trockner Luft allmählig abdunstet.

Protopin, $C^{20}H^{19}NO^5$, aus dem Rohcryptopin abgeschieden, gleicht sehr dem vorigen Alkaloïd, bildet indess mit Salzsäure solide, dem Papaverinchlorhydrat ähnliche Prismen. Seine Salze gelatiniren nicht; es schmilzt bei 202°, ist ebenfalls schwer löslich in Alkohol und fast unlöslich in Aether.

Laudanosin, $C^{21}H^{27}NO^4$, löst sich schwer in kaltem Benzin, dagegen leicht beim Erwärmen desselben, und bildet farblose bei 89° schmelzende Prismen. Alkohol löst es äusserst leicht und scheidet es in Krystallen ab, indess nur dann, wenn es rein ist. Aus Aether, der es ebenfalls leicht löst, scheidet es sich in blumenkohlähnlichen weissen Massen ab. Reagirt basisch, neutralisirt die Säuren und bildet insbesondere mit HJ ein schwerlösliches Salz.

Hydrocotarnin, $C^{12}H^{15}NO^3$, krystallisirt in grossen, farblosen Prismen mit $^1/_2$ H^2O als Krystallwasser, welche bei 50° schmelzen, dann das Krystallwasser abgeben. Bei 100° verflüchtigt sich allmählig das Alkaloïd, allerdings unter gleichzeitiger Zersetzung. Wenn höher erhitzt wird, erinnern die sich entwickelnden Dämpfe an den penetranten Geruch der rohen Carbolsäure. Löst sich sehr leicht in Aether und Alkohol. Zu concentrirter Schwefelsäure verhält es sich gerade so, wie das Narkotin. Reagirt basisch und neutralisirt verdünnte Säuren, doch sind die Salze, wie z. B. das Chlorhydrat, $C^{12}H^{15}NO^3$, $HCl + 1^1/_2$ H^2O, sehr leicht löslich in Wasser und Weingeist und deshalb schwer zu erhalten.

Bei dieser Untersuchung, die noch im Gange ist und durch eine Untersuchung über die physiologische Wirkung mehrer dieser Basen ergänzt wird, hat mir namentlich zur Erkennung der vielen, oft in geringer Menge zu erhaltenden Alkaloïde eine unreine concentrirte Schwefelsäure vortreffliche Dienste geleistet. Man erhält eine solche Säure, wenn man reines Eisenoxydhydrat mit concentrirter reiner Schwefelsäure erhitzt, wobei offenbar Spuren von Eisenoxyd in Lösung gehen, oder einfacher, wenn man zur reinen Säure Spuren von Eisenchlorid bringt. Sie bildet sich bisweilen ganz von selbst, wenn concentrirte Säure längere Zeit in Glasgefässen aufbewahrt bleibt, offenbar in Folge der Corrosion des Glases durch die Säure.

Als Beispiele dieser Verschiedenheit der Farbenreaction, je nachdem man die eine oder andre Säure anwendet, führe ich die folgenden auf:

Verhalten einiger Opiumalkaloïde gegen conc. Schwefelsäure.

	Reine Säure löst		Eisenoxydhaltige Säure löst.	
	bei ca. 20°	ca. 150°	bei ca. 20°	ca. 150°
Codeïn	farblos	schmutzig grün	blau	schmutzig grün
Codamin	„	schmutzig roth violett	intensir grünlich blau	dunkelviolett
Laudanin .	äusserst schwach rosa	schmutzig rothviolett	braunroth, ähnlich einer Lösung von salpetersaurem Kobaltoxyd.	anfangs grün, dann dunkelviolett
Laudanosin	schwach rosa, doch etwas stärker wie bei Laudanin		„	„
Cryptopin . .	anfangs gelb, dann violett, endlich dunkelviolett werdend	schmutzig grün	dunkelviolett	schmutzig grün
Protopin . .	anfangs gelb, dann roth, endlich bläulich roth	schmutzig braungrün	„	schmutzig braungrün.

Eine Verunreinigung des Ferrum pulveratum mit Stibium sulfuratum nigrum,

hervorgerufen durch Verwechselung der Standgefässe beim Einfassen durch den Lehrling, habe ich vor kurzem Gelegenheit gehabt zu constatiren. Die Herren Collegen haben überhaupt im Betreff der Antimonpräparate alle Ursache, gegen Verunreinigung anderer Präparate durch Antimon auf ihrer Hoth zu sein. Man vergleiche meinen Artikel über Verunreinigungen der Arzneimittel (*Archiv d. Pharm.* 1867, II R. Bd. 132, S. 265 — 266.). *H. L.*

11. Chemische Technologie.

Apparat zum Ausziehen der Oelsamen mit einem flüchtigen Lösungsmittel (Canadol) behufs Darstellung von Speise- und Maschinenölen.

Von Dr. Herm. Vohl in Cöln.[*]

Mit Abbildungen auf Tab. III.

Das Extrahiren der Oelsamen mit einem leichtflüchtigen Lösungsmittel statt der kalten und warmen Pressung findet immer mehr und mehr Aufnahme: einestheils weil die Ausbeute eine grössere und anderntheils, weil die Qualität eine ungleich bessere ist, ohne die Rückstände (sonst Presskuchen) in irgend einer Weise bezüglich ihres Werthes als Viehfutter zu beeinträchtigen.

Man hat es bei der richtigen Wahl des Lösungsmittels ganz in der Hand, ein Oel mit verschiedenen Eigenschaften (Qualitäten) aus ein und derselben Samenart zu erzielen.

Bei der bisher gebräuchlich gewesenen Methode, dem Oelschlagen, resp. Pressen, wurde dieses durch die Kalt- und Warmpressung erzielt, aber niemals in dem Grade der Sicherheit und Vollkommenheit erreicht, wie es durch die Extractionsmethode ermöglicht ist.

Samen, welche vermittelst der alten Schlag- und Pressmethode keine lohnende Ausbeute gaben, können noch mit Erfolg nach der Extractionsmethode auf Oel verarbeitet worden.

Ein grosser Uebelstand bei der Extractionsmethode war lange Zeit die Verunreinigung oder Zersetzung des Lösungs-

[*] Als Separatabdruck aus Dingler's polyt. Journ. vom Hrn. Verf. eingesandt.　　　　　　　　　　　　　　　　　　　M. L.

mittels und die Schwierigkeit der Extraction des von den
Samenrückständen aufgesaugten Menstruum. Durch Ersteres wurde das gewonnene Oel verunreinigt, durch Letzteres
ausser einem erheblichen Verlust an Lösungsflüssigkeit eine
schlechte Qualität der Samenrückstände erzielt, wodurch sie
zur Verwendung als Viehfutter mehr oder minder untauglich
wurden.

Ueber die Vorzüge, welche das C a n a d o l dem Schwefelkohlenstoff gegenüber hat, habe ich mich schon früher ausgesprochen, *) und die vieljährigen Erfahrungen bis heute haben
die Richtigkeit meiner Aussagen und Ansichten bestätigt, so
dass es nicht mehr in Frage stehen kann, dass der Schwefelkohlenstoff als Lösungsmittel bei Bereitung von Speise-
und Maschinenöl in den Hintergrund treten muss.

Die Schwierigkeiten, welche sich bei dieser Methode dar-
boten, lagen fast lediglich in der Construction der dazu zu
benutzenden Apparate, und wenn man auch noch im Laufe
der Zeit eine Menge wichtiger Verbesserungen und Entdeckungen bezüglich der Oelsamen-Extraction und der dabei
anzuwendenden Apparate machen wird, so kann man doch
schon jetzt mit den bestehenden Apparaten eine sichere und
lohnende Fabrication fortführen.

In der neuesten Zeit habe ich Versuche angestellt, um
vermittelst dieser Methode die C a c a o b o h n e n zu entölen
und bin zu sehr günstigen Resultaten gelangt. Da dieses
Lösungsmittel das T h e o b r o m i n nicht zu lösen vermag, so
behält die Cacaomasse ihren ganzen Theobromingehalt; die
Ausbeute an Cacaobutter ist grösser und von guter Qualität.
Das Aroma der Cacaomasse wird durch diese Methode nicht
eingebüsst.

Auch lässt sich diese Methode zum E n t f e t t e n d e r
K n o c h e n mit Vortheil anwenden, wodurch man eine Knochen-
masse erhält, die, zu Messerheften etc. verarbeitet, ihre blen-
dende Weisse beständig behält und ausserdem viel leichter

---

*) Polyt. Journ. 1866, B. 182 S. 319; ferner 1867, Bd. 185. S. 453
und 456.

in der Masse zu färben ist. Dasselbe gilt von dem ächten Elfenbein und Narwal-Elfenbein. Das Fett, welches man auf diese Weise den Knochen entzogen hat, kann ohne weitere Läuterung zur Seifen- und Lichterfabrication verwendet werden. — Knochen, welche auf diese Weise entfettet sind, ergeben einen vorzüglichen Leim und ist die Ausbeute desselben vermehrt.

Beschreibung des Vohl'schen Oelsamen-Extractionsapparates.

Dieser Apparat, in Figur 1 auf Tab. III im senkrechten Längendurchschnitt dargestellt, besteht aus drei Hauptheilen: aus den beiden Extractoren A, A, dem Sammel- und Siedegefäss B, und dem Condensationsgefäss C.

Die Extractoren bestehen aus kupfernen, innen stark verzinnten Cylindern aa, aa, welche an beiden Enden mit gewölbten Böden cc, cc aus gleichem Material versehen sind.

Diese kupfernen Cylinder befinden sich in einem Mantelgefäss von Eisenblech bb, bb. Der Leerraum zwischen diesen beiden Cylindern steht mit dem inneren Raum des kupfernen Cylinders in keiner Verbindung und dient nur zur Aufnahme von heissem Wasser oder Wasserdampf, welche durch die Röhren d, d zugeleitet werden.

Zur Ableitung des Wassers, resp. des condensirten Wassers dienen die Röhren e, e.

Die beiden kupfernen Cylinder sind im Inneren mit kupfernen, innen und aussen verzinnten Schlangen ff, ff versehen, welche am unteren Boden vermittelst der Röhren gg, gg mit dem Sammel- und Siedegefäss B in Verbindung stehen. Diese Verbindung kann durch Schliessen der Hähne a, h unterbrochen werden.

Die oberen Enden dieser Schlangen münden in die Röhren ii, ii, wodurch sie mit dem Condensationsgefäss C verbunden sind.

Die oberen gewölbten, kupfernen Deckel der Extractoren haben ferner Füllöffnungen k, k, welche mit gut schliessen-

den kupfernen, verzinnten Deckeln durch Anwendung von
Stellschrauben dicht verschlossen werden können. Um einen
sicheren dichten Verschluss zu erzielen, sind diese Deckel am
äusseren Rande mit einem Korkfutter oder mit einem feuchten
reinen Hanfkranze versehen.

Mennigkränze oder Bleiringe sind nicht anwendbar, weil
sie eine Verunreinigung des Oeles bedingen, und Kautschuk-
ringe lösen sich auf.

Ausserdem nehmen diese Deckel die Röhren l,l mit den
Hähnen m,m und m',m', die Röhren n,n mit den Hähnen o,o
und die Röhren p,p mit den Hähnen q,q auf.

Ferner sind diese Deckel mit einem Manometer r und
einem Ventil s versehen (siehe Fig. 2, die obere Ansicht des
Extractors).

Die Böden der Extractoren sind mit weiten Oeffnungen
t,t versehen, welche den Füllöffnungen k,k ganz gleich sind
und auch ebenso wie diese verschlossen werden.

Ausserdem befinden sich an dem tiefsten Punkte derselben die Röhren u,u, u,u, welche mit den Hähnen v,v und
w,w versehen sind.

Diese beiden Röhren münden in das gemeinschaftliche
Rohr x,x und stehen dadurch mit dem Sammel- und Siedegefäss B in Verbindung.

Das Sammel- und Siedegefäss B besteht aus zwei halb-
kugelförmigen Gefässen, wovon das innere kleinere T,T aus
Rothkupfer besteht und im Inneren stark verzinnt ist. Der
gewölbte Deckel W besteht ebenfalls aus verzinntem Rothkupfer und nimmt die Röhren x und g auf. Erstere mündet
einen halben Zoll über dem Boden, wohingegen letztere bloss
bis in die Kuppel reicht. Auch befindet sich auf dem Deckel
noch das Ventil G.

An dem tiefsten Punkte dieses inneren Gefässes T,T ist
die Röhre D mit dem Hahn E angebracht. Der Theil der
Röhre D, welcher über dem Hahn E liegt, steht mit dem Niveaumeter F in Verbindung.

Die äussere grössere Halbkugel J,J besteht aus Gusseis-
sen und es befinden sich an derselben die Röhren y und Z

Erstere dient zum Zuführen von Wasserdampf, letztere zum Ablassen des condensirten Wassers.

Das Condensationsgefäss C besteht aus Eisenblech und enthält zwei kupferne, innen verzinnte Schlangen, wovon jede mit dem entsprechenden Extractor vermittelst der Röhren i und l in Verbindung steht.

H dient zum Zufliessen des kalten und R zum Abfliessen des heissen Wassers.

Handhabung dieses Apparates.

Man öffnet zuerst die Oeffnung t des Extractors A und bedeckt den Boden mit einer circa $\frac{1}{4}$ Zoll dicken Filzscheibe, welche $\frac{2}{3}$ der Bodenfläche einnimmt. Dieselbe ist im Mittelpunkte mit einem Filzpfropf versehen, welcher durch Aneinanderheften kleiner Filzscheibchen gebildet ist und bequem in die Röhre u gebracht werden kann.

Dieser Pfropf darf nicht zu fest schliessen, da sonst der Abfluss zu sehr gehemmt und zuletzt unmöglich wird. Auch richtet sich je nach der zu extrahirenden Substanz die Dichtheit des Filzes und die Dicke desselben.

Man verschliesst nun t, wie schon erwähnt, und füllt durch die Füllöffnung k die zu extrahirende Substanz, d. b. den geknirschten oder gemahlenen Samen ein. Derselbe wird in dem Gefässe gleichförmig vertheilt, ohne dass man ihn erheblich zusammendrückt. Man kann ohne Nachtheil den Extractor bis zum Beginn des Deckels füllen und legt nun eine Filzscheibe auf, welche der Oberfläche entspricht und für die Röhre i den entsprechenden Ein- und Ausschnitt hat. Alsdann verschliesst man die Füllöffnung sorgfältig.

Von den Hähnen sind geschlossen o, q, w und E; dagegen sind geöffnet m, m', v und h.

Durch Oeffnen des Hahnes o der Röhre n, welche mit dem Behälter in Vebindung steht, worin sich das Lösungsmittel (Canadol) befindet, fliesst letzteres in den Extractor und wird durch die aufgelegte Filzscheibe gleichförmig vertheilt. Die Luft, welche sich in dem Apparate befindet, entweicht durch die Röhre l und die Hähne m und m'.

Das Lösungsmittel gelangt, mit Oel beladen, durch die Röhre u, den Hahn v und die Röhre x, x in das Sammel- und Siedegefäss B. Die Luft, welche aus letzterem verdrängt wird, entweicht durch die Röhre g, den Hahn h, die Schlange f, f, Röhre i, i und gelangt schliesslich durch den Hahn m' ebenfalls in's Freie.

Nachdem eine hinreichende Quantität des Lösungsmittels, welche vorher bestimmt worden muss, zugeflossen und T, T bis zu ⅔ gefüllt ist, was man durch das Niveaumeter F erkennt, wird o geschlossen und vermittelst der Röhre y ein schwacher Dampfstrahl, welcher nach dem Siedepunkt des Lösungsmittels zu bemessen ist, eingeblasen und dadurch der Inhalt in T, T in's Sieden gebracht.

Da x, x durch die Flüssigkeit gesperrt ist, so entweichen die sich bildenden Dämpfe des Lösungsmittels durch die Röhre g und gelangen in die Schlange f, f, wo sie anfangs vollständig condensirt werden und nach B zurückfliessen. Nachdem der Inhalt in A sich erwärmt und schliesslich den Siedepunkt des Lösungsmittels erreicht hat, gelangen die Dämpfe durch die Röhre i, i nach dem Condensator C und werden hier verdichtet. Sobald durch den Hahn m' von dem Lösungsmittel abfliesst, wird derselbe geschlossen. (Selbstverständlich mündet der Hahn m' in ein Sammelgefäss.) Es fliesst nun das condensirte Lösungsmittel wieder zurück in den Extractor. Auf diese Weise wird der Same mit einer verhältnissmässig geringen Quantität des Lösungsmittels ausgezogen.

Damit man erkennen kann, ob der Same vollständig ausgezogen und von seinem Oele befreit ist, schliesst man den Hahn v und nimmt vermittelst des Probehahnes w eine Probe. Erzeugt die genommene Probe auf Papier noch einen bleibenden Oelfleck, so ist die Extraction noch nicht beendet; findet das Gegentheil statt, so ist der Same erschöpft und man schliesst den Hahn m, damit der Zufluss des Canadols zu dem Samen nicht mehr stattfindet und durch m¹ abfliesst.

Man lässt nun durch die Röhre d Wasserdampf in das Mantelgefäss b, b eintreten, wodurch der Inhalt bedeutend stärker erwärmt wird und die sich entbindenden Canadoldämpfe einen bedeutenden Druck auf die Oberfläche des Samenrückstandes ausüben. Der grösste Theil des von dem Samen aufgesaugten Lösungsmittels wird nun nach unten hingepresst und gelangt durch die Röhre u, den Hahn v und die Röhre x,x nach B.

Man hat bei diesen Manipulationen ganz besonders vorsichtig zu sein und das Niveau in T,T zu beobachten. Man muss nemlich bedenken, dass B zu ⅔ angefüllt war, der Inhalt sich durch die Erwärmung ausgedehnt hat und nun noch fast das ganze Quantum des in dem Samenrückstande enthaltenen Lösungmittels hinzukommt, daher ein Uebersteigen der in B enthaltenen Flüssigkeit in die Schlange f,f und schliesslich in den Condensator stattfinden kann, wodurch ein grosser Verlust herbeigeführt wird.

Steigt das Niveau in B zu hoch, so muss sofort der Dampf nach A abgestellt und der Hahn q der Röhre p langsam geöffnet werden.

Nachdem man das Abpressen beendigt hat, was man daran erkennt, dass das Niveau in B abnimmt, so öffnet man q und schliesst v.

Die Röhre p steht mit einer Kühlvorrichtung und diese mit einem Exhaustor in Verbindung, wodurch die sich bildenden Canadoldämpfe kräftig aus dem Samenrückstand abgesaugt und, die Kühlvorrichtung passirend, verdichtet werden.

Auf diese Weise wird der Samenrückstand sehr schnell pulverig trocken. Kühlt sich die Röhre p bei kräftiger Wasserdampfströmung dennoch ab, so ist der Samenrückstand trocken und enthält kein Lösungmittel mehr. Er kann nun durch Oeffnen von t ausgeleert werden. Bei einer gut geleiteten Operation hat der Samenrückstand kaum einen schwachen Canadolgeruch.

Der Inhalt des Apparates B wird nun durch Oeffnen des Hahnes E, dessen Röhre mit einem Abblaseständer in Verbindung steht, abgelassen und durch Einblasen von Wasserdämpfen von dem Canadol auf bekannte Weise befreit. Das abgeblasene Oel wird dann mit Kochsalz oder verwittertem Glaubersalz entwässert.

Auch in der chemischen Technik, z. B. bei der Darstellung der Chinin- und anderen Basen, kann der Apparat mit Vortheil angewendet werden.

Ich hebe nachträglich noch besonders hervor, dass bei der Darstellung von Speiseöl der Apparat im Inneren auf die beschriebene Weise verzinnt sein muss und das Verzinnen mit reinem, nicht mit Blei legirten Zinn geschehen muss.

Cöln, im Mai 1871.

--- --- ---

Ueber den Werth des Canadols als Lösungsmittel bei der Oelsamen-Extraction im Vergleich zu dem des Schwefelkohlenstoffes.

Von Demselben.

Schon vor vier Jahren, bei Gelegenheit der Widerlegung der von C. Kurtz aufgestellten unrichtigen Angaben und Ansichten, habe ich in Polyt. Journal (Bd. 185 S. 456) Veranlassung genommen, die Vorzüge darzuthun, welche das Canadol als Lösungsmittel bei der Oelsamen-Extraction in chemischer Beziehung vor dem Schwefelkohlenstoff hat. Die Praxis hat meine Angaben auch in dieser Beziehung bestätigt und jeden Zweifel beseitigt. Nichtsdestoweniger scheint man noch vielfach zu glauben, dass man in pecuniärer Beziehung dem Schwefelkohlenstoff den Vorzug geben müsse, weil derselbe billiger als das Canadol sei.

Vielfach an mich gerichtete Anfragen beweisen mir dieses zur Genüge, und ich halte es demnach für angezeigt, im Interesse dieser Industrie auch in dieser Hinsicht die betreffenden Aufklärungen zu geben.

Um eine gewisse Menge geknirschten Samens mit Canadol oder Schwefelkohlenstoff zu benetzen und zu tränken, hat man von beiden Flüssigkeiten ein gleiches Volumen nöthig.

Dieses Quantum muss beim Extrahiren stets um ein Gewisses überschritten werden.

Wird der von mir (vorstehend) beschriebene Extractions-apparat in Anwendung gebracht, so beträgt dieses Plus unge-fähr $1/6$ des zum Tränken benöthigten Volumens.

Der Verbrauch verschiedener Lösungsmittel bei der Oel-extraction wird demnach dem Volumen nach stets gleich sein, dagegen kann das Gewichtsquantum sehr variiren. Ange-nommen, zur Extraction einer Quantität Oelsamen wären 100 Liter irgend eines Menstruum erforderlich, so wird, hei sonst gleichen chemischen Eigenschaften, der Vortheil bei der Anwendung sich auf der Seite der specifisch leichtesten Flüs-sigkeit befinden.

Das spec. Gewicht des Canadols ist 0,68, das des Schwe-felkohlenstoffes 1,265. Die Gewichte gleicher Volumina die-ser Flüssigkeiten verhalten sich demnach wie ihre spec. Gewichte, d. h. ein Volumen Schwefelkohlenstoff wird fast doppelt so viel wie ein gleiches Volumen Canadol wiegen, oder was dasselbe sagen will, man muss von Schwefelkohlen-stoff beim Extrahiren fast das doppelte Gewicht des anzu-wendenden Canadols nehmen.

100 Liter Canadol wiegen 68,0 Kilogrm.;

100 Liter Schwefelkohlenstoff wiegen 126,5 Kilogrm.

Gut gereinigtes Canadol kostet per Cntr. à 50 Kilogrm. 12 Thlr.

Gut gereinigter Schwefelkohlenstoff kostet per Cntr. à 50 Kilogrm. 10 Thlr.

Demnach kosten 100 Liter Canadol 16 Thlr. $9^2/5$ Sgr. und 100 Liter Schwefelkohlenstoff kosten 25 Thlr. 0 Sgr.

Man wird daher bei Anwendung des Schwefelkohlen-stoffes für jede 100 Liter 8 Thlr. $29^2/5$ Sgr. mehr wie bei Canadol ausgehen müssen.

Hieraus ersieht man leicht, dass auch in pecuniärer Be-ziehung das Canadol bei der Oelsamen-Extraction dem Schwefelkohlenstoff vorzuziehen ist.

Cöln, im Juni 1871.

B. Monatsbericht.

I. Chemie, Mineralogie und Geologie.

Die Hunyadi-János Bitterquelle in Ofen.

Das Bitterwasser der Hunyadi-János Mineralquelle in Ofen, neuerdings in grossen Quantitäten auf den deutschen Markt gebracht, hat durch seinen bedeutenden Gehalt an festen Bestandtheilen die Aufmerksamkeit auf sich gezogen.

Die Hunyadiquelle, in einer Entfernung von 1 Meile südlich von Ofen gelegen, wurde im Jahre 1863 entdeckt und befindet sich in einer Ebene, welche vom Blocksberg, Adlersberg, Galgenberg, Petersberg und Lerchenberg umschlossen ist. Diese Niederung ist die Ausgangsstelle einer grossen Zahl von Bittersalzquellen, welche sich im Ofener Gebiete befinden, während die Bildungsstätte derselben in den umgebenden Bergen selbst zu suchen ist. Die ganze Niederung enthält unter der Dammerde, welche deren oberste Schicht bildet, ein ziemlich mächtiges Lager von wasserdichtem Thon, welcher einestheils aus Schotter, anderntheils aus einer lockern Sandschicht besteht. Unter dieser letztern liegt wieder ein Thonlager, welches bis zu einer Tiefe von 144 Fuss bekannt ist. Die mittlere von diesen Schichten enthält das Bitterwasser, welches zur Oberfläche gelangt, wenn die darüber befindliche Thonschicht eine Oeffnung bietet. Die Mulde, unter dem 47° 29' nördlicher Breite gelegen, ist so reich an Bitterwasser, dass man solches fast überall findet, wo die obere Thonschicht durchstossen wird. Von besonderer Wichtigkeit für die Bildung desselben ist der dem Thon und Mergel beigemengte Schwefelkies, der in verschiedener Form, am ausgebreitetsten fein zertheilt vorkommt und in diesem Zustande sich am schnellsten zersetzt. Der Sauerstoff der Luft und des Wassers erzeugen als Endresultat Schwefelsäure und Eisenoxydhydrat. Letzteres bleibt zurück, während die Schwefelsäure auf die kohlensaure Magnesia und den kohlens. Kalk zersetzend einwirkt, schwefelsaure Salze bildet. Der wenig

lösliche, schwefelsaure Kalk lagert sich krystallinisch nahe der
Entstehungsstelle ab, während das Magnesiasalz durchsickert.
In dem aus verwitterten Trachyten gebildeten Schotter verbreitet sich das mit den Zersetzungsproducten beladene Wasser. Die schwefelsauren Salze kommen mit dem natronhalti-
gen Trachyt in Berührung, wobei das Natron, bei der Ver-
witterung des Trachytes als kohlensaures Natron ausgeschieden,
einen Theil der Schwefelsäure des Bittersalzes an sich zieht,
wodurch das im Bitterwasser enthaltene Glaubersalz entsteht.
So wird aus den Trachyt auch Chlor und Kieselsäure ausgeschieden. Von den älteren dort gelegenen Bitterquellen,
z. B. Hildegardquelle, Elisabethquelle findet sich
meist das schwefelsaure Natron stärker, als die schwefelsaure
Magnesia, durchschnittlich im Verhältniss wie 5 : 4.

Das Wasser der Hunyadiquelle wurde zuerst im J. 1863
von J. Molnár in Pesth. untersucht. Nach demselben finden
sich in 1 Civilpfunde des Wassers:

Schwefelsaure Magnesia	137,98	Gran.
Schwefelsaur. Natron	128,97	„
„ Kali	1,67	„
Chlornatrium	11,54	„
Kohlensaures Natron	13,20	„
Kohlensaurer Kalk	6,04	„
Eisenoxyd und Thonerde	0,08	„
Kieselsäure	0,09	„
Summa der festen Bestandtheile	299,57	Gran.
Freie - u. halbgebund. Kohlensäure	8,02.	

Die normale Temperatur der Quelle beträgt 10°C.

Im J. 1870 wurde das Wasser der Hunyadiquelle wiederholt von C. Knapp im Liebig'schen Laboratorium in
München untersucht. Derselbe fand in 1000 Theilen.

Schwefelsauro Magnesia	16,0156	Theile.
Schwefelsaur. Kali	0,0849	„
„ Natron	15,9148	„
Chlornatrium	1,3050	„
Kohlensaures Natron	0,7960	„
Kohlensaures Kalk	0,9330	„
Kieselsäure	0,0011	„
Thonerde und Eisenoxyd	0,0042	„
Summa der festen Bestandtheile	35,0548	
Freie - u. halbgebund. Kohlensäure	5,226	

specifisches Gewicht. 1,03323 bei 21°C.

Der Abdampfrückstand dieses Wassers, welchen ich spectral-analytisch untersuchte, zeigte nichts Auffallendes, ebenso waren Spuren von Jod oder Brom nicht nachweisbar.

Nach dem Gutachten des Prof. v. Liebig übertrifft der Gehalt des Hunyadi-János Wassers an Bittersalz und Glaubersalz den aller bekannten Bitterquellen und steht dessen Wirksamkeit damit im Verhältnis.

R. Bender.

Die Färbung der Rauchquarze u. d. sog. Rauchtopase

ist nach A. Forster durch eine kohlen- und stickstoffhaltige organische Substanz bedingt, welche beim Erhitzen zersetzt wird und bei der trocknen Destillation in einem Wasserstoffgasstrome kohlens. Ammoniak liefert. (*Pogg. Ann. 143, 173; Chem. Centr. III. 1871. Nr. 34, S. 535.*)

H. L.

Jodsaures Eisenoxyd.

Nach Bell existiren wenigstens drei wohl charakterisirte Verbindungen von Eisenoxyd und Jodsäure. Die eine, entsprechend der Formel $Fe^2O^3, 2J^2O^5 + 8H^2O$, erhält man durch Fällung einer Eisenalaunlösung mit jodsaurem Kali oder Natron im Ueberschuss. Der Niederschlag ist zuerst von gelber oder gelbbrauner Farbe, wird aber an der Luft bald dunkler und entwickelt einen Jodgeruch. Dieses Präparat ist neuerdings in den Arzneischatz aufgenommen worden.

Die zweite Verbindung nach der Formel $Fe^2O^3, 3J^2O^5$ erhält man als schön gelben Niederschlag, wenn Eisenjodürlösung, dargestellt aus 2 Theilen Jod mit der entsprechenden Menge Eisen, mit einer Lösung von 2 Theilen chlorsaurem Kali in heissem Wasser gemischt und dann mit anderthalb Theilen concentrirter Salpetersäure versetzt und erhitzt wird. Kochendes Wasser zersetzt das Salz mit Hinterlassung einer basischen Verbindung. An der Luft ist es unveränderlich.

Wenn nur wenig Salpetersäure hinzugefügt und dann zum Kochen erhitzt wird, so entweicht viel Jod und ein dunkelrother Niederschlag entsteht, dessen Formel Fe^2O^3, J^2O^5.

Dieses Salz ist wenig beständig und wird schon beim Auswaschen zersetzt. Durch Vermehrung der Salpetersäure nähert sich die Zusammensetzung mehr und mehr der des vorhergehenden Salzes. Man kann annehmen, dass er dann aus Mischungen von beiden Salzen in wechselnden Verhältnissen besteht. Durch Digestion mit warmer verdünnter Salpetersäure geht dieses Salz in das 2. über. (*The Pharmac. Journ. and Transact. Nr. XXXII—XXXV. Third. Ser. Part. VIII. Für. 1871. P. 624.*).   *Wp.*

Wiedergewinnung der Molybdänsäure

aus den bei den PO^5 Bestimmungen erhaltenen Lösungen. Hierzu schlägt R. Fresenius vor, die Rückstände zur Trockne zu verdampfen und dann zu erhitzen, bis das H^4NO, NO^5 grösstentheils zersetzt ist, den Rückstand mit H^3N zu digeriren, welches die MoO^3 löst, zu filtriren, das Filtrat mit etwas Magnesiamixtur zu versetzen, um vorhandene PO^5 auszufällen, nach längerem Stehen zu filtriren, das Filtrat mit NO^5 eben anzusäuern, die ausgeschiedene MoO^3 unter Absaugen zu filtriren und unter Anwendung einer möglichst geringen Wassermenge auszuwaschen. Das von dem MoO^3-Niederschlage getrennte Filtrat und Waschwasser verarbeitet man mit den folgenden Rückständen. (*Zeitschr. f. analyt. Chemie, 10, 204. Chem. Centralbl. 1871. Nr. 31.*).   *H. L.*

Einschmelzen von Silber-Rückständen.

Um zu verhüten, dass das Silber beim Einschmelzen im hessaischen Tiegel in die Tiegelmasse eindringt, soll man dieselben nach Elsner innen mit einem Brei von calcinirtem Borax und Wasser ausstreichen, trocknen lassen und dann bis zum Schmelzen des Boraxes erhitzen. (*Polyt. C.-Bl. 25, 140; chem. Centr.-Bl. 1871. Nr. 31, S. 496.*).   *H. L.*

Nachweis von Schwefelverbindungen im Leuchtgas.

Nach Prof. V. Wartha in Ofen schmilzt man an das Oohr eines Platindrahtes eine Perle von kohlensaurem Natron und bestreicht mit derselben die Ränder der betreffenden Leuchtgasflamme. Dabei entstehen aus den schwefelhaltigen Verbindungen derselben schwefligsaures und schwefelsaures Natron; diese reducirt man dann in dem leuchtenden Theile der Flamme zu Schwefelnatrium, das dann durch Befeuchten der Perle mit Nitroprussidnatrium erkannt wird. (*Zeitschr. d. allg. österreich. Apoth.-Ver. v. 20. Aug. 1871.*). *H. L.*

Chloralhydrat und Chloralalkoholat.

Nach Versmann und Wood bildet das Chloralhydrat Krystalle von verschiedenem Aussehen je nach dem Lösungsmittel, woraus es anschiesst. Eine wässerige Lösung giebt unter der Luftpumpe rhombische Krystalle, Aether kleine harte Krystalle, Aceton feine Nadeln; aus übersättigten warmen Benzollösungen schiesst das Hydrat beim Abkühlen gleichfalls in feinen Nadeln an, aus freiwillig verdunstenden hingegen entstehen grosse, zuweilen halbzolllange Krystalle. Gleicherweise giebt Schwefelkohlenstoff entweder feine Nadeln oder grosse Krystalle. Aus gesättigten alkoholischen Lösungen bekommt man bis 1½ Zoll lange fedrige Krystalle, die jedoch aus Chloral-Alkoholat bestehen. Demnach wird das Hydrat durch Behandlung mit Alkohol zersetzt und in das Alkoholat verwandelt.

Das Hydrat ist sehr hygroskopisch und um so mehr, je kleiner die Krystalle desselben. 10 Gran in feinen Nadeln wurden in einem offenen Gefässe nach 24 Stunden ganz flüssig, harte Krystalle hatten bloss ihren Glanz verloren. Beide Formen sind aber bei gewöhnlicher Temperatur so flüchtig, dass sie nach einigen Tagen sammt dem angezogenen Wasser vollständig verschwinden.

100 Theile Wasser lösen von dem Hydrat in trocknen Krystallen 360 Theile; das Alkoholat löst sich nicht so reichlich und findet die Lösung viel langsamer statt. Hydrat und Alkoholat lassen sich auf folgende Weise leicht unterscheiden: man lässt auf die Oberfläche des in einem 6—8 Zoll hohen Becherglase befindlichen Wassers einige Krystalle fallen. Das Hydrat sinkt sogleich nieder und hat sich meist gelöst, ehe es den Boden erreicht. Vom Alkoholat fallen die grösseren Krystalle sofort zu Boden und lösen

sich da sehr langsam; kleine Krystalle schwimmen auf der Oberfläche und gerathen daselbst, indem sie sich lösen, in eine lebhafte Bewegung, sich im Kreise drehend oder hin und her schiessend.

Das specifische Gewicht der wässrigen Lösungen beider Verbindungen zeigt grosse Verschiedenheit:

Temp. 15,5 C.	Hydrat	Alkoholat
20 procentige Lösung	1,085	1,072
15 „ „	1,062	1,050
10 „ „	1,040	1,028
5 „ „	1,019	1,007

Im flüssigen Zustande ist das spec. Gew. des Hydrats
bei 40°   = 1,610
des Alkoholats = 1,143.

Der Siedepunkt giebt nach Versmann kein gutes Unterscheidungszeichen, weil sich beide Verbindungen dabei zu zersetzen beginnen, was die Beobachtung erschwert. Jedenfalls liegt der Siedepunkt des Hydrats höher als der des Alkoholats.

Wenn das Alkoholat wirklich als betrügerischer Zusatz zum Hydrat dient, so hat man den Alkohol direct nachzuweisen, was am besten durch die Lieben'sche Jodoformprobe geschieht. Man zersetzt mit einem Alkali, destillirt das abgeschiedene Chloroform und prüft die über demselben stehende wässrige Schicht, worin der Alkohol enthalten sein müsste, mit kohlensaurem Kali und Jod.

Die Zersetzung des Hydrats und Alkoholats durch Ammoniak in der Wärme, wie sie Umney angegeben, wobei die Schicht des abgeschiedenen Chloroforms gemessen wird, giebt zwar, gehörig angeführt, zur Unterscheidung beider hinreichend genaue Resultate, indem das Verhältniss der Schichten = 72,2 : 61,76, aber es bleibt von dem Chloroform stets etwas in der wässrigen Solution des gebildeten ameisensauren Ammoniaks, und umgekehrt, gelöst, auch erfolgt die Zersetzung zu langsam.

Der Verfasser giebt desshalb einer andern Methode den Vorzug, die sich auf die Zersetzung der beiden Körper durch concentrirte Schwefelsäure gründet. Dabei wird Chloral abgeschieden, dessen Procentgehalt in einer graduirten Röhre abgelesen werden kann. In eine mit Glasstöpsel versehene graduirte, in 0,1 C.C. getheilte Röhre schüttet man 5—6 C.C. conc. Schwefelsäure, erwärmt durch Eintauchen in heisses Wasser von etwa 60°, fügt dann 10,0 Chloralhydrat hinzu, schüttelt gut um und erwärmt wieder. Die Zersetzung geht augenblicklich vor sich, das Chloral scheidet sich auf der Oberfläche ab und kann nach dem Abkühlen abgelesen werden.

Wood bedient sich des Kalks, um die Menge des aus dem Chloralhydrat oder Alkoholat abzuscheidenden Chloroforms zu bestimmen. 100 Gran der zu prüfenden Verbindung werden in einem Vier-Unzen Glase in einer Unze Wasser gelöst, dann fügt man 30 Gran trocknes Kalkhydrat hinzu und setzt einen Kork mit gebogenem Glasrohr auf, dessen absteigender Schenkel etwas ausgezogen ist und in eine graduirte Röhre taucht. Bei gelindem Erwärmen des Glases destillirt das Chloroform über und wird abgelesen, wobei man den Meniscus, welchen dasselbe bildet, durch ein Paar Tropfen Kalilauge beseitigt. (*The Pharmac. Journ. and Transact. Third. Ser. Part. IX. Nr. XXXVI—XXXIX. March 1871. P. 701 u. 703.*).   *W'p.*

Analyse des holzessigsauren Baryts.

Dieselbe beruht nach E. Luck auf der sehr ungleichen Löslichkeit des ameisens., essigs., propions. und butters. Baryts in absolutem Alkohol; sie verhält sich wie die Zahlen 1 : 0,2 : 9 : 41. Durch wiederholtes Auskochen mit bestimmten Mengen absol. Alkohols und Bestimmung des darin gelösten Baryts mittels SO^3 lassen sich die in den einzelnen Fractionen enthaltenen Salzmengen berechnen. (*Zeitschr. f. anal. Ch. 10, 184; Chem. Centr.-Bl. 1871, Nr. 31*).

H. L.

Nachweisung von Trauben- und Milchzucker.

Als Reagenz auf Glykose ist ausser der bekannten sog. Fehling'schen Flüssigkeit noch folgendes besonders bei qualitativer Untersuchung von diabetischem Harn als rasch zum Ziele führendes Mittel zu empfehlen: Eine concentr. Lösung von basisch essigsaurem Bleioxyd (sog. Bleiessig) wird mit einer verdünnten Lösung von kryst. essigsaurem Kupferoxyd versetzt. Zu etwa 5 C.C. dieser Lösung

4 *

wird die auf Glykose zu untersuchende Flüssigkeit gesetzt
und zum Sieden erhitzt; ist Traubenzucker vorhanden, so
färbt sich die Flüssigkeit gelb und setzt nach einiger Zeit
einen gelben Niederschlag ab. Auf diese Weise lässt sich
noch $\frac{1}{100}$ Procent Traubenzucker nachweisen.

Sind grössere Mengen Traubenzucker, über 1 Procent
vorhanden, so färbt sich die Flüssigkeit bei einige Minuten
fortgesetztem Erhitzen orangeroth und setzt bald einen ebenso
gefärbten Niederschlag ab, welcher jedoch nach einiger Zeit
in eine schmutzig gelbe Farbe übergeht. Auf rohrzuckerhal-
tige Flüssigkeiten ist dieses Reagenz vollständig indifferent.
Eine verdünnte Lösung von Milchzucker wird ebenso wie
Traubenzucker gelb gefärbt, eine concentrirte Auflösung von
Milchzucker färbt sich damit roth und setzt nach längerem
Erhitzen einen ziegelrothen Niederschlag ab.

In derselben Weise lässt sich nach Campani eine Lösung von Traubenzucker, gemischt mit Bleiessig, zur Nachweisung von Spuren von Kupfer verwenden.

Künstliche Darstellung des Dulcits aus Milchzucker.

Nach G. Bouchardat wird eine wässrige Lösung von
intervertirtem Milchzucker (Galaktose) wird 3—4 Tage lang
mit 2½ procent. Natrium-Amalgam unter zeitweiliger Neu-
tralisation der Flüssigkeit mit verd. SO^3 in Berührung gelassen, dann die Flüssigkeit genau gesättigt, der grösste Theil
des NaO,SO^3 durch Krystallisation entfernt, die Flüssigkeit
mit 2 Vol. Weingeist versetzt und das Filtrat zum Syrup
verdunstet. Nach einiger Zeit scheiden sich Krystallwürzchen
aus, die sich aus Wasser leicht umkrystallisiren lassen und
aus Dulcit $C^{12}H^{14}O^{12}$ bestehen.

Die Krystalle knirschen zwischen den Zähnen, schmecken
kaum süss, gähren nicht mit Bierhefe und schmelzen bei 187°
(corrigirt). Sie lösen sich nur wenig in starkem Weingeist,
wenig in kaltem Wasser, in 4,1 Th. Wasser von 21° C. Die
Lösung wirkt nicht auf das polarisirte Licht, bräunt sich
nicht beim Kochen mit Kalilauge und reducirt Fehling'-
sche Flüssigkeit nicht. Durch verdünnte NO^5 wird dieser
Dulcit in Schleimsäure verwandelt, wie der natürliche. (C. r.
73, 199; Chem. Centr.-Blatt, 1871, Nr. 31.)   H. L.

Colophonin und Hydrat desselben.

Bei der trocknen Destillation des Colophons und anderer Pinusharze erhält man nach T i c h b o r n e ein dickliches Oel, welches durch Rectification 5—6 Procent einer leicht beweglichen, gelblichen Flüssigkeit liefert, den sogenannten H a r z - s p i r i t u s, (die Harzessenz,) von dem man annimmt, dass er aus öligen K o h l e n w a s s e r s t o f f e n von der Formel $C^n H^{n-4}$ und $C^n H^{n-6}$ und aus einem sauerstoffhaltigen Oele, dem sogenannten C o l o p h o n o n besteht. Wird diese Harzessenz ein Jahr lang in unvollkommen verschlossenen Gefässen der Einwirkung der Luft ausgesetzt, so bilden sich darin grosse, gelbliche Krystalle von C o l o p h o n i n h y d r a t, die nach der Reinigung vollkommen farblos und geruchlos sind und einen süsslichen Geschmack haben. Sie lösen sich leicht in Wasser, Alkohol, Aether und Chloroform, weniger leicht in Benzin, Harzessenz und Schwefelkohlenstoff. Beim Erhitzen schmelzen sie und sublimiren. Durch wiederholtes Schmelzen und Sublimiren scheint das Hydratwasser fortzugehen. Mit concentrirter Schwefelsäure liefert das Colophoninhydrat unter Grünfärbung eine gepaarte Säure. Eine ähnliche Färbung beobachtet man auch mit Phosphorsäure, arseniger Säure, Citronen- und Weinsäure. Brom wirkt stark auf das Colophoninhydrat ein und giebt eine bromirte Verbindung. Die Formel des wasserfreien Colophonins ist

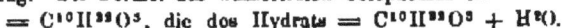

$$= C^{10} H^{22} O^3, \text{ die des Hydrats} = C^{10} H^{22} O^3 + H^2O).$$

(*The Pharmac. Journ. and Transact. Nr. XIV — XVIII. Third. Ser. Part. IV. Octbr. 1870. P. 302. Aus the Chicago - Pharmacist.*). Wp.

Bestimmung des Morphins im Opium.

1) Das Opium wird nach M a i s c h mit warmem Benzin behandelt, um Narkotin und den kautschukartigen Bestandtheil auszuziehen. Dann extrahirt man mit Wasser und wäscht im Verdrängungsapparat so lange, bis die Lösung fast farblos erscheint. Der Auszug von 100 Gran Opium wird in gelinder Wärme auf eine halbe Unze eingeengt, mit einem gleichen Maass Alkohol gemischt und filtrirt.

In das Filtrat giesst man 50 Minims Aetzammoniak mit 2 Drachmen Alkohol verdünnt, der Art, dass erst die Hälfte der Flüssigkeit, nach 6 Stunden die andere hinzugefügt wird. Nach 24 Stunden wird der Niederschlag auf einem Filter gesammelt, getrocknet und gewogen. Er enthält nur Spuren von Narkotin. (*Americ. Journ. of Pharm. Vol. XLIII. Nr. II. Fourth Ser. Febr. 1871. Vol. L. Nr. II. P. 65.*).   *Wp.*

---

2) Nach Procter fällt man den aus 100 Gran Opium mit der sechsfachen Menge kaltem Wasser bereiteten Auszug mit Bleiessig, filtrirt ab, wäscht den Niederschlag, entfernt aus dem Filtrat das überschüssige Blei durch verdünnte Schwefelsäure und filtrirt abermals. Die klare Flüssigkeit wird auf eine halbe Unze eingeengt, mit der Hälfte ihres Volums Alkohol gemischt und filtrirt. Das Filtrat wird mit 50 Gran alkoholhaltigem Aetzammoniak gefällt, so zwar, dass man die 2. Hälfte des Ammoniaks erst nach einer halben Stunde zusetzt. Nach 24 Stunden hat sich das Morphin in grossen Krystallen ausgeschieden, die wenig am Glase haften. (*The Pharmac. Journ. and Transact. Third. Ser. Part. X. Nr. XL bis XLIV. April 1871. P. 805.*).   *Wp.*

Zur Geschichte der Opiumalkaloïde von Bright.

Nach Matthiessen und Bright giebt Codeïn beim Erhitzen mit concentrirter Salzsäure Chlorcodeïn, welches später in Methylchlorid und Apomorphin zerfällt.

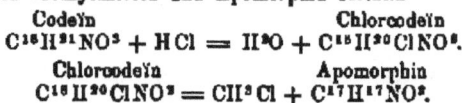

Codeïn   Chlorcodeïn

$$C^{18}H^{21}NO^3 + HCl = H^2O + C^{18}H^{20}ClNO^2.$$

Chlorcodeïn   Apomorphin

$$C^{18}H^{20}ClNO^2 = CH^3Cl + C^{17}H^{17}NO^2.$$

Die Einwirkung von 48 procentiger Bromwasserstoffsäure auf Codeïn beim Erhitzen im Wasserbade hat einen etwas andern Verlauf. Die anfangs mit kohlensaurem Natron keinen Niederschlag gebende Flüssigkeit färbt sich allmählig und erlangt damit die Eigenschaft, durch Soda präcipitirt zu werden. Methylbromid wird im ersten Stadium der Einwirkung noch nicht gebildet. Der durch kohlensaures Natron entstehende Niederschlag scheint aus drei Basen zu bestehen, von denen zwei in Aether leicht löslich, die 3. schwer löslich ist.

Bromcodeïn scheint zuerst gebildet zu werden, daraus entsteht dann das sogenannte D o o x y c o d e ï n = Codeïn — 1 At. O und B r o m t o t r a c o d e ï n, letzteres durch Zusammentreten von 4 At. Codoïn und Aufnahme von 1 At. Brom.

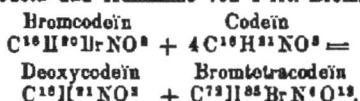

$$\text{Bromcodeïn} \qquad \text{Codeïn}$$
$$C^{16}H^{20}BrNO^3 + 4\,C^{16}H^{21}NO^3 =$$
$$\text{Deoxycodeïn} \qquad \text{Bromtetracodeïn}$$
$$C^{16}[^{21}NO^2 + C^{72}]H^{85}BrN^4O^{13}.$$

Wegen seiner leichten Zersetzbarkeit ist das Bromcodeïn schwer rein darzustellen, vom Deoxycodeïn kaum zu trennen. Wenn man das Product der Wirkung von 3 Thln. 48 procentiger Bromwasserstoffsäure auf 1 Thl. Codeïn bei zweistündigem Erhitzen im Wasserbade mit Soda fällt, so bleibt das unzersetzte Codeïn im Filtrat. Den Niederschlag schüttelt man mit Aether, die ätherische Solution mit Bromwasserstoffsäure, wodurch sich rohes bromwasserstoffsaures Bromcodeïn bildet, das durch Wiederholung des Processes bei fractionirter Präcipitation von färbenden Verunreinigungen zu befreien ist. Schliesslich erhält man den Körper als ein farbloses klebriges Liquidum, das nicht zum Krystallisiren zu bringen ist, sondern über Schwefelsäure zu einer gummiähnlichen Masse eintrocknet. Bei 100° getrocknet, hat sie wegen eines Gehalts an Deoxycodeïn nur annähernd die Formel $C^{16}H^{20}BrNO^2, HBr$. Aus diesem Salze die Base selber abzuscheiden, wurde nicht versucht.

Wenn die Reaction zwischen Codeïn und Bromwasserstoff in der Wärme längere Zeit und mit grösseren Mengen des letztern fortgesetzt wurde, so setzten sich aus der Flüssigkeit allmählig weisse, in kaltem Wasser schwerlösliche Krystalle ab, die sich durch Umkrystallisiren aus heissem Wasser reinigen liessen und nach dem Trocknen, erst über Schwefelsäure, dann bei 100° die Zusammensetzung eines bromwasserstoffsauren Deoxycodeïns zeigten = $C^{16}H^{21}NO^2, HBr$. Aus dieser Verbindung scheidet Soda einen weissen, in Alkohol, Aether, Benzol und Chloroform löslichen Niederschlag ab, der sich an der Luft bald dunkelgrün färbt. In seinen sonstigen Reactionen mit Eisenchlorid, Salpetersäure, Schwefelsäure und chromsaurem Kali stimmt derselbe ganz mit dem Apomorphin überein, nicht aber in der physiologischen Wirkung, da er nicht brechenerregend ist. (*The Pharmac. Journ. and Transact. Third. Ser.* [Part X. Nr. XL—XLIV. *April 1871. P. 867.*). *Wp.*

Electrolyse von Salzen der Alkaloïde.

Bourgoin hat verschiedene Salze organischer Basen der Electrolyse unterworfen und ist dabei zu folgenden Resultaten gelangt:

1) Die Salze der Alkaloïde werden in derselben Weise zersetzt, wie das schwefelsaure Ammoniak, d. h. die Base geht zum negativen, die Säure zum positiven Pole.

2) In einer sauren Solution, schwieriger in einer neutralen, nimmt die positive Flüssigkeit eine Färbung an gleich der der Alkaloïde durch Salpetersäure.

3) Das am positiven Pole sich entwickelnde Gas enthält ausser Sauerstoff auch Kohlensäure und Kohlenoxyd.

4) Ausser diesen Gasen entstehen durch den zersetzenden Einfluss des Sauerstoffs auf die Alkaloïde verschiedene andere Producte, hauptsächlich ammoniakalische Verbindungen. (*The Pharmac. Journ. and Transact. Aug. 1870.*).   Wp.

Krystallisirtes Aconitin

hat H. Duquesnel (Compt. rend. 73, 207) dargestellt. Gepulverte Aconitknollen werden mit sehr starkem Weingeist unter Zusatz von 1 Proc. Weinsäure ausgezogen, der Weingeist wird unter Abschluss der Luft bei einer 60°C. nicht übersteigenden Temp. abdestillirt, die wässr. Lösung des Rückstandes mit Aether von Farbstoff befreit, mit 2 fach kohlens. Alkali gesättigt und wieder mit Aether geschüttelt. Aus diesen ätherischen, noch mit Petroleumäther versetzten Lösungen krystallisirt das Alkaloïd beim Verdunsten in farblosen, rhombischen oder hexagonalen Tafeln.

Seine Zusammensetzung = $C^{54}H^{40}NO^{20}$.   Zwischen 0° und 100°C. verändern sich das Aconitin und seine Salze im trockenen Zustande oder in Lösung nicht.   In dem Auszuge, welcher es enthält, verschwindet es aber bei 100°C. und bei Luftzutritt in kurzer Zeit theilweise oder ganz.   In Wasser ist es fast unlöslich, selbst bei 100°C., in selbst verdünnten Säuren hingegen ist es sehr leicht löslich.   Es ist nicht flüchtig, selbst nicht oberhalb 100°C.; aber bei 130°C. zersetzt es sich und scheint sich dabei theilweise zu verflüchtigen.   Aus den Lösungen seiner Salze wird es durch Alkalien als ein amorphes, weisses, sehr leichtes Pulver gefällt, welches

Hydratwasser enthält, welches bei 100° C. entweicht, ohne dass das Aconitin sein Ansehen änderte. Es löst sich in Alkohol, Aether, Benzin und vorzügl. in Chloroform, dagegen nicht in Glycerin, nicht in leichten und schweren Theerölen. Es dreht das polarisirte Licht nach links, reagirt schwach alkalisch und bildet mit Säuren leicht krystallisirende Salze, von denen namentl. das salpetersaure durch leichte Darstellbarkeit und Grösse seiner Krystalle ausgezeichnet ist. Bei Gegenwart von CO_2 löst sich Aconitin leicht in Wasser, nimmt aber nach und nach, in dem Maasse als die CO_2 verdunstet, wieder seine krystall. Form an. Phosphorsäure, Tannin, jodirtes Jodkalium und Quecksilberjodid-Jodkalium sind die schärfsten Reagentien auf dasselbe. Die geringste Menge Aconitins bringt auf der Zunge ein eigenthümliches Prickeln hervor. Das Aconitin ist eins der stärksten vegetabilischen Gifte. Um es nachzuweisen, bedient man sich zuerst der Dialyse, dann des Stas'-schen Verfahrens, unter Beobachtung aller durch die leichte Zersetzbarkeit dieses Alkaloïdes bedingten Vorsichtsmassregeln.

Duquesnel und Gréhant untersuchten die physiologische Wirkung des kryst. Aconitins. (C. r. 73, 209.) In kleinen Dosen (zu 0,05 Mgrm.) lähmt es, wie das Curare, beim Frosch die Endorgane der motorischen Nerven, lässt aber die sensiblen Nerven u. d. Herz intact; grosse Dosen (z. B. 1 Mgrm.) lähmen dagegen zuerst das Herz. Bei Warmblütern scheinen die Wirkungen dieselben zu sein; bei einem Kaninchen bewirkte 1 Mgrm. (bei künstl. Respiration) in $\frac{1}{2}$ Stunde Lähmung des Ischiadicus, während die Muskeln ihre Contractilität noch beibehalten hatten. (*Chem. Central-Blatt, Nr. 31. 1871.*) *H. L.*

Künstliche Darstellung von Indigo.

Schon im Anfange des Jahres 1870 fanden Baeyer und Emmerling in Berlin, dass man Indigo aus Isatin darstellen könne, welches letztere sich aus Zimmtsäure erhalten lässt. Neuerdings fanden Emmerling und Engler, dass man dasselbe Resultat auch mit Hülfe der Benzoësäure erlangen kann.

Wenn man neulich benzoësauren Kalk, gemengt mit essigsaurem Kalk, der Destillation unterwirft, so erhält man eine Verbindung von der Formel $C^8H^8O, C^{14}H^5O$; unterwirft man diese der Behandlung mit starker Salpetersäure, so erhält man das Nitroproduct $C^8H^3O, C^{14}H^4(NO^4)O = C^{16}H^7NO^6$, welches vom Indigblau $C^{16}H^5NO^2$ nur durch einen Mehrgehalt von H^2 und O^4 sich unterscheidet. Indem man diese Nitroverbindung dann mit einer Mischung von Zinkstaub und Natronkalk erhitzt, erhält man durch Reduction derselben Indigo, leider bis jetzt nur in sehr kleinen Mengen, weil das Meiste durch die energisch wirkenden Reagentien wieder zerstört wird. Die Reaction verläuft nach der Gleichung

$$C^{16}H^7NO^6 + 2H = C^{16}H^5NO^2 + 4HO.$$

(*Zeitschr. d. allg. österreich. Apoth.-Vereins. 20. Aug. 1871; N. Jahrb. f. Pharm. 35, 2. D. Ind. Zeitung*).   *H. L.*

Milchprüfung.

Bekanntlich ist das spec. Gewicht kein präcises Kennzeichen für die Güte der Milch, indem der Rahm leichter ist, als Wasser, die entrahmte Milch aber schwerer. Man würde den Procentgehalt an Fett und dann das spec. Gewicht der fettfreien Flüssigkeit bestimmen müssen, um zu einem genauen Resultate zu kommen. Nun aber zeigt sich eine andere Ursache der Ungenauigkeit, wo es sich um das spec. Gewicht handelt, in dem moleculären Zustande des Caseïns, sofern nemlich eine mehre Tage alte Milch merklich leichter ist, als frische. (*The Pharm. Journ. and Transact. Nr. XXVIII—XXXI. Third. Ser. Jan. 1871. Part. VII. P. 606; Aus Milk-Journal.*).   *Wp.*

La Plata- oder Carno-Guano

ist der Name, unter welchem man die getrockneten Abfälle und Rückstände der Fleischextract-Gewinnung von Süd-Amerika als Düngemittel in den Handel bringt. Die Analyse dess. ergab

41,51 Proc. organ. Substanz
10,87 „ Phosphorsäure
19,43 „ CaO, MgO, Fe²O³
0,58 „ KO
18,04 „ Sand u. Thon
9,57 „ Feuchtigkeit
___
100,00.

Der Stickstoffgehalt = 5,93 Procent. Die Löslichkeit des PO⁶ ist ungefähr so, wie im Knochenmehl.

Als wünschenswerth für die bessere Wirkung erscheint das Zermahlen der gröblichen, zum Theil aus erbsgrossen Stücken bestehenden Masse. (*Blätter f. Gewerbe, Technik und Industrie, Nr. 13. 1871*).

H. L.

___

Nachweisung einer Rhodanverbindung im Speichel.

Durch Zusatz einiger Tropfen einer Lösung von Eisenchlorid oder schwefels. Eisenoxyd zum Speichel tritt bekanntlich eine Rothfärbung ein, als Beweis des Vorhandenseins einer Rhodanverbindung. Der Nachweis einer solchen lässt sich nach R. Böttger in noch weit auffälligerer Weise in der Art führen, dass man etwas Speichel auf einen mit Guajacharztinctur imprägnirten Streifen schwedischen Filtrirpapiers fallen lässt, nachdem dieser Streifen zuvor getrocknet und durch eine zweitausendfach verdünnte Kupfervitriollösung gezogen worden ist; augenblicklich sieht man die mit Speichel benetzte Stelle des Papierstreifens sich stark blüuen. (*Jahresbericht d. Frankf. physikal. Vereins für 1869 — 1870; daraus in Buchner's N. Repert. Heft 9. 1871. S. 570.*).

H. L.

II. Chemische Technologie.

Natürliches Gas.

Ein amerikanisches Blatt schreibt: Die Stadt Erie in Pennsylvanien steht an der Grenze der Petroleum-Region. In dieser Gegend bildet sich unter der Erdoberfläche natürliches Gas in grossen Quantitäten, das zu Beleuchtungszwecken benutzt wird. Am Abend des 26. October war Erie durch natürliches Gas, welches man aus einem Brunnen erhielt, beleuchtet. Bis jetzt sollen vierzehn derartige Gasbrunnen angelegt worden sein. Das Gas wird in einer durchschnittlichen Tiefe von 550 Fuss gefunden und giebt per Brunnen circa 20,000 Kubikfuss täglich. (*Neue Freie Presse*, *November 1870*.). R.

Vorkommen, Ursprung und Gewinnung des Natronsalpeters in der Provinz Tarapaca (Peru); von Thiercelin.

(Nach den Ann. de Chim. et de Phys. T. XIII. bearbeitet v. J. König.)

Von den sieben Zonen, welchen man, wenn man Peru beim 20 Grad südl. Breite vom Meere zu den Cordilleren gegen Osten durchreist, begegnet, kommen hier die dritte, die Pampa von Tamarugal und die fünfte, Serrania alta oder der inneren Kette (Hoch-Peru oder Bolivia) in Betracht. Die Pampa, diese baumlose in der Mitte etwas eingesunkene Ebene, hat einen nur spärlichen Pflanzenwuchs und die einzige Cultur, welche dort unter grossen Schwierigkeiten auf dem Kochsalz, Borax und Natronsalpeter führenden Boden stattfindet, ist die einer Varietät der Luzerne, welche zum Theil zur Nahrung der Lastthiere genügt,

die zum Transport dieser Salze und der metallischen Mineralien benutzt werden.

Im Süden der Pampa befinden sich B o r a x l a g e r, deren
Stücke im Mittel 100 — 200 Grm. schwer sind; Natronsalpeter findet sich zwar an der Grenze von Pampa und Serrania,
aber zu weit vom Meere entfernt, als dass seine Gewinnung
so gute Rechnung gäbe, als in Serrania. Am Westabhange
der Cordilleren trifft man das Kochsalz nur in geringen, in
Hoch-Peru dagegen, wo häufige Regen dasselbe in grossen
Seen zusammenspülten, in grösseren Mengen an.

Die S a l p e t e r g r u b e n bestehen aus verschiedenen
Schichten. Die Oberfläche des Bodens ist aus S i l i k a t e n,
S a n d s t e i n und K a l k s t ü c k c h e n zusammengesetzt. In
einer Tiefe von 20 — 40 Ctm. erscheinen in der Regel regelmässige Prismen, in welchen eine Menge sehr kleiner mikroskopischer Krystalle glänzen, die hierauf folgende felsenharte,
50 — 60 Ctm. starke Schicht besteht vorwiegend aus K o c h -
s a l z, wenig C h l o r k a l i u m und N a t r o n s a l p e t e r, gemengt mit Erde und Stücken von E i s e n - S i l i k a t und
C a r b o n a t. Unter dieser Kruste befindet sich reiner, mehr
oder weniger gut krystallisirter N a t r o n s a l p e t e r in Stücken
von 50 Ctm. bis 1 Meter Höhe auf 1 — 2 Meter im Durchmesser.

G u a n o kommt dort selten oder in geringer Menge vor;
er befindet sich immer u n t e r der Salzkruste, ist nicht wie
der von den Chinchas-Inseln pulverig, sondern zusammen-
hängend und braun, enthält Knochenreste von Vögeln und
Insekten und riecht ammoniakalisch.

Was die Entstehung des Salpeters anlangt, so wird dieselbe durch die zu seiner Bildung nothwendigen Agentien
C h l o r n a t r i u m und K a l k s t ü c k e erklärlich. Nach Thier-
oolin soll der G u a n o den Stickstoff liefern, König ist aber,
da der Guano u n t e r der Salzkruste liegt, geneigt den Stickstoff von sonstigen, stickstoffhaltigen, organischen Substanzen
abzuleiten, aus deren Zersetzung A m m o n i a k gebildet, welches dann unter der Einwirkung von Luft und anorganischen
Basen zu Salpetersäure wird.

Ausser den drei genannten Agentien findet man aber
auch alle Bedingungen erfüllt, welche die Salpeterbildung in
der dortigen Gegend begünstigen, wie R e i n h e i t u n d
T r o c k e n h e i t d e r A t m o s p h ä r e, die A b w e s e n h e i t
d e s R e g e n s, welcher den gebildeten Salpeter wegspülen
würde und das regelmässige Auftreten des N a c h t n e b e l s.

Indem letzterer das Kochsalz verschont, löst er den Salpeter, bewirkt seine Filtration durch die Kruste und seine Krystallisation unter derselben.

Der Natronsalpeter ist in der Provinz Tarapaca schon seit sehr langer Zeit bekannt, kam aber erst in den Jahren 1820—1830 nach Europa. Die erste Ladung wurde in England ins Meer geworfen, weil der Salpeter einen zu hohen Eingangszoll zahlen sollte. Spätere Ladungen wurden vortheilhaft verkauft. Anfangs geschah die Ausführung südlich nach Chili, wonach der Natronsalpeter fälschlicher Weise Chilisalpeter genannt wird. Gegenwärtig bildet die Salpeterfabrikation den grössten Industriezweig der obengenannten Provinz.

Das Aufsuchen des Salpeters geschieht auf folgende Weise: An gewissen wellenförmigen Erhebungen des Bodens, den häufigen Kalkstücken und zerfallnem Sandstein erkennt der Arbeiter die Gegenwart des Salpeters. Dort durchsticht derselbe die Kruste, macht ein Loch von 30—40 Ctm. im Durchmesser, hebt das Obere mit Sorgfalt ab und gräbt so tief, dass das Mineral deutlich zum Vorschein kommt. Zur Förderung des Salpeters wird, wenn man auf die unterste Schicht gekommen ist, die untere Höhlung auf etwa 1 Meter Durchmesser erweitert, Kohle und Schwefel in die Höhlung gebracht und das Gemisch entzündet. Durch die Explosion wird der Boden in der Umgebung von 1—2 Meter durchbrochen und aufgewühlt, und hierauf beginnt die eigentliche Förderung des Salzes.

Das Rohproduct ist von verschiedener Consistenz, Farbe und Qualität, wonach sich seine Benennungen richten. Der sogen. geschwefelte, welcher diesen Namen seiner Farbe verdankt, ist der reinste; der poröse, erdige und geronnene (congelé) sind Sorten verschiedener Güte. Enthält das Rohproduct unter 50%, so wird die Grube als untauglich zur Fabrikation verlassen; ein Gehalt von 70—80% ist ein ausnahmsweiser Reichthum.

Das auf Lastthieren oder Wagen in die Fabriken geschaffte Rohmaterial wird dort nach zwei verschiedenen Methoden gereinigt. Nach der einen wird das Rohmaterial in Stücke zerschlagen, in eiserne, halb mit Wasser gefüllte Kessel gebracht, in eiserne angefeuert, eine Stunde digerirt, das Ungelöste aus dem Kessel entfernt und die erhaltene Lauge durch wiederholte Zuführung von Rohmaterial bis zur Sättigung angereichert. Man lässt dann die geklärte Lauge in die

Krystallisationsgefässe abfliessen, sammelt das auskrystallisirte Salz und lässt in den Säcken abtrocknen, in welchen dasselbe verladen wird. Die Mutterlauge wird zum Auflösen des Rohmaterials wieder benutzt.

Nach der zweiten Methode wird Dampfheizung angewendet, das Rohmaterial in durchlöcherten Eisenkörben in das siedende Wasser eingehängt, unter Dampfdruck ausgelaugt und die Beschickung der Körbe so oft wiederholt, bis die Lauge gesättigt ist. Dieser Salpeter enthält weniger, als 1% Kochsalz, während der nach ersterer Methode gewonnene 2% und darüber NaCl enthält. (*Annalen der Landwirthschaft XXIX. 2 und 3.*). *Illg.*

Kalk - und Luftmörtel.

Die chemischen Processe, welche beim Erhärten des Mörtels vor sich gehen, bestehen bekanntlich in der Aufnahme von Wasser und Kohlensäure, wodurch die basischen Bestandtheile (Kalk etc.) in kohlensaure Salze und die kieselsauren Verbindungen in wasserhaltige Salze übergehen. Einer eingehenden Untersuchung, welche W. Wolters über diesen Gegenstand angestellt hat, entnehmen wir, nach der Zeitschrift für Chemie (1870, 15. Heft), die folgenden Sätze: „Der der Luft ausgesetzte Mörtel giebt zuerst nur Wasser ab, die Kalktheilchen haften an einander, der Mörtel hat angezogen. Erst dann beginnt die Aufnahme der Kohlensäure lebhafter und eindringlicher zu werden, zugleich nimmt die Festigkeit zu. Das letzte Stadium des Austrocknens ist zugleich das der eigentlichen Kohlensäuerung und der steinigen Härte. Bei dieser steinigen Erhärtung verkittet die Kohlensäure die in unmittelbarer Berührung befindlichen Theilchen des Kalks zu einer zusammenhängenden Masse von kohlensaurem Kalk. Die Aufnahme der Kohlensäure ohne gleichzeitige Entziehung von Wasser macht den Luftmörtel niemals hart. Frisch angemachter Mörtel in feuchter Kohlensäure blieb weich, in trockener Kohlensäure erhärtete er schnell. Wesentlich bei der Erhärtung ist auch die allmählige Aufnahme der Kohlensäure. In einer Kohlensäure-Atmosphäre ist die Sättigung erst in drei Tagen, in der Luft bei kleinen Quantitäten in fünf Tagen erreicht. Grössere Massen von Mörtel brauchen, namentlich wenn sie nur bedingten Luftzutritt haben, Monate, ja Jahre zur Erhärtung. Im letzteren Falle tritt auch eine

Einwirkung der Kieselsäure der Gesteine auf das Kalkhydrat ein, wie man es an antiken Mörteln beobachtet." (*Neue Freie Presse*, *November 1870.*). *R.*

Die Haltbarmachung des Kalk-Estrichs.

(Deutsche Bauzeitung V. Nr. 9. März 1871.)

Von A. Hirschberg in Sondershausen. [*]

Der in hiesiger Gegend und in einem grossen Theile Thüringens zum Estrichschlag in Verwendung kommende Kalkstein ist ein dolomitisches Mineral, welches neben vorwiegend kohlensaurem Kalk kohlensaure Talkerde, Gyps und die Beimischungen enthält, welche alle Kalksteine zu begleiten pflegen. Der gebrannte Stein, Sparkalk,[**] wird gewöhnlich, seltner gebrannter Gyps, zum Estrichschlag verwendet. Vergleicht man aber die Festigkeit und Haltbarkeit des Kalk-Estrichs, welcher in älteren und alten Bauwerken gefunden wird mit dem neueren Ursprungs, so steht der neuere weitaus gegen jenen zurück, und ist die Klage hierüber eine wohlbegründete.

Da nun das Material dasselbe geblieben, so muss der gerügte Fehler entweder in dem Brennen des Kalksteins oder in der Zubereitung desselben zum Zwecke des Estrichschlags gesucht werden.

In ersterer Beziehung liessen sich verschiedene Möglichkeiten annehmen; da aber der Estrichschlag in der Häufigkeit seiner Anwendung zur Zeit eine verhältnismässig nur untergeordnete Stelle einnimmt und der zu diesem Zwecke vielleicht fehlerhaft gebrannte Stein zu den gewöhnlichen Verwendungen seine Dienste nicht versagt, so würde die Ermittelung der, beim Brennen desselben etwa zu vermeidenden Fehler keine besondere praktische Bedeutung beanspruchen können. Anders aber verhält sich die Sache, wenn man die Zubereitung des Sparkalks zum Zwecke des Estrichschlags betrachtet; ein mehr oder minder grosser Zusatz von Wasser

---

*) Handschriftl. Mittheilung des Herrn Verfassers.
H. I.
**) Man unterscheidet in hiesiger Gegend: Sparkalk, den gebrannten oben beschriebenen Stein; Lederkalk oder Aetzkalk und Gyps, schwefelsauren Kalk mit einem geringen Gehalt von kohlensaurem Kalk.

bedingt das langsamere oder raschere Festwerden des Estrichs, und da der Gyps in dem Kalkstein beim Brennen zum Theil zu Schwefelcalcium reducirt worden ist, was sich dadurch documentirt, dass der frisch geschlagene Estrich gewöhnlich Schwefelwasserstoffgas aushaucht, so wird, da die Festigkeit und Haltbarkeit des Estrichs in erster Stelle auf die chemische Verbindung von kohlensaurem Kalk und Gyps zurückzuführen sein dürfte, es angezeigt sein, dass durch grösseren Wasserzusatz die Erhärtung der Masse verlangsamt werde. Die Rolle, welche ausserdem die thonigen, kieseligen und sonstigen Beimischungen des Kalksteins bei dieser Erhärtung spielen, soll zwar nicht unterschätzt, aber die Hauptrolle muss um deswillen der vorgenannten Verbindung zugeschrieben werden, weil der Gyps im Entstehungszustande, wenn auch nur zum Theil, den zu einer chemischen Verbindung besonders günstigen Formzustand darbietet und hierdurch die Plasticität der Masse, eine weitere Bedingung der Haltbarkeit derselben, vermehrt wird. Einen Beleg hierzu, wenn auch in anderem Sinne und zu anderen Zwecken, giebt das Verfahren, welches die auf dem thüringer Walde heimischen sogenannten Massemühlen, in denen das zur Porzellanfabrikation zur Verwendung kommende Rohmaterial durch Mahlen, Schlämmen und Verwittern für diese vorbereitet wird, anwenden. Man lässt dort die feine Masse „faulen," d. h. man setzt dieselbe in Teigform längere Zeit der Einwirkung der Luft aus, wodurch dieselbe unter Entwickelung von Schwefelwasserstoffgas nach längerer oder kürzerer Zeit die Plasticität annimmt, welche derselben auf andere Weise schwerlich verliehen werden könnte.

Wenn nun aber auch beim Anmachen des Sparkalks die richtige Menge Wasser zugesetzt worden, so kommt es dennoch häufig, ja in den weitaus meisten Fällen vor, dass der Estrichschlag nach einiger Zeit, und zwar am meisten, wo derselbe an und unter dem Ofen hergestellt worden, also gar nicht oder wenig betreten wird, zerbröckelt; grössere begangene Flächen zeigen lockere Stellen, welche bald zu Lücken werden. In ersterem Falle wird die Auflockerung durch das zu rasche Trocknen des Estrichschlags zum Theil, in beiden Fällen aber vorwiegend durch die Bildung von schwefelsaurer Talkerde (Bittersalz) eingeleitet und durch das Auswittern dieses Salzes bedingt.

Verfasser dieses hat sich vor einigen Jahren mit Ermittelung einer Methode beschäftigt, welche diesem Unbelstande abzuhelfen geeignet sein könnte und ist bei seinen Versuchen von zwei Gesichtspunkten ausgegangen. Der eine war, das Festwerden der Estrichmasse derart zu fördern, dass die chemische Verbindung von (kohlensaurem) Kalk und Gyps früher, als die Bildung von schwefelsaurer Talkerde erfolgen könne; der zweite, durch wiederholtes Imprägniren des eben trocken gewordenen Kalk-Estrichschlags mit verdünnter Schwefelsäure diesen in einen wirklichen Gyps-Estrich zu verwandeln.

Der erstgenannte Zweck wurde durch wiederholtes Begiessen des trocken gewordenen Estrichs mit Wasser in überraschend vollkommener Weise erreicht. Eine 2 M. 40 Cm. lange, 40 Cm. breite, in dem Estrichschlage einer vielbetretenen Küche neu gegossene Stelle hat nach Verlauf mehrer Jahre noch ihre anfängliche Glätte beibehalten, zeigt keine Spur von Auswitterung und unterscheidet sich vortheilhaft von dem übrigen die Sohle der Küche bedeckenden Estrich, welcher zahlreiche defecte Stellen zeigt. Die Imprägnirung der trockenen Estrichmasse mit verdünnter Schwefelsäure, 1 Theil Säure auf 8—10 Theile Wasser, empfiehlt sich durch ihre handliche Anwendung und rasche Wirkung namentlich für Estrich an und unter den Oefen, und hat sich dort, so wie überall, gut bewährt.

Kleinere, mehre Jahre alte Proben beiderlei Art, welche eine grosse Festigkeit zeigen, unterscheiden sich dadurch voneinander, dass der mit Säure behandelte Estrich ein mehr krystallinisches, der andere ein durchaus amorphes Gefüge zeigt. In der Härte sind beide nicht wesentlich verschieden.

Schliesslich mag noch erwähnt sein, dass um das Abblättern des Kalkputzes, resp. des Oelfarben-Anstriche von aus dolomitischen Kalkbruchsteinen hergestellten Mauern zu verhindern, es sich empfiehlt, dieselben zuvor mehre Male mit Schwefelsäure von der oben angegebenen Verdünnung zu überstreichen.

Ueber den Nachweis freier Säure in der schwefelsauren Thonerde und anderen im normalen Zustande sauer reagirenden Salzen.

Von W. Stein.[*]

Für die Papierfabrikanten ist es wichtig, zu wissen, ob die von ihnen benutzte schwefelsaure Thonerde neutral ist oder

---

[*] Als Separatabdruck aus Fresenius' Zeitschrift f. analyt. Chem., vom Hrn. Verf. erhalten.   H. L.

nicht. Zur Erkennung der freien Säure in diesen und ähnlichen Fällen sind folgende Mittel bereits vorgeschlagen worden:

1) von H. Rose, Aufnahme der freien Säure durch Alkohol, sofern das neutrale Salz in letzterem unlöslich ist, oder durch kohlensauren Baryt, sofern die Base des neutralen Salzes durch diesen nicht ausgefällt wird;

2) von Erlenmeyer und Lewinstein, phosphorsaure Ammoniak-Magnesia, welche durch neutrale schwefelsaure Thonerde so zersetzt wird, dass eine neutral reagirende Flüssigkeit entsteht;

3) von Luckow, (speciell für Alaun) Cochenilletinctur, welche mit neutralem Alaun bläulichroth, mit solchem, welcher freie Säure enthält, orange gefärbt wird;

4) von mir, unterschwefligsaures Natron oder metallisches Zink.

Die Mittel unter 1) sind hier aus naheliegenden Gründen nicht anwendbar. Cochenilletinctur fand ich unbrauchbar, weil sie auf eine saure Lösung von schwefelsaurer Thonerde nicht ganz so wie auf eine solche von Alaun wirkte, vielmehr erstere nur entschieden orange färbte. Die von mir vorgeschlagenen Mittel entsprechen ebensowenig allen Anforderungen; nur das Erlenmeyer'sche Mittel ist, richtig angewendet, vollkommen zuverlässig. Seine Anwendung setzt jedoch voraus, dass es frisch gefällt, sorgfältigst ausgewaschen und im Ueberschuss vorhanden sei. Dies ist umständlich und jedenfalls für minder Geübte nicht leicht. Dagegen habe ich mich überzeugt, dass das Thonerdoultramarin für den Zweck vollkommen geeignet ist und nicht bloss bei schwefelsaurer Thonerde, sondern überhaupt bei schwefelsauren und selbst bei Salzen mit anderen Säuren angewendet werden kann. Die bekannte Entfärbung, welche es durch Säuren erleidet, ist, wie ich glaube, für technische Zwecke unter allen Umständen, für wissenschaftliche Untersuchungen bei Anwendung eines ganz blassen Ultramarinpapiers hinreichend empfindlich, wie die anzuführenden Versuche erweisen werden.

Herr Pütter, welcher in der Papierfabrikation beschäftigt ist und zur Ausführung von Versuchen durch mich veranlasst worden war, stellte zu diesem Zwecke ein dunkleres und ein blasses ungeleimtes Ultramarinpapier her von der Farbentiefe, wie man sie bei dunklem und blassen Lackmuspapier gewöhnt ist. Kleine Stücke dieses Papiers wurden in Porzellanschälchen eingelegt, ein Tropfen der zu prüfenden

Flüssigkeit auf die Mitte des Papierstücks gebracht und bei den zu erwähnenden quantitativen Versuchen mit einem Uhrglas überdeckt, um Verdunstung zu verhüten.

Zuerst wurde vollkommen neutraler Thonerdealaun hergestellt und die Gewissheit erlangt, dass die Lösung desselben, selbst beim Eintrocknen auf dem Papiere, dessen Farbe nicht veränderte. Sodann prüfte man Schwefelsäure von verschiedenem Verdünnungsgrade und fand bei

1 Th. wasserfr. Säure in   125 Th. augenblickliche Entfärbung.
1 „   „   „   „   625 „ sehr schnelle   „
1 „   „   „   „   2500 „ nach 2 Minuten]   „
1 „   „   „   „   5000 „   „ 4   „   „
1 „   „   „   „ 10000 „   „ 15 „   „

Die letzte Verdünnung wirkte übrigens auf das dunklere Papier nicht mehr ein. — Neutrale schwefelsaure Thonerde suchte man auf die Weise darzustellen, dass man die concentrirte Lösung einer sehr reinen käuflichen in absoluten Alkohol goss, filtrirte, durch Aspiration auf dem Filter abtrocknete, wieder in Wasser löste und fällte, und dies zum dritten Male wiederholte. Die Lösung dieser schwefelsauren Thonerde bleichte das blasse Ultramarinpapier erst nach halbstündiger Berührung, sie gab aber auch mit dem Erlenmeyer'schen Mittel noch freie Säure zu erkennen. Desshalb wurde ihre Lösung nun mit frisch gefülltem Thonerdehydrat zusammengerührt, erwärmt und einige Stunden stehen gelassen. Nach dieser Zeit wurde Ultramarinpapier nicht mehr davon verändert und das Erlenmeyer'sche Mittel zeigte keine freie Säure mehr an. Dieser Versuch beweist, dass blasses Ultramarinpapier dem letzteren an Empfindlichkeit nicht nachsteht.

Bei dieser Gelegenheit wurden auch einige Versuche mit Zucker angestellt, der bekanntlich zur Ermittlung freier Schwefelsäure im Essig sehr brauchbar ist. Es fand sich jedoch, dass er auch durch neutrale schwefelsaure Thonerde beim Abdampfen bis zur Trockne braungelb gefärbt wird. Ist nun diese Färbung auch etwas verschieden von der durch freie Säure bewirkten, so kann sie doch zu Täuschung veranlassen und desshalb der Zucker für den vorliegenden Fall nicht empfohlen werden.

Den besprochenen Thonerdesalzen gleich verhielten sich vollkommen neutrales schwefelsaures Eisenoxydul, Manganoxydul, Zinkoxyd und Kupferoxyd. Die Versuche mit schwefelsauren Monoxydsalzen noch weiter auszudehnen, schien hiernach überflüssig. Dagegen wurde noch salpetersaures Bleioxyd und Brechweinstein geprüft, die sich den vorhergehenden in ihrem Verhalten anschliessen, während schwefelsaures Eisenoxyd, wie auch Eisenchlorid, deren Lösung durch Zusatz von Ammoniak bis zu bleibender Fällung vollständig neutral gemacht worden war, das Ultramarinpapier bleichten. Das Eisenoxyd, bez. Chlorid scheint demnach als solches den blaufärbenden Bestandtheil des Ultramarins zu zersetzen.

Weit schwächer als Schwefelsäure wirkten Salpetersäure und Salzsäure auf das Ultramarinpapier. Erstere war nemlich bei einer Verdünnung von 1 : 4000, letztere bei einer solchen von 1 : 1000 nicht mehr wirksam.

Schliesslich wurde auch das Cyanin in Form von blassblauem Papiere auf sein Verhalten geprüft und gefunden, dass es sich dem Lackmus analog verhält. Das Papier wurde nemlich von der Lösung neutralen Alauns, Zink- und Eisenvitriols gebleicht. Die Lösungen waren mit frisch ausgekochtem, destillirtem Wasser dargestellt, doch bleibt dessenungeachtet bei der ausserordentlichen Empfindlichkeit des Cyanins zweifelhaft, ob die Wirkung den neutralen Salzen als solchen zukommt, oder von einer durch andere Mittel nicht nachweisbaren Säurespur herrührte.

Ueber Erkennung freien Alkalis in den Seifen und andern alkalisch reagirenden Salzen.

Von Demselben.[*]

Zur Erkennung freien Alkalis in den gewöhnlichen Seifen schlug meines Wissens Stas zuerst das Calomel vor, welches, mit der Lösung einer solchen zusammengerieben, bei Gegenwart von freiem Alkali so zersetzt wird, dass sich schwarzes Quecksilberoxydul abscheidet. Die Anwendung von Quecksilberchlorid anstatt des Calomels habe ich in mehrfacher Beziehung bequemer gefunden. Zunächst lässt sich dasselbe in Lösung verwenden und wenn man will, kann man die Seife, ohne sie zu lösen, prüfen, indem man sie auf einem frischen Schnitte mit jener Lösung befeuchtet.

---

[*] Als Separatabdruck aus Fresenius' Zeitschrift f. analyt. Chemie, vom Hrn. Verfasser erhalten.   H. L.

Auch essigsaure Alkalien, phosphorsaures Natron und im Allgemeinen wohl alle Salze, deren Säure mit Quecksilberoxyd nicht ein gefärbtes unlösliches Salz bildet, lassen sich auf freies Alkali mit Quecksilberchlorid prüfen. Die Empfindlichkeit desselben ist jedoch nicht sehr bedeutend, denn eine Kalilösung, welche in 1666 Theilen 1 Theil KO enthielt, wirkte darauf nicht mehr ein; ebenso verhielt sich eine Lösung von kohlensaurem Natron, welche in 1200 Theilen einen Theil wasserfreies Salz enthielt. Die Gegenwart sehr grosser Mengen von Chlorkalium bewirkt, dass anstatt eines rothen ein weisser Niederschlag, bez. Trübung entsteht. Auch zur Auffindung freien Alkalis in der Harzseife, wie sie von den Papierfabriken benutzt wird, eignet es sich nicht. Für diesen Fall hat aber Herr Naschold, Assistent am polytechn. Laboratorium, das neutrale salpetersaure Quecksilberoxydul als anwendbar erkannt und dieses ist sogar weit empfindlicher als das Quecksilberchlorid. In einer Kalilösung, welche in 3332 Theilen einen Theil wasserfreies Kali enthielt, brachte es noch einen sehr deutlich wahrnehmbaren Niederschlag von Quecksilberoxydul hervor. Dagegen erwies es sich unbrauchbar bei phosphorsaurem Natron und bei Gegenwart von sehr grossen Mengen von Chlorkalium.

Ueber die Zersetzbarkeit des Schwefelkohlenstoffes in der Hitze.

Von Demselben.*)

Um über die näheren Bestandtheile des Ultramarins ins Klare zu kommen, machte sich die Darstellung von Schwefelaluminium nöthig, welche auf verschiedene, u. A. auch nach der von Frémy angegebenen Weise, jedoch unter Anwendung von Porzellanschiffchen, versucht wurde. Hierbei zeigte sich, dass das bei Hellrothglühhitze erhaltene Präparat, welches wenig zusammengesintert und von koksähnlichem Aussehen war, reichlich freien Kohlenstoff enthielt. Auch hatte sich während der Arbeit in der Röhre, welche die Glühröhre von Porzellan mit einem Kühler zur Verdichtung des Schwefel-

----

*) Als Separatabdruck vom Hrn. Verfasser erhalten.   H. L.

kohlenstoffdampfes verband, viel Schwefel abgeschieden; ebenso war das Destillat von aufgelöstem Schwefel gelb gefärbt.

Da die, wie es scheint, allgemein angenommene Voraussetzung, dass der Schwefelkohlenstoff durch Glühhitze nicht zersetzt werde, weil er sich bei einer solchen Temperatur bildet, mit diesen Beobachtungen im Widerspruche stand, so wurde der zu den Versuchen benutzte Schwefelkohlenstoff zuerst sorgfältig gereinigt, und dann das specifische Gewicht, der Siedepunkt und die Zusammensetzung unter der Leitung des Hrn. Assistenten Naschold von dem Polytechniker Hrn. Pfund bestimmt.

Specifisches Gewicht bei + 17°C. 1,2664,
Siedepunkt 46,5°C.

Die Schwefelbestimmung war nach Carius auf die Weise ausgeführt worden, dass man den in Glaskügelchen eingeschlossenen Schwefelkohlenstoff mit doppeltchromsaurem Kali und Salpetersäure von 1,4 specifischem Gewicht in zugeschmolzener Röhre auf 160 bis 170° erhitzte.

1) 0,1093 Schwefelkohlenstoff lieferte 0,670 schwefelsauren Baryt, entsprechend 84,18 Proc. Schwefel.

2) 0,1102 Schwefelkohlenstoff lieferte 0,6755 schwefelsauren Baryt, entsprechend 84,17 Proc. Schwefel.

Von diesem Schwefelkohlenstoff, welcher, wie aus dem Angeführten ersichtlich ist, vollkommen rein war, wurde nun

1) der Dampf durch eine mit Meissener Porzellanscherben gefüllte böhmische Röhre geleitet, bis die Luft verdrängt war, diese alsdann mittels Bunsen'scher Brenner zum angehenden Rothglühen erhitzt und längere Zeit bei dieser Temperatur erhalten. Nach Beendigung des Versuchs hatte sich weder Kohlenstoff auf dem Porzellan abgelagert, noch Schwefel abgeschieden.

2) Der vorhergehende Versuch wurde wiederholt, die Röhre jedoch in einem Verbrennungsofen mit Kohlen bis zur Hellrothgluth erhitzt, wobei sie erweichte. Diesmal war die Oberfläche der Porzellanscherben mit Kohlenstoff bedeckt, und sowohl in der Verbindungsröhre, als in dem Destillate war Schwefel vorhanden.

Ausser bei diesen, mit specieller Absicht angestellten Versuchen, ist bei der Darstellung von Schwefelaluminium die Abscheidung von Kohlenstoff und Schwefel aus dem Schwefelkohlenstoff so oft von uns beobachtet worden, dass über die Zersetzbarkeit desselben bei Hellrothglühhitze kein Zweifel bestehen kann. Wenn diese Resultate mit den Versuchen von Berthelot (Will, Jahresber. 1859 S. 83) und Play-

fair (Ebend. 1860 S. 82) im Widerspruche zu stehen scheinen, so liesse sich dies allenfalls aus einem Rückhalte an
Luft in dem von Boiden angewendeten Bimstein oder einer
nicht genügend hohen Temperatur erklären. Anders verhält
sich der Schwefelkohlenstoffdampf allerdings gegen glühende
Kohle.

3) Holzkohle in haselnussgrossen Stücken wurde in einer
böhmischen Röhre zuerst im Wasserstoffstrome vollständig
ausgeglüht, der Wasserstoff dann durch Schwefelkohlenstoffdampf verdrängt, und endlich zum hellen Rothglühen erhitzt,
wobei die Röhre wieder erweichte. Da eine Abscheidung
von Schwefel in der Verbindungsröhre nicht bemerkbar war,
so wurde der verdichtete Schwefelkohlenstoff bei möglichst
niedriger Temperatur vollständig abdestillirt. Hierbei blieb
eine sehr geringe Menge Schwefel zurück, und es hatte
sonach eine, allerdings nur sehr unbedeutende Zersetzung des
Schwefelkohlenstoffes auch hier stattgefunden.

Der letzte Versuch zeigt, dass der Schwefelkohlenstoff
in Gegenwart von glühenden Kohlen nicht zersetzt wird, oder,
was wahrscheinlicher ist, sich immer wieder neu bildet. Bedingung ist dabei allerdings, dass der ganze glühende Raum,
durch welchen der Dampf passirt, mit Kohlen gefüllt ist.
Wenn nemlich die Darstellung von Schwefelaluminium unter
Anwendung von Kohlenschiffchen, wie Frémy es beschreibt,
ausgeführt wurde, so fand die Zersetzung zwar an der Stelle
des Schiffchens nur unbedeutend statt, denn das gebildete
Schwefelaluminium enthielt nur wenig freien Kohlenstoff; im
übrigen Theil der Röhre aber wurde der Schwefelkohlenstoff
zerlegt, denn in der Verbindungsröhre und im Destillate war
reichlich Schwefel enthalten.

Für die Praxis der Schwefelkohlenstoffbereitung dürften
die vorstehenden Beobachtungen insofern einiges Interesse
haben, als sich daraus ergiebt, dass Verluste an Schwefelkohlenstoff entstehen, wenn der Apparat nicht fortwährend mit
Kohlen gefüllt erhalten wird.

Ueber die Erkennung und Unterscheidung der Krapp-
farbstoffe für sich und auf Geweben.

Von Demselben.*)

Wenn man mit Krapp gefärbte oder gedruckte Stoffe
in einer concentrirten Lösung von schwefelsaurer Thonerde
kurze Zeit kocht, so erhält man eine im durchgehenden Lichte
roth, mit einem mehr oder weniger deutlichen Stich ins
Blaue, gefärbte Flüssigkeit, welche mit einem goldgrünen
Reflex fluorescirt. Ursache der Fluorescenz ist, wie man
sich leicht überzeugen kann, nur der eine der Krappfarbstoffe,
das Purpurin. Das Alizarin bringt sie nicht, wenigstens
nicht in einem mit blossem Auge bemerkbaren Grade hervor.
Nur wenn ich mit Hilfe einer Loupe ein Strahlenbündel in
die Flüssigkeit treten liess, konnte ich auch bei der bloss
Alizarin enthaltenden Flüssigkeit eine Andeutung von Fluorescenz beobachten, welche jedoch höchst wahrscheinlich von
einer vielleicht während des Auffärbens erzeugten spurweisen
Beimischung von Purpurin herrührte. Ausserdem färbte Alizarin die schwefelsaure Thonerde weniger lebhaft, als Purpurin, und nach ca. 12stündigem Stehen hatte es sich aus
der Lösung wieder abgeschieden, während letzteres nach
mehren Tagen noch gelöst war.

Mit Hilfe der schwefelsauren Thonerde kann man sonach
Alizarin und Purpurin sicher von einander unterscheiden und
die Gegenwart des letzteren im Krapp und dessen Präparaten
leicht nachweisen. Mir ist bis jetzt weder eine Krappsorte noch
ein Krapppräparat vorgekommen, welche es nicht enthalten hätten. Da es nun, wie mich Versuche gelehrt haben, sich schneller
mit der Faser verbindet, als das Alizarin, so muss es selbstverständlich auf jedem mit Krapp gefärbten Zeuge sich vorfin-
den, d. h. das Krapproth ist durch sein Verhalten
gegen schwefelsaure Thonerde von allen anderen
rothen Zeugfarben sicher zu unterscheiden.

Neben dem Purpurin lässt sich die Gegenwart des Ali-
zarins im gewöhnlichen Krapproth, wie im Türkischroth, unter
Benutzung der Beobachtung von Schunk ohne Schwierigkeit erkennen, indem man mit einer Lösung von kohlensaurem Kali wiederholt und jedenfalls so lange, bis die Flüssigkeit
nicht merklich mehr gefärbt erscheint, auskocht, und auf

---

*) Gleich den vorigen Artikeln als Separatabdruck vom Hrn. Verf.
(Dresden, 14. Sept. 1871) erhalten.   *H. L.*

diese Waise die Purpurin-Thonerde abzieht. Der Rückstand
wird mit Wasser kochend gespült und dann mit Barytwasser
erwärmt. Das Alizarin giebt sich schon dadurch zu erkennen,
dass der Stoff nach dem Auskochen mit kohlensaurem Kali
nicht gebleicht erscheint; andererseits wird seine Anwesenheit bestätigt, wenn die rückständige Farbe des Stoffes durch
Erwärmung mit Barytwasser in Violett übergegangen ist.
Uebrigens lässt sich das Alizarin auch mit Hülfe von salzsaurem Alkohol (weingeistiger Salzsäurelösung) leicht abziehen
und weiter untersuchen.

Bereitung von Oelfarben nach Hugolin.

Die Oelanstreichfarben werden mit Wasser zu einem
Teig angerieben, dieser stark mit Wasser verdünnt, durch
ein seidnes Sieb passirt, auf welchem die gröberen Theile
zurückbleiben und die Flüssigkeit durch Absetzenlassen geklärt. Das über dem Farbestoff stehende Wasser wird abgegossen oder abgezogen und dann die zur Bildung einer con-
sistenten Farbe erforderliche Menge Oel, eher zu wenig als
zu viel, hinzugegossen und umgerührt; Farbestoff und Oel
verbinden sich hierbei zu einer krümligen Masse, welche
dann so lange geknetet wird, bis alles Wasser ausgeschieden worden ist. Den erhaltenen Farbecorpus verdünnt man
vor dem Gebrauch mit der entsprechenden Menge Firniss
oder Siccativ. — Dies Verfahren ist anwendbar für alle
Farbestoffe, welche wie Bleiweiss, Zinkweiss, Mennige, Kienruss, so wie Chromgelb, innige Gemische mit trocknenden
Oelen bilden. Kienruss muss vor dem Anrühren mit Wasser angemessen mit Alkohol durchfeuchtet werden. — Durch
dies Verfahren kann ein Arbeiter in zwei Stunden ca. 2 Centner Farbe präpariren. (Dasselbe wird übrigens schon seit
vielen Jahren mit Erfolg in Bleiweissfabriken angewendet,
um die Arbeiter vor der schädlichen Wirkung des Staubes
zu schützen. Das fertige Bleiweiss wird nemlich dort stets
nur mit Wasser vermischt verarbeitet und nach dem Trocknen sofort in Fässer verpackt, der wässerige Brei aber durch
mechanische Vorrichtungen mit Oel durchgeknetet und die so
erhaltene Farbepasta in den Handel gebracht. (*Wagner's
Jahresb.*). *Hirschberg.*

Anfertigung von vegetabilischem Pergament.

Campbell taucht das Papier zuerst in eine starke Alaunlösung, trocknet und zieht es dann durch concentrirte Schwefelsäure; der Alaun dient hierbei als Decke gegen die zu starke Einwirkung der Schwefelsäure. Nach gehörigem Auswaschen wird es langsam getrocknet. Dieses Verfahren leidet nicht an den Uebelständen der bisherigen Methode, deren Gelingen von der grössten Sorgfalt in der Zeitdauer der Eintauchung, sowie von der Stärke der SO^3 abhängig ist. (*Ind.-Bl. 1871, 23*; *Polytechn. J. 200, 506*; *Chem. Centr.-Bl. 1871, Nr. 31.*) *H. L.*

Rosafarbige Papiersorten

fand H. Vohl zu wiederholten Malen arsenhaltig. Dieselben waren jedenfalls durch arsenikalische Fuchsinfarbenrückstände gefärbt. (*Polytechn. Journ. 200, 506*; *Chem. Central-Blatt Nr. 31, 1871.*).

Auch Dr. Wilhelm Hallwachs in Darmstadt macht auf den Arsengehalt rother Tapeten aufmerksam (besonders solche mit leuchtenden dunkelrothen, pompejanischrothen Farben). Der Arsengehalt derselben ist ein ganz enormer. (*Gewerbeblatt f. Hessen; Industrieblätter. Nr. 32. 1871.*).

H. L.

Künstliches Kautschuk,

oder vielmehr eine demselben ganz ähnliche elastische Masse erhält man nach Sonnenschein durch Verbindung von Wolframsäure mit gewissen organischen Substanzen. Wenn man nemlich wolframsaures Natron und nachher Salzsäure einer Leimlösung hinzufügt, so erhält man als Niederschlag eine Verbindung, die bei 30° — 40° C. so elastisch ist, dass sie sich in die feinsten Fäden ausziehen lässt. Beim Erkalten wird die Masse hart und spröde. (*The Pharm. Journ. and Transact. March 1871. p. 704.*).

Wp.

Productions- und Consumtions-Verhältnisse der Anilinfarben.

Von Anilinöl wurden consumirt:

1867	1,500,000 Pfund
1868	2,000,000 „
1869	3—3,500,000 „

Mithin worden gegenwärtig täglich 100 Centner Anilinöl vorarbeitet. Von obigen Mengen verbrauchte Deutschland 2 Millionen Pfund, der Rest vertheilte sich auf die Schweiz, auf England und Frankreich. Producirt wurden in Deutschland kaum 1 Million Pfund Anilinöl, der Rest wurde von Frankreich eingeführt, welches jährlich mehr als 1½ Millionen Pfund desselben producirt. — Der Gesammtwerth der im Jahre 1869 producirten Anilinfarben dürfte sich auf 4 — 4½ Millionen Thaler belaufen.

Bei der Fabrikation von Jodgrün hat sich im Jahre 1869 durch die ausgezeichneten Untersuchungen von A. W. Hoffmann in der Weise eine Umwandlung vollzogen, als zu denselben statt wie bisher Jodaethyl, jetzt Jodmethyl verwendet wird und etwa 60 Proc. des angewandten Jods wieder gewonnen werden. In Summa wurden pro 1869 an englischem und französischen Jod in den Farbefabriken consumirt ca. 90,000 Pfund. Hiovon kommen auf Norddeutschland (hauptsächlich Rheinprovinz) 65,000 Pfund, der Rest auf Frankreich, England und die Schweiz. Diese Zahlen zeigen ziemlich genau die Stellung, welche die Deutsche Fabrikation in der Anilinfarbenfabrikation überhaupt einnimmt. Die Versuche auf Vorschlag von A. W. Hoffmann, das Bromamyl in diese Farben-Fabrikation einzuführen und solcherart das Jod durch das billigere Brom zu ersetzen, haben ein zufriedenstellendes Ergebniss bis hieher nicht gehabt. (*R. Wagner's Jahresb.*).   *Hbg.*

Auflösung der Seide in Salzsäure.

Im Laufe einer Untersuchung verschiedener gemischter Fasergewebe machte J. Spiller in London die Entdeckung, dass von allen zu Geweben benutzten Faserstoffen Seide allein in concentrirter Chlorwasserstoffsäure löslich ist. Die chem. Eigenschaften der so gewonnenen Seidenlösung empfehlen dieselbe ganz vorzüglich zur Anwendung für die Photographie. S p i l l e r hat dieses neue organische Chlorid in krystallisirtem Zustande dargestellt und bereits zur Darstellung von Photographien benutzt. *(Photograph Krone, Isis, Oct., Nov., Dec. 1870, S. 211.).*   *H. L.*

Chinesischer Kitt.

Unter den von Hofrath Dr. v o n S c h e r z e r aus Peking eingesandten Rohstoffen für die Industrie befand sich auch ein unter dem Namen Schio-liao bekannter Kitt, der im Norden Chinas als Anstrich von Holzgegenständen aller Art Verwendung findet und die Eigenschaft besitzt, diese Gegenstände nach innen und aussen wasserdicht zu machen. Sogar aus Stroh geflochtene Körbe, die zum Transport von Oel dienen, werden durch diesen Anstrich für den erwähnten Zweck vollkommen tauglich. Pappendeckel gewinnt dadurch das Ansehen und die Festigkeit von Holz. Die meisten öffentlichen Holzbauten sind mit Schio-liao bestrichen und erhalten dadurch ein röthliches, unschönes Ansehen, gewinnen aber an Dauerhaftigkeit. Der Kitt wurde in der Versuchsstation des österreichischen Ackerbauministeriums untersucht, und es wurden die darüber von Dr. v. S c h e r z e r gemachten Mittheilungen vollkommen bestätigt gefunden. Auch durch den Wiener Gewerbeverein wurden Versuche damit angestellt. — Wenn man in 3 Theilen frischen, geschlagenen (defibrinirten) Blutes 4 Theile zu Staub gelöschten Kalks und etwas Alaun zerrührt, so erhält man eine dünnklebrige Masse, welche sofort verwendet werden kann. Gegenstände, welche ganz besonders wasserdicht werden sollen, werden von den Chinesen zwei-, höchstens dreimal bestrichen. *(Arbeitgeber. Bierbrauer, August 1871.).*   *R.*

Wasserglas als Verbandmittel.

Man umhüllt das zerbrochene Glied mit Watte und umwickelt es alsdann mit Musselinstreifen, die mit Wasserglas getränkt sind. Nach längerer oder kürzerer Dauer findet eine Erhärtung statt. *(The Pharmac. Journ. and Transact. Aug. 1870.).*   *Wp.*

III. Botanik.

Wann stirbt die durch Frost getödtete Pflanze, zur Zeit des Gefrierens, oder im Momente des Aufthauens?

Diese Frage wurde vom Geh.-Rath Prof. Dr. Göppert in der botanischen Section der Schles.·Gesellschaft für vaterländische Kultur des Weiteren erörtert und bringt die Schles. Zeitung den nachstehenden Wortlaut des Vortrages.

„Meine zahlreichen, bereits 1829 — 30, so wie in diesem Winter wiederholten Versuche sprechen für die Zeit des Gefrierens und des Gefrorenseins, die Anderer für den Moment des Aufthauens. Gärtner fürchten bei Frühjahrsfrösten vor allem das schnelle Aufthauen und meinen durch Verhinderung desselben die Gefahr des vorangegangenen Erstarrens verhindern zu können. Das Verhalten der Natur, welches doch in solchen Fällen immer in Betracht zu ziehen ist, spricht nicht dafür. Was würde nur, da ja jähe Temperaturwechsel so oft vorkommen, aus unserer Baum- und Strauchvegetation geworden sein, wenn sie auf einen so engen Kreis der Widerstandsfähigkeit beschränkt wäre. Um aber einen entscheidenden Beweis zu liefern, bedurfte es Pflanzen, welche schon im gefrornen Zustande die Zeichen des erfolgten Todes erkennen lassen, dergleichen man aber bisher nicht kannte, da man es ihnen in der Regel nicht ansieht, ob sie nach dem Aufthauen noch lebend sein werden oder nicht. Endlich glückte es, dergleichen nachzuweisen. Nach Clamor Marquart, bestätigt von Löwig, enthalten mehre subtropische und tropische, keinen Frost ertragende Orchideen (Calanthe veratrifolia und Phajus-Arten), Indigo, der aber bekanntlich in der lebenden Pflanze nicht als solcher, sondern nur in ungefärbtem Zustande (als Indigweiss, Indican nach Schenk) vorkommt und erst in der getödteten und dem ausgepressten Safte durch Oxydation gebildet wird. Als

ich die milchweiss gefärbten Blüthen der erstgenannten gefrieren liess, wurden sie blau, und ebenso alle anderen
Theile der Pflanze mit alleiniger Ausnahme der zarten Pol-
lenmassen, und ebenso verhielten sich die grossen weiss,
braun und rosenroth gefärbten Blüthen von Phajus gran-
diflorus und die weiss, braun und orangefarbenen Blüthen
von Phajus Wallichii, ebenfalls mit Ausschluss der Pol-
lenmassen. Das Leben oder die Lebenskraft wurde demnach
hier schon während des Erstarrens vernichtet, in Folge dessen alsbald die chemische Wirkung, die Bildung des Indigos
eintrat, folglich also der Beweis geliefert, dass die durch
Frost getödteten Pflanzen schon während des
Gefrierens und nicht erst während des Aufthauens sterben, also somit zur Rettung gefrorener
Pflanzen durch Verlangsamung des Aufthauungs-
prozesses keine Hilfe zu erwarten ist. Man kann
daher mit einiger Ruhe dem unnöthigerweise befürchteten
schnellen Aufthauen unter obigen Umständen entgegensehen
in der Ueberzeugung, dass man die einmal wirklich einge-
tretenen schädlichen Folgen des Frostes doch nicht zu verhindern vermöchte. Die Unveränderlichkeit der Pollenmasse
zeigt, dass sie keinen Indigostoff enthält. Die Kälte wirkt
hier als Reagens von ungemeiner Feinheit. Da die Temperatur der Atmosphäre an dem Vortragsabend — 7 Gr. betrug, bot sich die erwünschte Gelegenheit dar, das in Rede
stehende Experiment mit den Blüthen der Calanthe zu zeigen."   *Itbg.*

Zur Kenntnis der Hefe.

Die grosse Widerstandsfähigkeit niederer Pilzformen (Spo-
ren der gewöhnlichen Schimmelpilze und der Hefe) gegen
hohe Temperaturen und gegen Wasser entziehende Mittel
wurde durch die Untersuchungen von Hofmann in Giessen
und Wiesner in Wien dargethan. Seitdem hat Melsens
der Pariser Akademie ein Memoire über die Vitalität der
Hefe (Presshefe und Bierhefe dienste zu den Versuchen) über-
geben, welches die Resultate von Versuchen enthielt, die der
genannte Chemiker über den Einfluss hoher und niederer
Temperaturen und des Druckes auf die Lebensfähigkeit der
Hefezellen anstellte.

Melsens giebt an, gefunden zu haben, dass Gährung bei der Temperatur des schmelzenden Eises möglich sei, dass die Hefe nicht getödtet wird, wenn sie dem Gefrieren ausgesetzt war und dass selbst die niedrigsten Temperaturen, die man erzeugen kann, nemlich einige Grade unter — 100, die Hefe nicht gänzlich zu tödten vermögen. Nach Melsens soll die Alkohol-Gährung innerhalb eines verschlossenen Gefässes erst aufgehoben werden, wenn die entwichene Kohlensäure unter einem Drucke von 25 Atmosphären steht. Hingegen soll die Hefe noch einem weitaus höheren Drucke (von 8000 Atmosphären!) zu widerstehen im Stande sein.

Diese Ergebnisse müssen wohl noch mit Vorsicht aufgenommen werden, da sie, abgesehen von ihrer geringen Wahrscheinlichkeit, in mehrfacher Beziehung anfechtbar sind. Es darf nemlich nicht unerwähnt bleiben, dass Melsens die Kohlensäure-Entwicklung aus einer zuckerhaltigen Flüssigkeit schon als Kennzeichen für das Leben der Hefe nimmt, was nach den heutigen Erfahrungen nicht mehr erlaubt ist. Es soll hiebei gar nicht auf den heute noch immer nicht beigelegten Liebig-Pasteur'schen Streit aufmerksam gemacht werden, worin es sich um die Frage handelt, ob die Alkoholgährung, also die Spaltung des Zuckers in Kohlensäure, Alkohol und einige andere Gährungsproducte, eine Lebensäusserung der Hefe oder ein von den Lebensthätigkeiten der Hefe unabhängiger chemischer Process ist.

Wohl aber muss man, angesichts der Melsens'schen Behauptungen, der Erscheinung gedenken, dass die Hefe unter häufig vorkommenden Verhältnissen selbst in schon getödtetem Zustande Kohlensäure absorbirt und weiterhin abzugeben im Stande ist. In diesen Fällen ist die Kohlensäure-Entwicklung aus zuckerhaltigen, eine derartige Hefe enthaltenden Flüssigkeiten kein Anzeichen des Lebens der Hefe. Auch hat Melsens versäumt, die den niedrigen Temperaturen und dem hohen Drucke ausgesetzt gewesene und als lebend angenommene Hefe mikroskopisch zu untersuchen. Die morphologischen Verhältnisse der Hefezellen hätten ihm sehr sichere Anhaltspunkte zur Lösung der Frage, ob die Hefe noch lebend oder schon getödtet war, gegeben. Die endgiltige Entscheidung der vom physiologischen Gesichtspunkte aus höchst wichtigen Frage über den Einfluss niedriger Temperatur und hohen Druckes auf die Lebensfähigkeit der Hefezellen bleibt mithin noch zukünftigen Untersuchungen vorbehalten. (*Neue freie Presse, November 1870.*).   *R.*

IV. Toxikologie.

Magnesia in Verbindung mit Zucker bei Vergiftungen.

Carles hat versucht, die Wirksamkeit der Magnesia als Antidot der arsenigen Säure durch einen Zusatz von Zucker zu erhöhen, indem er glaubte, dass die Magnesia dadurch löslich werde; allein es fand sich, dass die arsenigsaure Magnesia in Zucker löslich sei und dass sonach der Zucker, statt vortheilhaft, nur schädlich wirke. Hingegen bei Blei-, Kupfer-, Quecksilber und Antimon-Salzen ist der Zuckerzusatz zur Magnesia entschieden vortheilhaft, indem er die Zersetzung derselben beschleunigt und erleichtert, ohne eine Verbindung damit einzugehen, und in einigen Fällen wirkt der Zucker an sich, indem er die Oxyde reducirt. Wo dieses stattfindet, würde Honig dem Zucker noch vorzuziehen sein. (*Americ. Journ. of Pharm. Vol. XLII. Nr. VI. Third. Ser. Novbr. 1870. Vol. XVIII. Nr. VI. p. 510. Aus Repertoire de Pharm. Août 1870*).

W'p.

C. Literatur und Kritik.

Materialien zu einer Monographie des Inulins von Dr. G. Dragendorff, ord. Professor d. Pharmacie an d. Universität Dorpat. St. Petersburg 1870, Verlag d. Kaiserl. Hofbuchhandlung H. Schmitzdorff (Karl Röttger). (Separatabdruck aus der pharmaceut. Zeitschrift f. Russland). 9 Bogen gross Octav, 141 Druckseiten.

In der Einleitung giebt uns der Herr Verfasser eine Geschichte des Inulins. Der Entdecker desselben ist Valentin Rose; er fand es 1804 in der Wurzel von Inula Helenium und beschreibt es „als einen weissen, pulverförmigen Körper, welcher viel Aehnlichkeit mit dem Stärkemehl hat, von diesem aber in seinem Verhalten gegen andere Körper sehr verschieden ist.“

Den Namen „Inulin“ ertheilte 1811 Thomson diesem Körper. John findet (1813) in der Alantwurzel 86,7% Inulin und mindestens 40% dess. In der Bertramwurzel (Anacyclus officinarum Hayne).

Gaultier de Claubry (1815) zeigt, dass das Inulin durch Jod nicht gebläut werde.

Braconnot fand es (1821) in den Wurzelknollen von Helianthus tuberosus; Payen (1823) in denen von Dahlia variabilis. Beide beobachteten dessen Umwandlung in Zucker durch Säuren.

Waltl fand es in der Wurzel von Taraxacum officinale Wiggers und Cichorium Intybus L., bestätigte dessen Vorkommen in Dahlia, Helianthus und Anacyclus offic. und den von Ganthier (1818) erwähnten Gehalt des Anacyclus Pyrethrum Schrader an Inulin. Waltl durfte damals mit Recht behaupten, dass das Inulin mit Sicherheit nur in Repräsentanten der Syngenesistenfamilie dargethan sei, ein Ausspruch, den Dragendorff auch heute noch aufrecht erhält.

Die Uebereinstimmung in der Zusammensetzung des Inulins und Stärkemehls wurde 1840 von Payen ermittelt.

Biot und Persoz fanden (1847) die heiss bereitete wässrige Inulin-Lösung linksdrehend. Seite 8—34 wird das Vorkommen des Inulins besprochen:

Nach Dragendorff findet sich Inulin nur in solchen Pflanzen der Syngenesistenfamilie, welche zwei- oder mehrjährig sind und zwar nur in den unterirdischen Theilen derselben. Er fand in älteren Wurzeln von Inula Helenium (Rad. Enulae aus Dorpater Apotheken 22,3%, in jüngern Wurzeln Ende Sept. 1868 aus dem Dorpater bot. Garten 44,3% vom Gewicht d. bei 100°C. getrockneten Substanz; das Filtrat war frei von Zucker. Dagegen am $\frac{29.\ \text{April}}{11.\ \text{Mai}}$ 1869 bei ähnlichen Wurzeln von derselben Localität nur 37,5% Inulin neben 21,6% Zucker und einer Substanz, welche die Mitte zwischen ihm und dem Inulin zu halten scheint; rechnete man auch diese auf Inulin über, so erhält man etwa 19,3% des letzteren. Aeltere Wurzeläste derselben Pflanze lieferten nur 8,44% Inulin und 44,8% Zucker plus jenem Mittelglied. Neben dem Inulin kam hier reichlich eine durch Alkohol fällbare, schleimige Substanz (Synantherenschleim) vor, die durch ein Gemisch von Wasser mit 1 Promille Schwefelsäure bei 80° C. nach 12 Stunden nicht in Zucker überführbar war. Trockensubstanz jüngerer Wurzeln 29,4%, älterer = 22,8% vom Gewicht der frischen.

Inula media M. B. enthält nach Dragendorff im Herbste kein Inulin. Es werden die Verhältnisse von Taraxacum officinale Wiggers, Cichorium Intybus Wald, Anacyclus officinarum Hayne n. A. Pyrethrum Schrader, Helianthus tuberosus, Helianthus annuus, Helianthus strumosus, Dahlia variabilis eingehend besprochen; der Inulingehalt v. Achillea stricta Schleicher; Rad. Bardanae enthält 45%, Rad. Carlinae acaulis 21,9% Inulin. Auch die cultivirte Rad. Scorsonerae hispanicae enthält nach Dragendorff Inulin. Rhizom und Wurzeln von Arnica montana enthalten trocken 9,7% desselben. Auch im Parenchym des Rhizoms von Tussilago Farfara, in den Wurzeln von Lactuca Scariola (nicht in Lactuca sativa), von Onopordum illyricum, Calendula officinalis, Hieracium scabrum Aix, Apargia hispida Willd, Cephalaria procera F. n. L. fand Dragendorff dasselbe. Hingegen suchte er vergebens nach Inulin in Matricaria Chamomilla, Bellis perennis, Cnicus benedictus, Centaurea Jacea, Sonchus arvensis und vielen andern Syngenesisten und in Pflanzen anderer Familien. Dragendorff zweifelt an dem Vorkommen des Inulins in anderen Familien als den Syngenesisten (weder Stipites Dulcamarae, noch Colchicumzwiebeln, weder Menyanth. trifoliata, Rad. Senegae, noch Rad. Cynoglossi enthalten solches, ebenso wenig die Möhren, die Flechten und Pilze).

Link und Meyen sprechen (1837 und 1836) zuerst bestimmt aus, dass das Inulin im Alant und in der Dahlia nicht in Körnern vorkomme, sondern vielmehr im Zellsafte dieser Wurzeln und Knollen gelöst sei. Schleiden und Andere bestritten anfangs diese Angaben, ersterer erkennt aber (in seiner medic. pharm. Botanik, 1852) den richtigen Sachverhalt an, auch Hugo von Mohl und H. Schacht (1858). Zuletzt erledigte Sachs die Sache ein für allemal zu Gunsten von Link und Meyen.

Seiten 34—44 handeln über die Darstellung des Inulins. „Aus dem Gesagten geht hervor, dass

1) das beste Material zur Darstellung weissen Inulins der im Herbste bereitete Saft der Dahlien ist; das billigste, wenn es nicht auf völlig weisses Inulin ankommt, die käufliche getrocknete Cichorien- und Taraxacum-Wurzel.

2) Nimmt man das Pulver der getrockneten Wurzeln zur Darstellung, so wird dieses durch ½ bis 1 stündige Digestion mit Wasser von etwa 90° Cels. hinreichend extrahirt. Vorausgehende Behandlung mit kaltem Wasser lässt viel fremde Stoffe beseitigen, aber auch etwas Inulin einbüssen. Behandlung des Pulvers mit Weingeist ist namentlich für Enula empfehlenswerth.

3) Das Inulin wird aus seinen Lösungen durch Abkühlung nicht vollständig und in Gemeinschaft mit Salzen und stickstoffhaltigen Stoffen abgeschieden, die durch vorheriges Aufkochen mit kohlens. Kalk, Kohle, Ammoniak und drgl. nicht völlig zu beseitigen sind. Alkohol fällt zwar das Inulin vollständiger aus dessen wässriger Lösung, wenn man diese mit 3 Vol. desselben mischt, aber, falls die Lösung auch Synantherenschleim enthält (wie bei Enula, Taraxacum und Cichorium), so geht

auch dieser mit in den Niederschlag. Gleiches gilt für den Holzgeist.

4) Vorherige Behandlung mit kaltem Wasser schafft den Synantherenschleim nicht völlig fort. Fractionirte Fällung mit Alkohol,
durch welchen jener Schleim leichter gefällt wird, lässt ihn namentl. beim
Dahliensafte, der im Herbste nur wenig davon enthält, ziemlich vollständig und in Gemeinschaft mit Albuminaten etc. beseitigen. Das beste
Mittel, ihn fortzuschaffen, ist die von Wosskressensky vorgeschlagene
Fällung durch Bleiessig, die allerdings, weil die Flüssigkeit langsam
filtrirt, die Darstellung erschwert.

Zusammensetzung des Inulins (S. 44—48).

Man kann nach den vorliegenden Versuchen mit Mulder nicht mehr
daran zweifeln, dass das Inulin isomer mit dem Stärkemehl ist und
dass demnach die Formel $C^9H^{10}O^5$ oder deren Multipla die wahre Zusammensetzung angeben und dass das aus verschiedenen Pflanzen gewonnene Material gleiche Zusammensetzung hat. Dragendorff führt die
Ergebnisse der von Mulder (1830), von Payen (1840), von Parnell
(1840), von Crookewitt (1842) und Dubrunfaut (1856) angestellten
Inulinanalysen auf, welche ebenso wie seine eigene Analysen am besten
mit der Formel $C^9H^{10}O^5$ passen. Wosskressensky's abweichende Analysen vermag er nicht zu erklären.

Nach Dragendorff existirt ein wasserhaltiges Inulin $= C^9H^{10}O^5$
$+ H^2O$.

Sonstige Eigenschaften des Inulins (S. 48—129).

Hier bespricht Drg. zunächst die Inulinkörnchen und Inulinkugeln, die Umlagerung des gummösen Inulins unter Wasser in sehr
kleine weisse Körnchen, das diosmotische Verhalten des Inulins und kommt
zu dem Schlusse, dass zwei verschiedene Modificationen des
Inulins existiren: eine krystallinische schwerlösliche und eine
amorphe leichtlösliche. Letztere komme durchweg in den Pflanzen vor und bilde sich beim Erwärmen des krystallinischen Inulins mit
Wasser auf 50—55° C. Durch Zumischen von Wasser, Alkohol, Glycerin, so wie durch Berührung mit Eis, Staub (Pilzkeimen) werde sie in
die krystallinische Modification zurückverwandelt. Die Annahme dieser
2 Modificationen genüge, um alle bisher für das Inulin ermittelten Erscheinungen unterzubringen.

Löslichkeit des kryst. Inulins in Wasser: 100 Th. Wasser lösen bei 15° C. 0,191 Th. desselben (Dragendorff).

So schwer bei gewöhnl. Temp. das feste Inulin vom Wasser aufgenommen wird, so leicht geht es bei erhöhter Temperatur mit diesem in
Lösung. Es handelt sich aber hier nicht um ein bei zunehmender Temperatur allmählig gesteigertes Lösungsvermögen des Wassers für Inulin,
sondern das veränderte Verhalten des Wassers tritt bei 50 bis 55° C.
plötzlich ein (wegen Uebergang d. Inulins in die lösliche Modification).

Löslichkeit in Weingeist:
Inulin ist nicht unlöslich in Weingeist; es löst sich besonders in
der Wärme um so reichlicher, je wässriger derselbe ist. Weingeist von
0,954 (circa 38°/₀ Tralles) hatte beim Kochen so viel Inulin aufgenommen, dass die erkaltete und 48 Stunden aufbewahrte Masse umgekehrt
werden konnte, ohne dass Weingeist ausgeflossen wäre.

Fällbarkeit des Inulins aus wässriger Lösung durch Weingeist. Man wird sich nicht zu sehr von der Wahrheit entfernen, wenn man für je 100 C. C. eines Gemisches aus 1 Vol. Inulinlösung und 3 Vol. Weingeist von 88 bis 90% Tralles (nicht für den Waschspiritus) nach 48stündigem Stehen noch 0,1 Grm. Inulin als gelöst geblieben in Rechnung bringt.

Besser als die Weingeistfällung dürfte sich bei quantit. Bestimmungen diejenige mit einem Gemisch aus 1 Vol. Aether und 4 Vol. Weingeist von 88% benutzen lassen. 100 C. C. eines solchen halten nur 0,042 Grm. Inulin gelöst zurück. Auch Holzgeist wird in manchen Fällen den Alkohol ersetzen können.

Inulin wird aus wässr. Lösung durch Glycerin gefällt.

Die wässrigen Lösungen des Inulins besitzen Circularpolarisation nach links; nach Dubrunfaut [n]j = — 44°,9 für das wasserfreie Inulin.

Das spec. Gew. des wasserfreien Inulins findet Dr. — 1,470. Spec. Gew. wässriger Inulinlösungen bei 20°C. und 762,3 M.M. Barom.

1,03947 eine Lösung mit 10% Inulin.
1,01991 „   „   „   5 „   „
1,01014 „   „   „   2,5 „   „
1,00811 „   „   „   2 „   „
1,00408 „   „   „   1 „   „

Verhalten des Inulins in der Wärme (S. 72 — 80).

Reines trockenes Inulin kann stundenlang auf 100° C. erwärmt werden, ohne dass es sich verändert; es schmilzt bei 165° zu gummiartiger Masse, die weder an Weingeist Zucker, noch an Wasser etwas Dextrinartiges abgiebt. Nach einstündigem Sieden des Inulins mit Wasser lässt sich etwas gebildeter Zucker nachweisen. Ungleich leichter vollendet sich nach Dragendorff der Uebergang des gelösten Inulins in Zucker bei Zuhülfenahme verstärkten Druckes, z. B. beim Erhitzen wässr. Inulinlösung in zugeschmolzenen Glasröhren 8 bis 40 Stunden lang bei 100° C.

Dragendorff hält den angezeigten Weg für sehr empfehlenswerth, um reinen Fruchtzucker herzustellen. Dass es sich hier wirklich um Fruchtzucker handelt, lässt sich aus dessen starkem Rotationsvermögen nach Links, aus der Unkrystallisirbarkeit, der Leichtlöslichkeit in Alkohol, seiner grossen Neigung, mit Kalk körnige schwerlösl. Verbindung einzugehen, seiner Fähigkeit Fehling'sche Solution in der Kälte zu reduciren und daraus erkennen, dass er direct und leicht durch Hefe in alkohol. Gährung versetzt werden kann.

Neben dem in Alkohol löslichen Fruchtzucker entsteht bei diesem Processe eine zweite, in starkem Weingeist unlösliche Substanz, welche nach Dragendorff identisch ist mit der von Ville und Joulie, so wie von Dubrunfaut in der Topinambur zuerst aufgefundenen Substanz, welche erstere Autoren Laevulin nennen. Dragendorff ist ferner noch auf einen dritten Stoff aufmerksam geworden, der bei dieser Metamorphose des Inulins auftritt und den er Metinulin nennt; er findet sich bei kürzerem Erhitzen der wässrigen Inulinlösung in demselben und wird durch verdünnten Weingeist neben unzersetztem Inulin gefällt. Das Metinulin reducirt etwas leichter, als das Inulin beim Erwärmen die Fehling'sche Solution.

Wir dürfen diesen Stoff mit dem Amidulin oder Amylogen in Parallele stellen, dieser bei Verwandlung des Amylum durch Diastase oder verdünnte Säuren zuerst auftretenden Substanz, die mit Wasser nicht mehr Kleister bildet, mit Jod sich aber noch tief bläut. Es entspräche dann

das Inulin	dem Amylum,
„ Metinulin	„ Amidulin,
„ Laevulin	„ Dextrin und
der Fruchtzucker	„ Traubenzucker.

Dragendorff bekennt sich als Gegner jener Ansicht, welche das Amylum und Amidulin sich bei Einwirkung von Säuren sofort in je ein Atom Dextrin und Traubenzucker spalten lässt. Nach ihm muss, bevor aus dem Amidulin Traubenzucker wird, alles Material der Umwandlung in Dextrin unterlegen sein.

Gewöhnliches Inulin enthält bei der Umwandlung durch heisses Wasser unter Druck allen beigemengten Synantherenschleim unverändert; dieser kann durch Weingeist gefällt werden; er wird auch (abweichend vom Inulin) durch Bleizucker und Bleiessig gelatinös gefällt. Das durch absoluten Alkohol aus der von Synantherenschleim getrennten Lösung gefällte Laevulin ballt sich sehr schnell harzig zusammen und hängt fest an den Gefässwandungen. In kaltem Wasser löst es sich leicht zu einer nicht schleimigen neutralen Flüssigkeit. Warmes, rascher kochendes Wasser, führen das Laevulin leicht in linksdrehenden Zucker über. Das Laevulin selbst ist optisch indifferent; es ist geschmacklos, reducirt anfangs beim Kochen die Fehling'sche Lösung nicht, aber schon nach 1—2 Minuten des Kochens beginnt die Reduction des Kupferoxyduls. Beim Verdunsten bleibt das Laevulin als gummöser, stark hygroskop. Rückstand.

Verd. Säuren wandeln es schnell in Fruchtzucker um (linksdrehend), seine wässrige Lösung wird nicht gefällt: durch Bleizucker, Bleiessig, HgCl, schwefels. Salze der Al^2O^3, des Fe^2O^3, des ZnO. Barytwasser liefert Niederschlag. Laevulin ist mit dem Gélis'schen Laevulosan nicht identisch.

Da dieses Laevulin in der Topinambur zur Frühjahrszeit vorkommt, so ist es ersichtlich, dass das Inulin in den Pflanzen ähnlichen Zersetzungen unterliegt wie in kochendem Wasser bei starkem Druck.

Die Darstellung des Laevulins wird am besten mit Hülfe der Zersetzung, welche das Inulin mit Wasser in zugeschmolzenen Glasröhren bei 100° C. erfährt, geschehen. Ein 40 — 50stündiges Erhitzen mit 4 Th. Wasser wird hinreichen, den grössern Theil des Inulins umzuwandeln. Man trennt das Metinulin und unzersetzte Inulin durch Zumischung von 3 Vol. Weingeist von 85° — 88°, filtrirt nach 24 — 48 Stunden, destillirt allen Weingeist und etwa die Hälfte des ursprüngl. zugegebenen Wassers ab, digerirt den Rückstand mit Kohle, filtrirt nach einiger Zeit und mischt das Filtrat mit dem 5 — 6 fachen Vol. absol. Alkohols. Das gefällte Rohlävulin muss zur Beseitigung des eingeschlossenen Zuckers in möglichst wenig Wasser gelöst und aufs Neue durch absoluten Alkohol gefällt werden. Letzteres wird mehrmals wiederholt und das Präparat zuletzt getrocknet. Es ist nicht gut, dasselbe in Wasser zu lösen und diese Lösung einzudampfen, weil dann wieder ein Theil des Lävulins in Zucker übergeht. In reiner Form bildet das Laevulin eine weisse krümlige Masse.

In der Topinambur findet sich nach Dragendorff kein Rohrzucker, sondern ein rechtsdrehender unkrystallisirbarer Zucker, der durch Säuren ebenso stark linksdrehend wird, als er früher rechtsdrehend war; das Umwandlungsproduct hält Drg. für Invertzucker und den ursprüngl. süssen Stoff nennt er Topinamburzucker.

Die Frage: ob in den inulinhaltigen Pflanzen ein fermentartiger Stoff vorkomme, der die Umwandlung des Inulins in Laevulin und Zucker bedinge, ferner die Wirkung der Diastase, der Hefe, des Emulsins, des Myrosins, der Fäulniss auf Inulin wird auf S. 87 bis 96 behandelt.

Diastase wandelt Inulin nicht in gährungsfähigen Zucker um; auch eine Ueberführung in Laevulin geschieht dadurch nur äusserst langsam. Die Hefe äussert nur eine geringe Einwirkung auf Inulin; die Gährung schreitet (nach Payen) nur sehr langsam fort und bleibt sehr unvollständig. Die Hefe, wenn sie in einer Flüssigkeit anderen Stoffen begegnet, die leichter in Alkohol und Kohlensäure verwandelt werden, afficirt das Inulin nicht. Will man Topinambur zur Spiritusfabrikation benutzen, so ist anzurathen, vor der Einleitung der Gährung das vorhandene Inulin und Laevulin erst durch verdünnte Säure in gährungsfähigen Zucker umzuwandeln.

Dann aber wird die Topinambur ein sehr schätzenswerthes Material für die Branntweinbrennerei, da auch der erzielte Branntwein nach Erfahrungen von Lauter und Siemens verhältnissmässig rein von Fusel ist und höchstens etwas nach Merrettig und Sellerie riecht, welcher Beigeruch ihm durch Aetzkali (nach Willersdörfer) entzogen werden kann. —

Bei Einwirkung von Emulsin und Myrosin auf Inulin beobachtete Dragendorff eine geringe Reaction, bei welcher durch Emulsin reichlicher Zucker, durch Myrosin mehr Laevulin entsteht.

Ein Versuch mit frischem Dahliensafte, den Dragendorff anstellte, um eine Inulinlösung in Gährung zu bringen, widersprach der Annahme, dass der aus Dahlienknollen im Frühjahr ausgepresste Saft einen fermentartigen Stoff enthalte, der Analoges beim Inulin bewirken könne, wie die Diastase es beim Amylum vermag. Die Versuche in dieser Richtung können noch nicht als abgeschlossen angesehen werden. —

Dragendorff erwähnt (S. 96) einer auch von Smith unterstützten Angabe Frickhinger's, nach welcher das Decoct der im Herbste gesammelten Löwenzahnwurzel bei der Gährung Mannit und Milchsäure liefere, die Frickhinger als aus dem Inulin, Smith aus diesem oder aus Zucker entstehend annehmen und von denen Dragendorff vermuthet, dass sie aus Laevulin und Zucker entstehen.

Inulin und Laevulin widerstehen gewissen Fäulnissprocessen, denen die dieselben beherbergenden Pflanzentheile unterliegen, ziemlich hartnäckig.

Verhalten des Inulins thierischen Fermenten gegenüber (S. 97—100). Es muss dem Speichel eine geringe Wirkung auf Inulin (Zucker- und Milchsäurebildung) merkannt werden, namentl. wenn er durch eine Temp. nahe der Blutwärme unterstützt wird. Wenn der Auszug des Laabmagens ebenfalls wirkte, so wird das wohl auf den vorhandenen Speichel zurückgeführt werden müssen.

Pankreasauszug und Galle schienen keine Wirkung auf Inulin auszuüben, was wohl mit ihrer alkalischen oder neutralen Reaction zusammenhängt. Wenn, was nicht zu läugnen ist, eine Umwandlung des Inulins in Zucker im Thierkörper stattfindet, so möchte Dragendorff vorläufig den sauren Magensaft als besonders dabei betheiligt ansehen.

Nach ihm sind Salzsäurelösungen von der Acidität des Magensaftes (d. h.
mit 0,25 bis 0,3% HCl) bei Blutwärme durchaus nicht ohne Einfluss auf
Inulin, was zu berücksichtigen ist, da für die Oekonomie des Thierkör-
pers das Inulin gewiss dieselbe Bedeutung hat, wie die übrigen Kohlehydrate.

Die Benutzung der Topinambur als Viehfutter ist sehr
zu empfehlen, da ihr Albumingehalt grösser, als der der Kartoffel ist.
Als einzige Speise für den Menschen darf die Topinambur nicht mit
der Kartoffel verglichen werden, sondern mehr mit Schwarzwurzeln,
Spargeln etc.

Die Umwandlung des Inulins durch sehr verdünnte Säuren vollzieht
sich weit leichter und schneller als beim Amylum. Schon sehr verdünnte
Mischungen von Wasser und Schwefelsäure wandeln das Inulin in der
Wärme in Zucker um, so dass diese Metamorphose sich beim Inulin fast
in ebensoviel Minuten vollzieht, wie wir zur analogen Umwandlung
des Amylum Stunden bedürfen. Sie vollzieht sich nach der Gleichung
$C^6H^{10}O^5 + H^2O = C^6H^{12}O^6$.

Auch für diese Umwandlung durch Säuren ist von Dragendorff
eine Bildung von Metinulin und Laevulin als Zwischenproducte
der Erzeugung von Zucker constatirt worden. Das relative Verhältniss
zwischen Inulin und Säure ist dabei wohl in Acht zu nehmen, Je mehr
Säure, um so rascher die Umwandlung. Der gebildete Zucker ist Fruchtzucker (linksdrehend).

Bei Einwirkung conc. Schwefelsäure auf Inulin bildet sich
kleine Mengen einer Inulinschwefelsäure.

Als Dragendorff 0,78 Grm. Inulin mit einer conc. Kochsalzlösung, welcher 1°. HCl zugesetzt war, einige Minuten bei 56°C. erwärmt
hatte, bis es gelöst war, dann 48 Stunden bei Zimmertemperatur stehen
liess, fand sich alles Inulin in Zucker umgesetzt (Unterschied vom Amy-
lin, der Substanz der den Stärkekörnern eigenthümlichen Hüllhäute).

Auch die Bildung einer Inulinphosphorsäure beim Zusammen-
kommen von conc. Phosphorsäure mit Inulin, ist nach Drg. Versuchung
sehr wahrscheinlich. Verdünnte warme Phosphorsäure wandelt Inulin in
Zucker um; verdünnte wässrige Lösung des sauren phosphors. Kali erzeugt
in Inulin erst nach mehrstündigem Kochen Zucker. Auch wässrige Arsensäure erzeugt beim Kochen aus Inulin Zucker.

Auf S. 112 — 115 berichtet Dragendorff über die Arbeiten Fer-
rouillat's und Savigny's in Betreff der Einwirkung des Essig-
säureanhydrids auf Inulin; sie erhielten Derivate, in denen 8 bis 8 Aeq.
Wasserstoff durch ebensoviel Acetyl in dem Inulin $C^{12}H^{20}O^{10}$ ersetzt waren,
z. B. $C^6H^7 (C^2H^3O)^3 O^5$ bis $C^{12}H^{12}(C^2H^3O)^8 O^{10}$.

Nach Dragendorff äussert kalte sehr verdünnte Essigsäure wenig
Einfluss auf Inulin; warme stärkere Essigsäure wirkt hingegen zucker-
bildend, wie schon Payen fand.

Oxalsäure bewirkt die Metamorphose zu Zucker in der Wärme
leicht, auch Weinsäure; schwieriger Weinstein.

Milchsäure verwandelt in der Wärme das Inulin leicht in Zucker;
sehr verdünnte Salpetersäure desg. Das Hauptproduct der Einwirkung einer Salpetersäure von 1,5 spec. Gew. ist Oxalsäure; eine ver-
dünntere Salpetersäure (von 1,30) erzeugt neben Oxalsäure auch etwas
Zuckersäure (keine Schleimsäure). Eine explosive Nitrosubstanz des
Inulins vermochte Dragendorff nicht darzustellen.

Jod ist ohne alle Farbenreaction auf Inulin, Chlorwasser fällt aus
Inulinlösungen (nach Payen) nichts. Dragendorff zeigt die Existenz

von Kali- und Natron-Inulaten; Zucker entsteht bei Lösung des Inulins in kalter Kalilauge nicht; Weingeist fällt daraus Kali-Inulat von wechselnder Zusammensetzung. Diese Inulate sind unkrystallinisch, leichtlöslich in Wasser, fällbar durch CaCl, BaCl, Mg O -, ZnO -, CdO - Sulfat, Bleizucker und andere Metallsalze.

Eine Barytverbindung des Inulins haben wir auch in dem Niederschlage, welchen Barytwasser in Inulinlösung bewirkt = $C^8H^6Ba^{11}O^5$.

Kalkwasser und Strontianwasser fällen Inulinlösung nicht; selbst 20 procent. Ammoniakflüssigkeit löst bei 10—15° das Inulin innerhalb einiger Tage nicht; erwärmter Salmiakgeist löst es sogleich, Weingeist und Holzgeist fällen daraus reines Inulin. Mulder fand, dass festes Inulin auf je 1,155 Grm. von trocknem Ammoniakgas 0,038 Grm. H°N absorbire.

Eine Lösung von 5 Th. kohlens. Kali in 12 Th. Wasser löst bei 15° langsam etwas Inulin, aber weit weniger als Aetzkalilauge. Eine kaltgesättigte Sodalösung löst zwar auch anfangs etwas Inulin, scheidet es aber nach einigen Tagen als weisses Pulver wieder aus.

Kohlens. Ammoniak (1 : 8 Wasser) verhält sich ähnlich wie Ammoniak. Doraklösung bewirkt in wässriger Inulinlösung keine Verdickung (Unterschied von Arabin). Kalte Lösungen von Kali- und Natronwasserglas, sowie von Thonerdehydrat in 30 proc. Kali- und Natronlauge versetzen Inulin in einen etwas aufgequollenen Zustand und lösen es dann auf, jedoch sparsamer als KO- und NaO-Lauge allein.

Zinkchlorid (1 : 2 Wasser) löst das Inulin schon in der Kälte; diese Lösung reducirt aus alkalischer CuO-Lösung, kein Cu²O; Weingeist fällt daraus weissen Niederschlag.

Bleizuckerlösung fällt Inulinlösung nicht; ebenso wenig Bleiessig (werden beide getrübt, so ist das Inulin mit Synantherenschleim verunreinigt).

Nach Crookewit existirt für die Verbindungen des Bleioxyds mit Inulin dieselbe Unbeständigkeit, wie bei den Sohleimverbindungen. Diese Verbindungen entstehen als weisse Niederschläge, wenn Bleizuckerlösung und Ammoniak zu Inulinlösungen gefügt werden. Sie enthalten 43,92 bis 62,14 °/₀ PbO.

Den durch Kalihydrat in Kupfervitriollösung hervorgebrachten Niederschlag (Kupferoxydhydrat) löst Inulin, auch verhindert es die Bildung desselben; es bewirkt aber in der Kälte keine Reduction zu Cu²O und selbst beim Kochen tritt eine solche erst sehr langsam ein.

Kupferoxydammoniak löst allmählig das feste Inulin; ebenso Nickeloxydulammoniak.

Wismutoxydhydrat wird beim Kochen mit kohlens. Natron nicht, oder doch nur äusserst langsam reducirt.

Inulinlösung reducirt aus Silbernitrat das Silber allmählig in der Kälte, rascher beim Kochen.[*) Keine Fällung durch BaCl, schwefels. FeO und Fe²O³, salpeters. HgO und -AgO, AuCl³, PtCl², PdCl, HgCl, schwefels. ZnO, -Al²O³, -Cr²O³ u. U²O³.

Gaultier de Claubry, Braconnot und Payen fanden, dass Inulinlösung durch Galläpfelauszug gefällt werde, die letzteren sahen die Fällung erst nach stundenlanger Einwirkung entstehen, Dragendorff in 1 procentiger Inulinlösung erst innerhalb 24 Stunden. (Dieser Nieder-

---

*) Ammoniak. AgO-Lösung wird durch Inulin leicht reducirt.

schlag ist wohl eine Folge der Beimengung von Synantherenschleim;
die gewöhnlichen Pflanzenschleime sind alle etwas stickstoffhaltig, enthalten Albuminsubstanzen beigemellt, deren Fällung durch Gerbsäure bekannt ist.   H. Ludwig).

Der Behauptung von Pelletier und Caventou, dass Inulin das
Amylum fälle, erkennt Dragendorff gar keine Bedeutung zu. Kohle
scheint nach Drg. bei Einwirkung auf heisse wässrige Lösung des Laevulins den Uebergang desselben in Zucker zu beschleunigen.

Auf S. 128 — 155 wird der qualitative Nachweis des Inulins, dessen Unterscheidung von anderen Stoffen und die
quantitative Bestimmung desselben besprochen.

Bei qualitativer Untersuchung des ausserhalb des Pflanzen-
Körpers befindlichen Inulins wäre besonderes Gewicht zu legen auf sein
Verhalten gegen kaltes Wasser (Schwerlöslichkeit der körnigen
Modification, Fähigkeit der gummiartigen Form, sich in die erstere
umzulagern), auf seine Löslichkeit in Wasser von etwa 55°C. und seine
Fähigkeit aus concentr. Lösung beim Erkalten sich theilweise wieder abzuscheiden. Ferner auf seine Schwerlöslichkeit in Alkohol, die grössere
Löslichkeit in siedendem wässrigen Weingeist von 45 Grad Tralles und
darauf, dass es beim Erkalten solcher Lösung sich theilweise zu den
charakteristischen Sphaerokrystallen verdichtet. (Die Inulinkugeln
sind Krystalldrusen, ihre Uebereinstimmung mit den Drusen der
harnsauren Magnesia, des Leucins, des Kreatininsinkohlo-
rides ist unverkennbar. Sie zeigen nach Sachs bei 550—500facher
Vergrösserung vom Centrum bis zur Peripherie reichende radiale Risse und
Spalten und regelmässige radiale Streifungen und lassen mitunter periphe-
rische Schichtung erkennen).

Zur Unterscheidung von Arabinsäure, Dextrin, Amidulin,
Albumin, Legumin etc. kann dienen, dass die Fällung aus nicht zu
conc. wäser. Lösung durch 2 Vol. Weingeist von 90 Vol. % erst allmählig erfolgt und dass der Niederschlag nicht flockig, nicht gallert-
artig ausfüllt.

Arabinsäure und Dextrin würden sich auch in kaltem Wasser
leicht wieder lösen; ihre conc. Lösungen sind schleimig, die des Inulins nicht.

Dass Inulin beim Kochen mit Wasser keinen Kleister bildet,
unterscheidet es neben den Structurverhältnissen vom Amylum; von
diesem und vom Amidulin unterscheidet sich Inulin auch durch die
Unfähigkeit, sich mit Jod zu bläuen.

Zur Unterscheidung von Fruchtzucker, Trauben- und Invertzucker dient, neben der Geschmacklosigkeit concentrirter Inulinlösung, das verschiedene Verhalten gegen Weingeist, gegen Wismut- und
Kupfer-Oxydhydrat. Letzteres bietet auch Abweichungen mit demjenigen
des Milch- und Rohrzuckers. Wenn Milchzucker auch durch
Alkohol gefällt wird, so schützt doch sein abweichendes Verhalten gegen
Wasser und seine ausgeprägte krystallinische Beschaffenheit gegen Verwechselung mit Inulin.

Darin, dass Inulin die Fällung des CuO, HO hindert, gleicht es dem
Rohrzucker, Mannit und Dextrin und weicht es vom Synantherenschleim
etc. ab.

Die Leichtigkeit, mit welcher das Inulin durch sehr verdünnte
Schwefelsäure (1 : 500 bis 1 : 1000 Wasser) in Zucker umgewandelt wird,
lässt es von Synantherenschleim, Arabinsäure und Amylum unterscheiden.

Dass die Inulinlösung linksdrehend ist und nach der Einwirkung
verdünnter Säuren noch stärker linksdrehend wird (durch Um-

wandlung in Fruchtzucker), unterscheidet es von Rohr-, Trauben- und Milchzucker, vom Dextrin, Pflanzenschleim, Amylum etc.

Laevulin kann vom Inulin durch verdünnten Weingeist getrennt werden. Da Inulin durch Bleiessig nicht gefällt wird, so kann man es mittels dessen vom Pflanzenschleim trennen.

Endlich kann zur Erkennung von Inulin in Lösungen auch dessen Verhalten gegen Barytwasser und gegen Hefe benutzt werden.

Will man Inulin in Pflanzentheilen nachweisen, so extrahire man mit heissem Wasser, fälle es aus dem Decoct mit Weingeist und überzeuge sich, dass der Niederschlag durch etwa 30 — 40 Theile einer warmen verdünnten Schwefelsäure von 1 : 500 bis 1000 schnell gelöst und in Fruchtzucker umgewandelt wird.

Letzteres ist auch der Weg, den Dragendorff zur quantitativen Bestimmung einschlägt; die früher benutzte Methode der Abkühlung heissbereiteter wässriger Lösungen ist ungenau, weil 4 bis 5% Inulin gelöst bleiben. Etwa 15 bis 20 Grm. gepulverter, inulinhaltiger Wurzeln werden mit Wasser bis zur Erschöpfung ausgekocht. (Zu langes Kochen, 3 — 4 Stunden lang, z. B. wie II. v. Bibra empfahl, ist schädlich, weil dabei Inulin in Laevulin übergeführt wird.)

Die colirten und nöthigenfalls filtrirten Auszüge werden im Wasserbade zur Syrupsconsistenz eingeengt, mit dem 3 fachen ihres Vol. Weingeists von 85 — 95 Vol. % gemengt und 24 — 48 Stunden kalt gestellt.

Das, ausgeschiedene Inulin wird abfiltrirt, mit Weingeist von 60 — 70 Vol. %, ausgewaschen und angenommen, dass in je 100 C.C. des Filtrates (nicht des Waschspiritus) 0,1 Grm. Inulin gelöst geblieben ist, den man später mit in Rechnung bringt. Der Inulinniederschlag wird dann wieder mit 30 — 40 Th. des schwefelsäurehaltigen Wassers (1 : 20 bis 1 : 200) etwa ½ Stunde auf 100° C. erwärmt, wenn nöthig filtrirt und später in bekannter Weise der entstandene Fruchtzucker durch Titriren mit Fehling'scher Lösung bestimmt.

Die Inulinklümpchen, welche in getrockneten inulinführenden Pflanzentheilen mikroskopisch dargethan werden können, verhalten sich gegen Wasser, Weingeist, Aether, Kalilauge, Säuren, Jod, Kupferoxydammoniak, Chlorzink wie angegeben.

Nach H. v. Mohl wirken sie, befeuchtet, stark auf das polarisirte Licht, was von mechanischer Spannung herrühren mag, nach Dragendorff in der Neigung zu suchen ist, sich im Wasser zu kryst Inulin umzulagern (Die deutlich ausgebildeten Sphaerokrystalle des Inulins lassen nach Sachs, im polarisirten Lichte betrachtet, ein schwarzes orthogonales Kreuz und 4 durch Interferenzfarben erhellte Quadranten erkennen). Die Inulinklümpchen dürfen durch FeO,Fe²O³-lösung weder grün noch blauschwarz werden (Unterschied von Gerbsäuren und gewissen Glykosiden); Aetsammoniakflüssigkeit darf sie in der Kälte nicht lösen (Unterschied von Phlobaphenen etc.); ebensowenig kalter Weingeist oder Aether (Unterschied von Harzen etc.) salpetern. Quecksilberoxyd darf sie nicht röthen, Fröhde's Reagens nicht violett färben und Pigmentlösungen dürfen sie nicht imbibiren (Unterschied von Albuminaten).

S. 133 — 140 werden die Beziehungen des Inulins zu anderen Kohlehydraten und dessen Bedeutung für die Pflanzen erörtert.

Das Inulin ist mit dem Amylum, dem Rohrzucker, dem Pflanzenschleim und gewissen Glykosiden in Parallele gebracht und für ein Vorrathsmaterial erklärt worden, welches die Pflanze in ihrer Vegetationsperiode aufsammelt und bei der Neubildung von Trieben verbraucht. Die Beweise hierfür sucht man a) in seiner Zusammensetzung, b) darin, dass das Inulin in mehrjährigen Gewächsen (bis jetzt nur der Compositen-Familie) nachgewiesen worden und dass es in diesen im Parenchym solcher Theile vorkommt, die im Winter nicht absterben, c) dass das Inulin in diesen sich während des Sommers ansammelt, im Herbste am reichlichsten findet und während des Winters sich ziemlich in gleicher Menge erhält, dagegen im Frühjahre, sobald die Entwickelung neuer Triebe beginnt, theilweise oder ganz verschwindet.

Dragendorff's Untersuchungen stehen dieser Meinung nicht im Wege. Er macht, gestützt auf diese und auf diejenigen von Sachs, noch auf folgende Punkte aufmerksam:

1) Das Inulin findet sich, wie es scheint, nicht in den Samen solcher Pflanzen, deren unterirdische Theile dasselbe beherbergen. (Beispiele Cichorium Intybus und Helianthus annuus.) Vielleicht kommt in ihnen hie und da Laevulin vor.

2) Inulin kommt in den oberirdischen grüngefärbten Pflanzentheilen weder während der Vegetationsperiode, noch, falls solche den Winter überdauern, in dieser Jahreszeit in ihnen vor, oder es findet sich in ihnen wenigstens auf einmal nicht in so grosser Menge, dass wir es sicher nachweisen können. Dagegen sieht man nach Sachs in den grüngefärbten Theilen solcher inulinführenden Pflanzen Amylum in derselben Weise entstehen und wieder verschwinden, wie bei inulinfreien.

3) Keimende Samen von Cichorium Intybus führen, wenn sich die Cotyledonen entfalten, kein Inulin.

4) Nachdem der Same von Cichorium gekeimt hat, beginnt, sobald die Plumula sich gestreckt und neue Blätter entwickelt hat, auch schon die Ablagerung von Inulin in den unterirdischen Theilen der Pflanze.

5) In den verzweigten Wurzeln mehrjähriger Gewächse ist das Inulin ungleich vertheilt, reichlicher in den fleischigen jüngeren, als in den holzigen älteren Theilen.

6) Cultivirte Exemplare haben grösseeren Inulingehalt als wildgewachsene ders. Pflanze.

7) Es scheint Pflanzen zu geben, in denen zur Herbstzeit Inulin das einzige Kohlenhydrat ist, welches als Vorrathsmaterial dient s B. Dahlia, Inula, Bardana und Cichorium. Im Taraxaum ist noch eine andere nicht näher ermittelte zuckergebende Substanz, in der Topinambur Amylum und mitunter Zucker zur Herbstzeit vorhanden.

8) Schon ehe im Frühjahre aus den unterirdischen Pflanzentheilen inulinhaltiger Gewächse neue Triebe hervorbrechen, erfährt das Inulin eine Metamorphose zu Laevulin.

9) Das Maximum dieser Metamorphose zeigt sich später, wenn im Frühjahre die Neubildungen beginnen. Während zuvor oft noch die Summe des Inulins, Laevulins und eventuell des Zuckers gleichkommt der Menge des im Herbste ermittelten Inulins, lässt sich nun häufig eine Abnahme in der Gesammtmenge dieser Kohlehydrate darthun.

10) Die Veränderung des Inulins findet in den einzelnen Theilen einer Wurzel nicht zu gleicher Zeit und nicht gleich reichlich statt.

11) Die Inulinmetamorphose verläuft je nach den verschiedenen Bedingungen, unter denen sich die Pflanze während des Frühjahres befindet, verschieden.

12) Mehrjährige Compositen produciren weit mehr Inulin, als sie für ihre Frühjahrsneubildungen verbrauchen. Auch zu Laevulin (und

Zucker), nicht aber zu Stärkemehl scheinen sie weit mehr Inulin im Frühjahre umzusetzen, als hierzu nöthig ist.

Nicht verbrauchtes Laevulin und Zucker scheinen dann langsam wieder in Inulin zurückverwandelt zu werden.

13) Auch bei 2jährigen Gewächsen scheint im ersten Vegetationsjahre mehr Inulin producirt zu werden, als sie für das nächste Jahr gebrauchen.

14) Ein Theil des Inulins mag übrigens zur Frühjahrszeit auch in Synantherenschleim sich umsetzen.

Auch dessen Fähigkeit zu Gerbstoff, zu äth. Oel zu werden (wie Sachs vermuthet) darf man nicht zurückweisen, wenngleich hiefür noch keine rechten Stützpunkte gefunden worden sind.

15) Was den Zucker betrifft, in den das Inulin durch die Zwischenstufe des Laevulins übergeht, so kann Dragendorff keinen Fall nennen, bei dem es in einer Pflanze nur zu Fruchtzucker würde. In einzelnen Pflanzen scheint es zu Invertzucker zu werden, in anderen (Topinambur) müssen wir einen besonderen, bisher nicht gekannten Zucker annehmen; für noch andere Fälle (z. B. für Taraxacum) dürfen wir einen Uebergang in (bittres) Glykosid annehmen. Wenn Dubrunfaut richtig beobachtet hätte (was Dragendorff unentschieden lässt), dass im Topinambur Rohrzucker vorkomme, so behielte doch Sachs noch immer Recht, wenn er die Möglichkeit eines directen Uebergangs des Inulins in diesen Zucker bezweifelt.

Was Kützing (Arch. 1851, Pharm. II. R. Bd. 67, S. 1) über die Beziehungen des Inulins zum Inulinzellstoff und Bassorin bemerkt, bedarf nach Dragendorff einer weiteren Begründung.

Zum Schluss stellt der Herr Verfasser noch die Fragen auf: warum das Inulin nur auf eine einzige Pflanzenfamilie beschränkt bleibe, während Amylum so ungemein verbreitet ist und auch Rohrzucker, Glykoside und Pflanzenschleim in vielen verschiedenen Pflanzenfamilien auftreten? Weshalb wird das Inulin nicht direct zu Zellstoff? Sollte das Inulin und Laevulin neben seinen chemischen, nicht auch physikalische Aufgaben zu vollziehen haben? Wenn das amorphe, gelöste Inulin oder Laevulin des Zellsaftes in das feste Inulin oder in Amylon sich umsetzt, muss Wärme frei werden. Es handelt sich somit vielleicht um eine Wärmequelle, die, ohne Material zu verbrauchen, Wärme producirt.

S. 140—141 schliesst die ungemein lehrreiche Schrift mit einigen Berichtigungen und Zusätzen. Unter den letzteren findet auch das rechtsdrehende Mykinulin aus Rhaphomyces granulatus Erwähnung.

Von Druckfehlern sind mir nur wenige aufgefallen. Seite 31 steht zweimal Blitz; es muss Biltz heissen (der 1825 zuerst die Hirschtrüffel genauer untersuchte). Auf Seite 34, Zeile 11 von oben wird „à l'abri du contact de l'air" übersetzt „unter Einfluss der Luft," anstatt bei Verhütung der Berührung mit der Luft (oder bei Abschluss derselben).

Der Unterzeichnete empfiehlt diese gehaltvolle Abhandlung des unermüdlichen Dragendorff den Lesern des Archivs aufs Angelegentlichste.

Jena, den 1. Septbr. 1871.

H. Ludwig.

Ueber Färbeflechten (sogenannte Orchilla).

Das Augustheft des Archivs d. Pharm. brachte (S. 170) die aus den Blättern für Gewerbe, Technik und Industrie (1871, Nr. 5, S. 154) entnommene Nachricht über einen neuen Fundort für Färbeflechten. Die Redaction der pharmaceut. Zeitung (Russian, 2. Sept. 1871, Nr. 70, S. 419) macht hierzu die Bemerkung, dass sie darüber schon im April (Nr. 28) und Mai (Nr. 36) berichtet habe. Daselbst liest man nun, dass „nach Zeitungsnachrichten" in Californien „eine Art Moos, Orchilla genannt," gesammelt werde, dass jenes Färbemittel aber durchaus „kein neuentdecktes Moos," sondern die längst bekannte Roccella tinctoria sei.

Ob dieses „alte Moos," oder genauer diese altbekannte Flechte nun wirklich Roccella tinctoria De Candolle (worin das Chromogen Lecanorsäure vorhanden ist) oder Roccella fuciformis Achar." (die nach O. Hesse Erythrin enthält) sei, darüber schweigt der Kritiker der pharmaceutischen Zeitung.

H. L.

Das Glycerin,

seine Geschichte, Eigenschaften, Darstellung, Zusammensetzung, Anwendung und Prüfung nebst den wichtigsten Zersetzungen und Verbindungen.

Eine von dem Vereine zur Beförderung des Gewerbfleisses in Preussen gekrönte Denkschrift von Dr. A. Burgemeister, Apotheker und Assistent am chemisch-pharmaceutischen Institute. Motto: Corpora non agunt, nisi fluida. Berlin, Nicolai'sche Buchhandlung (A. Effert und L. Lindtmer) 1871. 4 Bogen gross Octav.

Bei der ungeahnten vielseitigen Anwendbarkeit des Glycerins wird diese klare, wissenschaftlich gehaltene, die Theorie und Praxis gleichmässig berücksichtigende Denkschrift vielen unserer Leser gewiss willkommen sein, denen sie hiermit bestens empfohlen sein möge.

H. L.

ARCHIV DER PHARMACIE.

CXCVIII. Bandes zweites Heft.

A. Originalmittheilungen.

I. Chemie und Pharmacie.

Haben sich die Apotheker an der Entwickelung der Naturwissenschaften, namentlich der Chemie wesentlich betheiligt?

Von Dr. Hermann Ludwig, a. Prof. in Jena.

(Grundlage eines Vortrags in der Versammlung der Apotheker in Dresden am 15. Septbr. 1871.)

Während des langen Zeitraumes seit dem Aufkommen der Chemie bis zur Begründung der phlogistischen Theorie durch Stahl sehen wir vornehmlich Aerzte als Chemiker (Jatrochemiker) thätig. Mit dem Ende des 17. und dem Beginn des 18. Jahrhunderts mehrt sich die Zahl der Apotheker, die über Chemie schreiben und die Kenntniss chemischer Thatsachen bereichern. Gegen Ende des 18. Jahrh., wo Lavoisier sein antiphlogistisches System begründet, sind es vorzugsweise Apotheker, welche die Bausteine zu demselben herbeigeschafft und den fertigen Bau wohnlich gemacht haben.

Aus der Zahl jener ehrwürdigen Meister des 17. Jahrhunderts hebe ich hervor:

Nicolas Lémery, geb. 1645 zu Rouen, Apotheker daselbst, seit 1672 Apotheker zu Paris. „Sein Hauptwerk, das ihn vorzüglich berühmt gemacht, ist das Lehrbuch der Chemie, welches er unter dem Titel Cours de chimie zuerst 1675 publicirte, ein Buch, welches alle seiner Zeit bekannten chemischen Wahrnehmungen umfasste und durch einen inneren Zusammenhang zu verknüpfen suchte. Lémery's

Cours de chimie war viele Jahre hindurch das beste Lehrbuch der Chemie." (H. Kopp, Geschichte d. Chemie I, 185.)
Lémery starb 1715; von seinem Buche erschien noch 1763
eine neue (italienische) Auflage.

Johann Kunckel von Löwenstjern, (geb. 1638,
zu Hütten bei Rendsburg, gest. 1703 auf seinem Landgute
bei Pernau). Erst Pharmaceut, zuletzt k. schwed. Bergrath
und geadelt. Kunckel entdeckte den Phosphor zum 2. Male.
Lavoisier (Traité élémentaire de chimie 1793, tome I, p. 223)
sagt darüber: „C'est en 1667 que la decouverte du phosphore
fut faite par Brandt, qui fit mystère de son procédé: bien-
tôt après Kunckel decouvrit le secret de Brandt; il le pu-
blia et le nom de phosphore de Kunckel qui lui a été
conservé jusque à nos jours, prouve que la reconnaissance
publique se porte sur celui qui publie plûtot que sur celui
qui découvre, quand il fait mystère de sa decouverte." Kunckel
erfand auch das Rubin- und Goldglas.[*]

Aus dem 18. Jahrhunderte nenne ich: Kaspar Neumann, (geb. 1683 in Züllichau, gest. 1737 in Berlin). Hofapotheker daselbst, Aufseher aller Apotheken des preuss.
Staats und Prof. der pract. Chemie b. Collegium medico-
chirurgicum. Durch das Lesen von Neumann's Chemie (gründ-
liche und mit Experimenten bewiesene medic. Chemie, 4 Bde.
1749—55; herausgegeben v. Ch. H. Kessel) bekam Scheele
Lust, selbst chemische Versuche anzustellen.

Andreas Sigismund Marggraf, (geb. 1709, gest.
1782), ein Sohn des königl. Hofapothekers Henning
Christian Marggraf in Berlin. Kirwan nennt Marggraf
den Anführer der gereinigten und philosophischen Chemie.
Er ist der Entdecker der Magnesia und der Thonerde. Ihm
verdanken wir auch die Auffindung des Rübenzuckers.

---

[*] Johann Friedrich Böttger (Lehrling des Apoth. Zorn in
Berlin, anfangs Alchymist, befleissigte sich auf von Tschirnhausens
Rath der Porzellanfabrikation und erfand 1704 das braune, 1709 das
weisse Porzellan. — Was wäre der Mensch ohne Phosphor (ohne ihn kein
Gedanke), was wäre der Chemiker ohne Glas und Porzellan!

Als ein Stern erster Grösse leuchtet:

Karl Wilhelm Scheele, (geb. 9. Dec. 1742 zu Stralsund, gestorben d. 21. Mai 1786 zu Köping). Nachdem er in Gothenburg die Apothekerkunst erlernt und daselbst noch 2 Jahre verweilt, war er Gehülfe in Malmöe, Stockholm und Upsala, dann Provisor, endlich Besitzer der Apotheke in Köping, unweit des Mälarsees bei Westerås-Län. Er entdeckte (unabhängig von Priestley und Lavoisier) den Sauerstoff und den Stickstoff der atmosphär. Luft, die Flusssäure, den Baryt, das Mangan, die Arsensäure, das Arsenwasserstoffgas, die Blausäure, Harnsäure, Milchsäure, Milchzuckersäure (oder Schleimsäure) die Oxalsäure, Citronensäure, Aepfelsäure, Weinsäure, Gallussäure, die Molybdänsäure und Wolframsäure.

Die beiden Rouelle:

Guillaume François Rouelle, genannt d. Aeltere, (geb. 1703, zu Matthieu bei Caen), Inspector der Apotheke des Hotel Dieu, Demonstrator d. Chemie am Jardin des plantes von 1742—1768. Rouelle war Lehrer von Lavoisier. Er starb 1770 zu Passy bei Paris.

Sein Bruder Hilaire Marin Rouelle, genannt der Jüngere, war Apotheker des Herzogs von Orléans; er stellte mit Darcet Verbrennungsversuche mit Diamanten an. (Lebte von 1718 bis 1779).

Aus dem Ende des 18. und aus dem 19. Jahrhunderte, seit Begründung der antiphlogistischen Theorie durch Lavoisier, führe ich folgende Franzosen auf, die sich um die Förderung der Chemie hohe Verdienste erworben haben.

Die Namen Fourcroy und Vauquelin sind innig durch gemeinschaftl. Arbeiten ihrer Träger mit einander verknüpft.

Fourcroy, Antoine François de, der Verfasser des Systeme des connaissances chimique (11 Vol., 1801), an seinem Todestage (16. Dec. 1809) von Napoléon zum Reichsgrafen ernannt, war Sohn eines Apothekers; Vauquelin, Louis Nicolas (geb. 1763, St. André d'Hebertot, gest. 1829 daselbst), war selbst längere Zeit Apotheker (am Mili-

7 *

tairhospitale zu Melun); später Director der Ecole speciale de Pharmacie und Prof. d. Chemie am Jardin des plantes. Vauquelin muss als Begründer der qualitativen Analyse pflanzl. und thierischer Substanzen angesehen werden. Das Verzeichniss seiner Abhandlungen in Poggendorffs biograph. literar. Handwörterbuch nimmt 7½ Columnen ein. Vauquelin ist Entdecker des Chroms und d. Beryllerde.

Chevallier und Robinet, (Notice historique sur N. L. Vauquelin, Paris 1830, pag. 32) sagen von ihm: „Il se servait peu de la loupe, et dédaignait presque le microscope; avec ces modestes balances, qui servent à peser les pièces d'or, il faisait des analyses dont l'exactitude a étonné les plus habiles expérimentateurs.

Ses meilleurs réactifs étaient ses yeux et son goût exercé. Le voyez-vous d'une main lente, mais sûre, saisir cet objet inconnu? Son oeil l'a tout d'abord pénétré jusqu'au centre; en le soulevant il a jugé son poids; son ongle à votre insu a determiné sa consistance; il recueille avec soin l'odeur qui s'en exhale; mais sa langue le touche et l'analyse est faite!"

Balard, Antoine Jérome, geb. 1802 zu Montpellier, Entdecker des Broms (1826).

Baumé, Antoine, geb. 1728 zu Senlis, gest. 1804 zu Paris. Durch sein Aräometer ist uns hauptsächlich sein Name erhalten geblieben.

Boudot, Jean Pierre, geb. z. Rheims, gest. 1828 zu Paris. Mitstifter der pharmaceut. Gesellschaft in Paris.

Jean Pierre Boudet, ebenf. Apoth. in Paris, Neffe des Vorigen, Mitbegründer des Journals der Pharmacie (geb. 1778, gest. 1849).

Felix Henri Boudet, Sohn des Vorigen, geb. 1806. Wirkung der Unterpetersäure auf die Fette.

Bouillon la Grange, Mitherausgeber d. Annales de chimie und d. Journal de pharmacie.

Boullay, Vater und Sohn, Versuche über Aether, letztere mit Dumas; der jüngere Boullay starb 1835 an den Folgen einer Verbrennung mit Aether.

Bouriat, Denis Placide, Mitstifter der Société d'Encouragement pour l'Industrie nationale.

Boutron-Charlard, Antoine François, Arbeiten über Bittermandelöl, schwarzen und weissen Senf.

Braconnot, Henri, zu Nancy, Entdecker der Equisetsäure, der Pyrogallussäure, des Leucins, Xyloïdins, Populins, der Verwandlung des Holzes in Zucker. Einer der fleissigsten Arbeiter auf dem Gebiete der Pflanzenchemie.

Brogniart, Antoine Louis, Apotheker Ludwig XVI. Ist Oheim von Alexandre Brogniart, dem Mineralogen und Geologen. Der Sohn des letzteren ist der bedeutende Botaniker Adolphe Theodore Brogniart.[*)]

Cadet de Gassicourt (gest. 1799) hat der arsenikhaltigen rauchenden Flüssigkeit seinen Namen geben müssen.

Sein Sohn Charles Louis war Apoth. d. Kaiser Napoleon in dem Feldzuge von 1809.

Der Bruder dess., Cadet- de Vaux, Antoine Alexis ist Gründer des Journal de Paris.

Caventon, Jean Baptiste (mit Pelletier sur la fabrication du sulfate de quinine), Entd. d. Strychnins und Brucins.

Chaptal, Jean Antoine Claude, Graf von Chanteloup, Pair von Frankreich. Bedeutender techn. Chemiker und Agriculturchemiker. Sohn eines Apothekers.

Chevallier, Jean Baptiste Alphons. Schrieb m. Richard Dictionnaire d. drogues simples et composés.

Courtois, Bernard. Entdeckte das Jod 1812.

Curaudau, François René. Dampfbleicherei.

Dorosne, Charles, Entdecker des Narkotins.

Sein Bruder Bernard schrieb über die Producte der Destillation des Grünspans (1807).

Decroizilles, Apotheker in Dieppe (gest. 1788). Sein Sohn François Antoine Henri (gest. 1825) Prof. d. Chemie in Rouen u. Director einer Berthollet'schen Bleicherei zu

---

[*)] Dussy, Antoine Alex. Bruns (geb. 1794, Marseille); Magnesium (1831), Magnesia b. Arsenik - Vergiftung (1830), Bensülbildung (mit Robiquet, 1839).

Lescure bei Rouen, arbeitete und schrieb über Alkalimetrie u. Aréometrie; er fing behufs des Bleichens, zuerst das Chlor Kalkmilch auf; er zeigte zuerst, dass der Alaun ein Doppelsalz sei.

Desmarets, Apoth. zu Chalons sur Marne.   Traité des falsifications 1827.

Deyeux, Nicolas, Pharm. d. Kaiser Napoleon: Arbeiten mit Vauquelin (Pflanzenanalyse). Arbeiten mit Parmentier (Analyse der Milch).

Dizé, Michel Jean Jacques, Apotheker und Affineur des Monnais in Paris. Untersuchung griechischer und römischer Münzen (1799). Ueber die Umwandlung des Kochsalzes in Soda (1810).

Dubuisson, Apoth. in Nantes, Conservator des öffentlichen (früher ihm gehörigen) naturhistor. Museum daselbst.

Duhamel, Omer Bertin Joseph, Apoth. in Lille, Desinfection des Wassers.*)

Figuier, Apotheker in Montpellier (gest. 1817), Prof. an d. pharm. Schule daselbst.   Fällung des Goldoxyds durch Kali (1816).

Figuier, Pierre Oscar, Apoth. in Montpellier; über Goldcyanür (1836).

Figuier, Louis Guillaume, Neffe des Vorigen, geb. 1819 zu Montpellier.   Arbeiten über Oxyde des Goldes, über Cassius' Goldpurpur, Knallgold, Alchemie und Alchymisten.

Fordos, Mathurin Joseph, mit Gélis Arbeiten über Säuren des Schwefels.

Fromy, Edmond (geb. 1814, Versailles. Prof. d. Ch. à l'école polyt.). Ueb. die Pectinstoffe, üb. die Eier, die Knochen.

Gannal, Jean Nicolas.   Erhielt für sein Einbalsamirungs-Verfahren 1836 einen Preis von 8000 Francs.

---

*) Dumas, Jean Baptiste (geb. 1800, Juli 15, Alais, Dep. Gard). Einer d. bedeutendsten Chemiker unserer Zeit; erst Pharmaceut in Genf, jetzt seit 1821 in Paris Prof. d. Chemie am Athenée, der Ecole centrale d. arts et manufactures u. an d. Sorbonne (Faculté d sciences). Begründer der Typenlehre.

Gaultier do Claubry, Henri François. Aufsuchung des Jods im Moorwasser (1815), über die Substanzen, welche Jod enthalten (1820). Mit Persoz über die Farbstoffe des Krapps (1831).

Guibourt, Nicolas Jean Baptiste Gaston. Pharmacopée raisonné (mit Henry). Histoire abrégée des drogues simples.

Henry, Noël Etienne: Manuel d'analyse chimique des eaux minerales (mit seinem Sohne), 1825.

Julia-Fontenelle, Mitbegründer des Journal de chimie médicale.

Labarracque, Apoth. in Paris (Chlorure d'oxyde de sodium, 1822).

Langlois, Charles, (Sur un nouvel oxacide du soufre, 1842).

Lapostolle, Apoth. zu Amiens, Moteorologie electrique (1821).

Langier, André, Mitdirector d. Ecole de Pharmacie. Bildung d. Schleimsäure. Sein Sohn Paul Aug. Ernest Laugier ist Astronom.

Lebeaud, Traité de distillation en général. 3. edit. 1830.

Le Canu, Louis René, Blutuntersuchungen.

Locoq, Henri, Apoth. in Clermont Ferrand. Chem., botan. geolog. und phys. geograph. Schriften.

Malaguti, Faustino Jovita, geb. z. Bologna, Sohn eines Apothekers, kam als polit. Flüchtl. n. Paris; zuletzt Prof. d. allg. Chem. an der Facultät d. Wiss. in Rennes. Viele chem. Arbeiten mit Durocher.

Mialhe, Louis (geb. 1807, Vabre, Tarn). Physiologische Chemie. (1855).

Millon, Nicolas Aug. Eugène (geb. 1812, Chalons sur Marne). Ueber Quecksilber und seine Verbindungen.

Menier, Mitarbeiter am Journ. d. pharmacie.

Monnet, Ant. Grimoald, Hydrologie, mineralog. Schriften, Mineralanalysen.

Mons, van, Jean Baptiste (Apotheker in Brüssel, Prof. d. Chem. u. Agronomie in Löwen). Fleissiger chem. Schriftsteller und Pharmacopöen-Verfasser.

Morélot, Simon, Manuel d. pharmacien - chimiste 1803.

Morin, Antoine, Apotheker in Genf; physiolog. chem. Versuche mit Prévost und allein.

Morin, Pyrame Louis, Neffe des Vorigen, Apotheker in Genf seit 1840. Untersuchung d. Digitalis.

Opoix, Christophe, Mineralwasseranalysen.[*])

Parmentier, Antoine Augustin, Apotheker in Montdidier, dann in Paris (gest. 1813), führte den Kartoffelbau in Frankreich ein. Untersuchungen mit Deyeux über die Milch.

Pelletier, Bertrand (Sohn eines Apothekers in Bayonne), Apoth. in Paris, Prof. d. Chemie an d. polyt. Schule, (gest. 1797). Ueb. phosphorige Phosphorsäure, üb. Aether etc.

Pelletier, P. Josephe, 2. Sohn d. Vorigen, (geb. 1788, gest. 1842). Apotheker in Paris, Unterdirector d. Ecole d. Pharmacie. Die Pariser Academie belohnte seine Entdeckung der Chinabasen mit einem Preise von 10,000 Francs (im J. 1827).

Pelouze, Theophile Jules, (geb. 1807, Valognes, Dep. la Manche, gest. in Paris; ungemein fleissiger Chemiker).

Peschier, Jacques, Apoth. in Genf. Einfluss d. Gypses auf die Vegetation; über Salicin.

Planche, Louis Antoine, war Mitstifter d. Anstalt für künstl. Mineralwässer in Paris.

Plisson, Aug. Arthur, mit Henri Arbeiten über Chinin, Cinchonin und Chinasäure.

Poggiale, A. P., (geb. z. Valle, Corsica, 1808). Titriruntersuchungen.

Poutet, Jean Jos. Etienne, Marseille. Erkennung d. Verfälschung des Olivenöls (1819).

Proust, Jos. Louis, (geb. 1755 zu Angers, gest. das. 1826). Prof. d. Chemie zu Segovia und Madrid. Entdeckte 1799 d. Traubenzucker.

------

[*]) Oppermann, Karl Friedr., (geb. 1805, Strassburg), Apoth. 1. Classe. Directeur d. Ecol. supérieure de Pharm. das. Aufsuch. des Phosphors bei Vergiftungen.

Quesneville, Gustave Augustin, (geb. 1810, Paris). Eau oxygénée comme medicament.

Rivet, Berichte über Mineralwässer Frankreichs.

Robinot, Stephan; Dictionnaire des ménages; mit Madam Gacou-Dufour. (1822).

Robiquot, Pierre Jean, (gest. 1840), über Senföl, Canthariden etc.

Sacc, Frederic, (geb. 1819, Neufchatel). Unters. über das Leinöl.

Sago, Balthazar George, (gest. 1824). Arbeiten mit Macquor, Lavoisier, mit Baumé und Cadet.

Serullas, Georg Simon, Entdecker d. Jodoforms (starb 1832 an der Cholera in Paris, wie viele andere Apotheker).

Soubeiran, Eugène, (geb. 1797 Paris, gest. 1858). Pharmaceutische Handbücher; Mineralwasserfabrikation. Ueber Chloroform; mit Capitaine Arbeiten über äth. Oele. Antheil am Codex, Pharmacopée française.

Tingry, Pierre François, Apoth. in Genf, (gest. 1821) Unters. v. Mineralwässern.

Valmont de Bomare, Dictionnaire raisonné universel d'histoire naturelle. Edit. V. 15 Vol. 1800.

Viroy, Julien Joseph, Mitbegründer d. Journal de pharm. Histoire naturelle des medicaments, des alimentes et des poisons tirés des trois regnes de la nature; 1820.

Die Reihe der englischen Chemiker, welche zugleich Apotheker waren, oder doch anfangs der Pharmacie sich gewidmet hatten, eröffne ich mit

Sir Humphry Davy, dem Entdecker der Alkalimetalle, (geb. 1778 zu Penzance, Cornwallis, Sohn eines Holzschnitzers; 1795 war er Lehrling eines Chirurgen, der zugleich Apotheker war, dann 1798 Chemiker an d. pneumatic Institution des Dr. Beddoes zu Clifton, bei Bristol, darauf Hülfslehrer u. 1802 Prof. d. Chemie a. d. Royal Institution zu London). Ihm reihe ich an:

William Babington, London, (gest. 1833), war Präsident und Mitstifter d. geolog. Gesellschaft in London. Nach ihm benannte Lewy 1824 den Babingtonit.

William Thomas Brande, (deutscher Abkunft), Dictionary of Pharmacy and Materia medica 1816.

Sir David Brewster, (geb. 1781, gest. 1868). Ursprüngl. Pharmaceut, Prof. d. Physik an d. Univers. z. St. Andrews. Mitglied d. Lond. u. Edinburgher Roy. Society, auch lange Secretair der letzteren Gesellschaft. Erfinder des Kaleidoscops (auf welches er 1817 ein Patent nahm).

Donavan, Michael, (geb. 1790, Dublin), Apoth. das Sorbic acid. (reine Aepfelsäure in d. Vogelbeeren gefund.). Er ist Erfinder einer neuen Gasbeleuchtung, einer Tafellampe und eines Hygrometers.

Thomas Fowler, erst Apoth. in York (1760—1774), zuletzt Arzt am Irrenhause in York, (geb. 1736, gest. 1801). Medical report on the effects of arsenik in the cure of agues (Fieber), London 1786.

Henry Hennel, Chemiker an der Apothecary-Hall in London, (gest. 1842 zu London bei Versuchen mit einer Art von Bomben oder Granaten, die für d. Afghanenkrieg bestimmt waren). Untersuchung über die Wechselwirkung des Alkohols und d. Schwefelsäure bei der Aetherbildung (1816, 1825).

Thomas Henry, Apoth. zu Manchester, (gest. 1816). Versuche über Magnesia alba.

William Henry, Sohn d. Vorigen, (gest. 1836), Dr. Medic. The elements of experimental chemistry. 11. Aufl. 1829. Absorption der Gase durch Wasser bei versch. Temp. und Druck (1830).

William Charles Henry, Dr. Med. Sohn des Vorigen, verfasste die Biographie seines Vaters.

Luke Howard, Begründer pharmac. Laboratorien in Stratford, Essex, zu Plaiston u. z. Tottenham-Green bei London, (geb. 1772). Meteorologische Schriften.

Timothy Lane, Apoth. in London, (gest. 1807). Löslichkeit des Eisens in kohlens. haltig. Wasser (1769).

Jonathan Pereira, (geb. 1804, gest. 1853, London). Prof. d. Materia medica bei d. pharm. Gesellschaft zu London (1843).

Rodwood, Theophilus, (geb. 1808, Doverton) Suppl. z. Lond. Pharmacopeia. 1856.

Deutsche Apotheker.

Eine interessante Erscheinung unserer vaterländischen Pharmacie, die gewissermaassen mit dem alten Innungswesen zusammenhängt, ist, dass in gewissen Familien die bedeutenden Männer nicht aussterben und der wissenschaftliche Ruhm vom Vater auf den Sohn, von den Söhnen auf die Enkel, ja Urenkel forterbt. Aehnlich wie Basel seine Bernoulli's, Bern seine Brunner, hat die deutsche Pharmacie ihre Buchner, Bucholze, Ebermaier, Erdmanns, Ficinus, Gärtner, Gmeline, Hagen, Linck, Martius, Pettenkofer, Ratzeburg, Rose, Struve, Trommsdorff, Zeise u. s. w. aufzuweisen. — Eine gewaltige Arbeitskraft auf dem Gebiete der Mineralchemie entwickelte

Martin Heinrich Klaproth, (geb. 1713 zu Wernigerode am Harz, gestorben zu Berlin 1817). Er begann die pharmaceutische Laufbahn in Quedlinburg, war dann Gehülfe daselbst, später in Hannover, Berlin und Danzig; von 1771 — 80 finden wir ihn als Provisor der Rose'schen Apotheke in Berlin, dann als eigenen Apotheker daselbst bis 1800. Seit 1782 als Assessor d. Pharmacie beim Ober-Collegium medicum und bei Gründung der Berliner Universität (1810) als Prof. ord. d. Chemie an derselben. Die 6 Bände seiner Beiträge zur chem. Kenntniss der Mineralkörper (1795 —1815) enthalten die Sammlung seiner Arbeiten. Klaproth entdeckte das Uran, die Zirkonerde, das Cerium (gleichzeitig mit Berzelius); er bestätigte die Eigenthümlichkeit der Strontianerde, des Titans und Tellurs.

Die Familie Rose.

Valentin Rose, Vater, Apotheker in Berlin, Schüler von Marggraf, seit 1770 Assessor des Ober-Collegium medicum, (geb. 1736 in Neu-Ruppin, gest. 1771 in Berlin). Ihm verdanken wir das Rose'sche Metall (in einer nach seinem Tode 1772 im Stralsunder Magazin veröffentl. Abhandlung von der Vermischung einiger Metalle, welche im kochenden Wasser die laufende Gestalt des Quecksilbers annehmen).

Valentin Rose, Sohn, (geb. 1762, gest. 1807 in Berlin). Seit 1792 Apotheker in Berlin, seit 1797 Assessor d. Ober-Collegium medicum. Er lieferte den Beweis, dass der durch Schwefelsäure bereitete Aether keine Schwefelsäure enthält (1800). Ueber die Verhältnissmengen der Bestandtheile des schwefels. Baryts (1807). Er ist der Vater des grossen analytischen Chemikers

Heinrich Rose und des bedeutenden Mineralogen Gustav Rose, (geb. 1798). Heinrich Rose, (geb. 1795, gestorben 1864), war anfangs Pharmaceut und bildete sich bei Berzelius (1819—1821) zum Chemiker aus. Sein Handbuch der analyt. Chemie erschien zuerst 1829.

Vettern von Heinrich Rose sind:

Ferdinand Rose, (geb. 1809 zu Wismar, gest. das. 1861). Dr. Med., pract. Arzt und Stadtphysikus in Wismar. Dissertatio de albumine ejusque cum oxydis metallorum connubio (1833). (Ferd. R. war auch Schwager von H. Rose.)

Adolph Rose, (geb. 1811, Wismar), ursprüngl. Pharmaceut; von 1841—1856 Chemiker in der Hermann'schen Fabrik zu Schönebeck, dann Dirigent der chem. Fabrik zu Schöningen im Herzogthum Braunschweig.

An die Rosen reihe ich die Familie der Hagen („Als Kaiser Karl der Grosse ins Land kam, sassen die Hagen schon drinnen," lautet ein thüringisches Sprichwort).

Joh. Heinrich Hagen, (geb. 1738 zu Schippenbeil in Ostpreussen, gest. 1775 zu Königsberg), seit 1768 Apotheker zu Königsberg in Ostpreussen; Beisitzer des medicinischen Collegiums daselbst. Er schrieb über den Torf, über vegetabil. Laugensalz, über Bier, über das schreckliche Gift in den Gewächsen.

Sein jüngerer Bruder

Karl Gottfried Hagen, (geb. 1749, gest. 2. März 1829 in Königsberg), ist der ehrwürdige Verfasser des Lehrbuchs der Apothekerkunst 1778, dessen 8. Aufl. 1829 erschien.

Er war zuletzt Prof. d. Chemie, Physik und Naturgeschichte bei d. philos. Facultät der Universität zu Königsberg.

Sein Neffe

Gottfried Heinrich Ludwig Hagen, (geb. 1797, Königsberg), wurde 1837 Geh. Ober-Baurath in Berlin.

Ein Enkel von Carl Gottfried ist

Robert Hermann Heinrich Hagen, (geb. 1815, Königsberg), seit 1843 Lehrer der Chemie am Cöllnischen Real-Gymnasium zu Berlin. Untersuchte das äth. Oel aus den Nadeln von Pinus sylvestris (1844), die Schleimsäure u. ihre Salze (1847), den Oligoklas, Petalit und Spodumen.

Gehen wir nun in unser gesegnetes Thüringen, so finden wir darin die Familie Bucholz heimisch.

Wilhelm Heinrich Sebastian Bucholz, (geb. 1734 zu Bernburg, gest. 1798 zu Weimar), Dr. Med., pract. Arzt und Apotheker zu Weimar, Hofmedicus, Physikus und Bergrath. Er schrieb über die Trinkbarmachung des faulen Wassers (1792), über ätherische Oele, über Entfärbung durch Kohle (1790).

Sein Neffe Christian Friedrich Bucholz, (geb. 19. Sept. 1770 zu Eisleben, gest. 9. Juni 1818 zu Erfurt), Dr. Med., Apotheker und Prof. zu Erfurt, ist der berühmte Verfasser der „Theorie und Praxis der pharmaceutisch chemischen Arbeiten" (2 Bde. 1812; 2. Aufl. 1818).

An die Bucholze schliesst sich die Erfurter Familie Trommsdorff.

Wilhelm Bernhard Trommsdorff, (geb. 1738, gest. 1782 zu Erfurt), Dr. Med. und Apotheker zu Erfurt seit 1768, auch Prof. ordin. d. Med. an der Universität das. Wir besitzen von ihm ein Programm „de sale mirabili Glauberi" 1771 und eine Dissert. de oleis vegetabilium essentialibus eorumque partibus constitutivis 1765.

Sein Sohn ist

Johann Bartholomäus Trommsdorff, (geb. den 8. Mai 1770, gest. d. 8. März 1837 zu Erfurt). Dr. d. Phil., Apotheker in Erfurt und Gründer und Inhaber eines berühmten pharmaceutischen Instituts (von 1796 bis 1828).

Er war Prof. d. Chem. an der Universität daselbst von 1795 bis zu deren Auflösung 1816. Mitglied (1792), Vicedirector (1818) und Director (1826) der Acad. gemeinnütziger Wissenschaften zu Erfurt. Durch dieses sein Institut, durch seine ungemein zahlreichen Schriften, Journale und Uebersetzungen ist Trommsdorff der Vater der neuen wissenschaftl. deutschen Pharmacie geworden.

Beim Schluss seines Instituts weist Trommsdorff auf die pharmaceut. Lehranstalten von Schweigger-Seidel in Halle, von H. Wackenroder in Jena und von Justus Liebig in Giessen hin.

Sein Sohn

Christian Wilhelm Hermann Trommsdorff, (geb. 1811, Erfurt) ist Apotheker und Besitzer einer berühmten chem. Fabrik in Erfurt. Wir besitzen von ihm Arbeiten über Santonin (1834), Sylvinsäure (1835), Gentianin (1837), Amygdalin (1838), Stramonin (1839) u. s. w.

Ein Sohn des letzteren

Hugo Trommsdorff schrieb 1869 eine Statistik des Wassers und d. Gewässer und Anleitung zur maassanalytischen Bestimmung der organ. Stoffe, so wie der mineralischen Bestandtheile in dem gewöhnlichen Wasser.

Von Thüringen nach Sachsen übergehend, finden wir in Dresden die Familie Struve.

Friedrich Adolph August Struve, (geb. 1781 in Neustadt bei Stolpen, gest. 1840, Berlin). Dr. Medic., pract. Arzt in Neustadt bei Stolpen, dann seit 1805 Apotheker in Dresden. Gründete 1820 die Anstalt f. künstl. Mineralwässer in Dresden, bald darauf eine 2. in Leipzig, 1823 eine 3. in Berlin und 1825 eine 4. in England (Royal German Spaa in Brighton), denen bald die Errichtung ähnlicher Anstalten in Königsberg, Warschau, Moskau, St. Petersburg, Kiew u. a. w. folgten. —

Sein Sohn

Gustav Adolph Struve, (geb. 1811, Dresden), Dr. Phil. seit 1840 Apotheker und Besitzer der Anstalt f. künstl.

Mineralwässer in Dresden, schrieb: de silicia in plantis non-
nullis (Berol. 1835).

Nach Bayern vordringend, finden wir in München die
Familie Buchner.

Johann Andreas Buchner, (geb. 1783, d. 6. April,
gest. d. 5. Juni 1852 in München). Dr. phil. u. medic., Prof.
der Pharmacie an d. Univers. München und Vorstand des
pharmaceut. Instituts daselbst. Sein vollständiger Inbegriff
d. Pharmacie und sein Repertorium der Pharmacie sichern
ihm ein bleibendes Andenken.

Sein Sohn

Ludwig Andreas Buchner, (geb. 1813), Dr. d. Phil.
u. Med., ist Prof. d. Pharmacie in München und setzt das
Repertorium fort. — Es ist hier der Platz, um des langjähri-
gen Assistenten am pharmac. Institute zu München, des

Dr. Wittstein, (Georg Christ.) zu gedenken, (geb.
1810, Hannöv. Münden), der seit 1852 die Vierteljahrsschrift
für pract. Pharmacie heraus giebt.

Es reiht sich an: die Familie Pettenkofer.

Franz Xaver Pettenkofer, (geb. 1783, Pobenhau-
sen, gest. 1850 München), Dr. Phil. (1809), von 1811 — 1815
Feldapotheker bei d. bayerischen Truppen in Russland und
Frankreich, seit 1822 Medicinalassessor und Kön. Leib- und
Hofapotheker in München. Wir haben von ihm Arbeiten
über Calomel, Mutterkorn, Morphin, Pikrotoxin, Strychnin etc.

Sein Neffe

Max Pettenkofer, (geb. 1818 in Lichtenheim), Dr.
Med., Prof. in d. med. Facult. d. Univ. München, seit 1850
auch Vorstand d. Königl. Leib- u. Hof-Apotheke daselbst.
Seine Bemühungen um Verhütung der Cholera sind allbe-
kannt, sein berühmter Respirations- und Perspirationsapparat,
seine Gallenprobe, sein Leuchtgas aus Holz, seine Kohlen-
säurebestimmung desgl.

Da wir nun einmal in München sind, müssen wir uns,
von den Familienbanden losreissend, zu einem einzigen

Manne wenden, dessen erste Schritte auf dem chem. Gebiete ebenfalls in einer Apotheke gethan wurden, ich meine zu dem Freiherrn Justus von Liebig, (geb. den 13. Mai 1803, in Darmstadt). Seine Geschichte erzählt Hermann Kopp und fügt den Bildern von Lavoisier, H. Davy und Berzelius, dasjenige Liebig's bei. Der Name Liebig ist innig verknüpft mit demjenigen Wöhler's, den die Franzosen „l'illustre successeur de Berzelius" nennen.

Die Familie Martius hat uns Apotheker, Botaniker und Pharmacognosten ersten Ranges geliefert;

Ernst Wilhelm Martius, (geb. 1756, Weissenstadt am Fichtelgebirge, gest. 1849, Erlangen). Dr. Phil. und Med. von 1791 bis 1824 Hof- und Universitätsapotheker in Erlangen. Auch Doc. an der Universität daselbst. Schrieb Mineralog. Wanderungen durch einen Theil von Franken und Thüringen (1795). Erinnerungen aus meinem 90jährigen Leben (1847).

Seine Söhne sind

Karl Friedrich Philipp von Martius, (geb. 1794, Erlangen), Prof. der Botanik an d. Universität München und Director des bot. Gartens, ist der berühmte Reisende in Brasilien. (Schrieb mit Spix: Reise in Brasilien, auf Befehl S. Maj. d. Königs Max Joseph von Bayern gemacht in d. J. 1817 bis 1820. 3 Bde. nebst Atlas, München 1824—31.)

Theodor Wilhelm Christian Martius, (geb. 1796, Erlangen, gest. 1867), Apotheker in Erlangen, Prof. extr. d. Pharmacie u. Pharmacognosie an d. Universität das. Schrieb 1832 Grundriss d. Pharmacognosie d. Pflanzenreichs u. 1838 Lehrb. d. pharm. Zoologie.*)

———

*) Ratzeburg, Christian, (geb. 1758, gest. 1808 zu Berlin), Apotheker u. Lehrer an d. Thierarzneischule zu Berlin. Schrieb: Handb. d. Zoopharmakologie. 2 Bde. (1801—3); Neue Aufl. v. E. L. Schubart 1821.

Ratzeburg, Jul. Theod. Christian, Sohn des Vorigen, (geb. 1801 Berlin), Dr. Med., Prof. d. Nat.-Gesch. an d. Forstacad. zu Neustadt-Eberswalde. Mineralogisches, Botan. und Zoologisches.

Würtemberg gab uns Schiller und die Familie der Gmeline. Wir gehen zurück bis auf

Johann Georg Gmelin, (geb. 1674, gest. 1728 zu Tübingen), Apotheker daselbst und „ein in der Schule von Urban Iljärne in Stockholm gebildeter, f. seine Zeit ganz tüchtiger Chemiker." (J. F. Gmelin's Geschichte d. Chemie II, 639.)

Vater der 3 Folgenden:

Joh. Conrad Gmelin, (geb. 1702 etwa, gest. 1759). Apotheker und practischer Arzt in Tübingen. Ebenfalls ein fleissiger Chemiker.

Joh. Georg Gmelin, (geb. 1709, gest. 1755 zu Tübingen), Dr. med.; Reise durch Sibirien von 1733 — 1743 auf Kaiserl. Russ. Befehl; 1749 ord. Prof. d. Med. in Tübingen. Schrieb: De augmento ponderis, quod capiunt quaedam corpora, dum igne calcinantur (1738).

Philipp Friedrich Gmelin, (geb. 1721, gest. 1768, Tübingen), Dr. med., Prof. d. Medicin, dann d. Botanik und Chemie daselbst.

Ein Sohn von Johann Conrad ist

Samuel Gottlieb Gmelin, (geb. 1743, Tübingen, gest. 1774 zu Achmet kent, Krimm, bei einer seit 1767 auf Kaiserl. Kosten mit Pallas, Güldenstädt und Lopechin unternommenen Reise ins südl. Russland u. d. Uferländer d. Kaspischen Meeres). Dr. med. u. Prof. d. Naturgesch. b. der Acad. d. Wiss. zu St. Petersburg.

Ein Sohn von Philipp Friedrich ist

Johann Friedrich Gmelin, (geb. 1748 zu Tübingen, gest. 1804 zu Göttingen). Dr. med. u. phil., zuletzt Prof. d. Med. u. Chemie an der Universität zu Göttingen. Schrieb neben vielem andern Chemischen eine Geschichte der Chemie. (3. Bd. 1797 — 1799.)

Ein Sohn desselben ist

Leopold Gmelin, (geb. 1788, Göttingen, gest. 1853, Heidelberg), Prof. d. Medicin u. Chemie daselbst. Der berühmte Verfasser des Handbuchs der theoret. Chemie, eines Denkmals deutschen Fleisses u. deutscher Gründlichkeit.

Ein Neffe von Samuel Gottlieb ist
Ferdinand Gottlob von Gmelin, (geb. 1782, gest.
1848 zu Tübingen), Prof. d. Naturgesch. u. Med. in Tübingen
und ein Bruder von diesem ist
Christian Gottlob Gmelin, (geb. 1792, gest. 1860,
in Tübingen), Dr. med. u. Prof. d. Chem. u. Pharmacie in Tübingen. Ein Schüler von Berzelius. Viele Mineralanalysen.
Darst. d. Ultramarins auf chem. Wege (1828).

(Guimet, Jean Baptiste, Schüler d. polyt. Schule, erfand
zu Toulouse ums Jahr 1826 die Bereit. d. künstl. Ultramarins aus SiO^2, Al^2O^3, S u. NaO.)

An die Gmeline mögen sich eine Anzahl von Apothe-
ker-Chemikern anreihen, welche ihr deutsches Vaterland
verliessen, um in Russland dem deutschen Namen Ehre
zu machen.

Claus, Carl Ernst, (geb. 1796 zu Dorpat, gest...) Entd.
d. Ruthenium (1844).

Fischer, Justus Wilh. Christian, (geb. 1775, gest. 1804,
Petersburg).

Fritzsche, (geb. 1808, Neustadt bei Stolpen, Sachsen;
gest. St. Petersburg).

Georgi, Joh. Gottlieb, (geb. 1729, Wachholzhagen,
Pommern, gest. 1802, St. Petersburg).

Giese, Joh. Emman. Ferd., (geb. 1781, Schaumburg b.
Küstrin, gest. 1821, Mitau).

Göbel, Carl Christian Traugott Friedemann, (geb. 1794
zu Nieder-Rossla, Weimar; gest. 1851, Dorpat). Sein Sohn
Friedemann Adolph, (geb. 1826), Mineralanalysen.

Grindel, David Hieronymus, (geb. 1776 bei Riga, gest.
1836 in Riga).

Hermann, Hans Rudolph, (geb. 1805 in Dresden,
Chem. in Moskau).

Ilisch, Vater und Sohn, aus Riga, letzterer in Petersburg.

Kämmerer, Aug. Alex., (geb. 1789, Artern, Sachsen,
gest. 1858, Petersburg. Ihm zu Ehren, dem Oberbergmeister,
benannte Nordenskjold ein Mineral, den Kämmererit).

Kirchhoff, Gottlieb Sigismund Constantin, (geb. 1764, Teterow, Mecklenb. Schwerin, gest. 1833, St. Petersburg), Entd. des Stärkezuckers (1811).

Lowitz, Joh. Tobias, (geb. 1757, Göttingen, gest. 1804, St. Petersburg). Eisessig (1793 u. 1794).

Model, Joh. Georg, (geb. 1711, Rothenburg am Tauber, gest. 1775 St. Petersburg). Ueber Bestucheffs- u. Lamottes-Tinctur (1765).

Nasse, Joh. Friedr. Wilh., (geb. 1780, Bünde, Grafsch. Ravensberg Westphalen, Prof. d. Technologie in Wilna). Porzellanfabrikation.

Osann, Gottfried Wilhelm, (geb. 1797, Weimar, gest. am 9. Sept. 1866 in Würzburg). Prof. d. Chem. und Pharm. in Dorpat. (1823—1828), später in Würzburg.

Scherer, Alex. Nicol. v., (geb. 1771, in St. Petersb., Stud. in Jena; Prof. in Halle, dann in Dorpat; gest. 1824, Petersburg).

Schlippe, Karl Friedr., (geb. 1799, Pegau, Sachsen Chemiker d. Kais. agron. Gesellschaft in Moskau. Seit 1840 geadelt. Schlippe'sches Salz (1821).

Winterberger, Bernh. Gottfried, (geb. 1749 Neustadt an d. Aisch, gest. 1814, St. Petersburg, Director d. Oberapotheke daselbst, machte die Bereitung der Bestucheff'-schen Nerventinctur unaufgefordert bekannt.

Es würde zuweit führen, wollte ich alle die tüchtigen deutschen Männer aus dem Apothekerstande, welche ihre Namen in die Annalen der Naturwissenschaften, besonders aber der Chemie verzeichnet haben, hier aufzählen. Ich will also nur noch folgende bedeutende Fachgenossen nennen.

Aschoff, Ludwig Philipp, Apoth. in Bielefeld, (geb. 1758 in Weeze, Cleve, gest. 1827, Bielefeld).

Dley, Ludw. Franz, (geb. 1801, Aug. 22, zu Dernburg, gest. am 13. Mai 1868 daselbst). Langjähriger Oberdirector unseres Vereins.

Brandes, Rudolph, (geb. 1795, Oct. 18, Salzuffeln, gest. das. 1842, Dec. 3.) Stifter d. Apoth.-Vereins im nördlichen Deutschland.

Choulant, Ludwig, (geb. 1791, Dresden, gest. 18. Juli 1861.) Dr. med., Prof. u. Dir. d. med. chir. Akademie zu Dresden, früher Pharmaceut.

Crasso, (geb. 1810, Meissen). Wein, Weinrebenasche, Citronensäure durch Hitze zersetzt.

Dingler, Joh. Gottfried, (geb. 1778, Zweibrücken, gest. 1855, Augsburg), Apotheker in Augsburg (1800). Gründer und langjähriger Herausgeber des Polytechn. Journals, das jetzt sein Sohn Dr. Emil Max Dingler fortsetzt.

Döbereiner, Joh. Wolfgang, (geb. 1780, Rittergut Bug bei Hof, gest. 1849, Jena). Neuentdeckte höchst merkwürdige Eigenschaften des Platins (1823).

Dörffurt, Aug. Ferd. Ludwig, (geb. 1767, Berlin, gest. 1825, Wittenberg). Deutsches Apothekerbuch.

Duflos, Adolf Ferdinand, (geb. 1802, Artenay). Universitäts-Apotheker und Prof. an d. Univers. zu Breslau; emeritirt. Apothekerbuch.

Dulk, Friedr. Philipp, (geb. 1788, Schirwindt, Ostpreussen). Apotheker u. Prof. d. Chem. zu Königsberg, gest. 1851. Commentar z. Pharm. borussica.

Ebermayer, Heinr. Christoph, (geb. 1735 zu Goslar, gest. 1803 zu Mello), übersetzte Retzius' Anfangsgründe d. Apothekerkunst 1777.

Sein Sohn

Joh. Erdwin Christoph Ebermaier, (geb. 1769, Melle, gest. 1825, Düsseldorf; pract. Arzt das.). Schrieb: Tabellar. Uebers. d. Kennzeichen der Aechtheit und Güte sämmtl. Arzneimittel. 4. Aufl. 1819.

Eimbke, Georg, (geb. 1771, Hamburg, gest. 1843, Eppendorf), Apotheker in Hamburg.

Elsner, Franz Karl Leo, (geb. 1802, Neustadt, Oberschlesien). Die chem. techn. Mittheilungen d. Jahres 1846 bis jetzt.

Erdmann, Karl Gottlieb Heinrich, (geb. 1798, Neu-Strelitz), Prof. d. Phys., Chem. u. Pharm. an d. Thierarzneischule zu Berlin.

Erdmann, Otto Linné, (geb. 1804, Dresden, gest. am 9. Oct. 1869 in Leipzig). Der bedeutende techn. Chemiker, langjährig. Herausgeber des Journ. f. pract. Chemie, u. Mitarbeiter R. Felix Marchands bei den Atomgewichtsbestimmungen des C, H, Ca, Cu, S, Hg und Fe. War ursprünglich Pharmaceut.

Erdmann, Heinr. Ed. Otto, Lehrer d. Chem. am Kön. Cadettencorps in Berlin, (geb. 1829 das.), ist Sohn von Karl Gottl. Heinr. E.

Ficinus, David Franz Andreas, (geb. 1748, Guben, gest. 1834, Dresden), Apoth. das. Wasseranalysen, Meissen und Schandau.

Ficinus, Heinr. Dav. Aug., (geb. 1782, gest. 1857), Sohn des Vorigen, Dr. Med. u. Apoth. in Dresden, Prof. der Phys. u. Chem. an d. med. chir. Acad. das.

Fiedler, Karl Wilhelm, (geb. 1758, Malchin, Mecklenburg, gest.?) Apotheker und Lehrer d. Chem. u. Bergbaukunst an d. Kurf. Anstalt f. Bergwerksalumnen in Cassel.

Fuchs, Georg Friedr. Christ., (geb. 1760, Jena, gest. 1813 Bürgel), Apoth. zu Bürgel b. Jena, Prof. d. Med. zu Jena. Gab heraus Repertorium d. chem. Literatur.

Gärtner, Gottfried, (geb. 1754, gest. 1825 zu Hanau). Mitbegründer und Director d. Wetterauischen Gesellschaft für d. gesammt. Naturkunde.

Gärtner, Karl Ludwig, (geb. 1785, gest. 1829), Neffe des Vorigen, Apoth. in Hanau, Director d. Wetterauer Gesellschaft etc.

Gehlen, Adolph Ferdinand, (geb. 1775, Bütow, Pommern, gestorben 1815, München, in Folge von Versuchen mit Arsenwasserstoffgas).

Geiger, Philipp Lorenz, (geb. 1785, Freinsheim, gest. 1836, Heidelberg); Handb. d. Pharmacie.

Gerding, Theod., (geb. 1820, Winsen bei Celle). Einführung in d. Stud. d. Chemie, 1852.

Göbel, Gottlob Friedr. Wilhelm, (geb. 1802 etwa, gest. 1857), Erfinder des Refrigerators, den man gewöhnl. d. Liebig'schen nennt.

Göppert, H. Robort, (geb. 1800, Sprottau, Niederschlesien), ursprüngl. Pharmaceut, Prof. d. Med. u. Bot. zu Breslau. Ueber die Entstehung d. Steinkohlen, (gekr. Preisschrift, 1848, v. d. Harlemmer Ges.).

Göttling, Joh. Friedr. Aug., (geb. 1755, Derenburg bei Halberstadt, gest. 1809, Jena). Prof. d. Chem., Pharm. u. Techn. an d. Univ. Jena. Schrieb die ersten Jahrgänge seines Almanachs f. Scheidekünstler und Apotheker noch als Apothekergehülfe bei Bucholz in Weimar.

Gräger, Nicolaus, (geb. 1806, Weidenhausen, Kurhessen, früher Apothek. in Mühlhausen). Uebersetzer von Boussingaults Agriculturchemie.

Gren, Friedr. Albert Karl, (geb. 1760, Bernburg, gest. 1798, Halle), Prof. d. Chem. und Med. zu Halle. Journ. der Physik.

Grischow, Karl Christoph, (geb. 1793), Apotheker zu Stavenhagen.

Gruner, J. L. W., (geb. 1771, Halle, gest. 1849, Hannover), Hofapotheker etc. in Hannover.

Hänle, Georg Friedr., (geb. 1763, Lahr, gest. 1824 Karlsruhe), Apoth. in Lahr. Lehrb. d. Apothekerkunst (1820 bis 22). Magazin d. Pharmacie (1823 — 24, Bd. I — VI), fortgesetzt v. Ph. L. Geiger.

Haidlen, Julius, (geb. 1819, zu Stuttgart), Apoth. das. Milchanalyse.

Hermann, Karl Samuel Leberecht, (geb. 1765, Königerode am Harz, gest. 1846, Schönebeck), Apoth. in Grosssalze, Begründer und Administrat. der Fabrik zu Schönebeck. Entd. d. Kadmium (1818).

Hermann, Moritz, (geb. 1828), Enkel v. K. S. Leberecht, Chemiker in d. Fabr. zu Schönebeck. Ueber Bromkohlenwasserstoff aus Schönebecker Soolen (1853).

Hermbstädt, Sigismund Friedr., (geb. 1760, Erfurt, gest. 1833 Berlin), Prof. d. Technologie an d. Univ. Berlin seit 1810. Lehrer d. Chemie an der allg. Kriegsschule etc. Ein ungemein thätiger Schriftsteller.

Hirzel, Christoph Heinrich, (geb. 1828, Zürich). Chemiker in Leipzig. Der Führer in die organische Chemie.

Hlasiwetz, Heinrich Hermann, (geb. 1825, Reichenberg, nördl. Böhmen), Prof. früher in Inspruck, jetzt in Wien; untersuchte viele äth. Oele, Harze, Bitterstoffe, Farbstoffe.

Hofmann, Karl August, (geb. 1766, Weimar, gest. d. 1833), Hof- u. Stadt-Apotheker und Professor in Weimar. Mineralwässer-Analysen.

John, Joh. Friedr., (gob. 1782, Anklam, Vorpommern, gest. 1847 Berlin), Tabelle von Pflanzenanalysen und thierischen Theilen.

Juch, Karl Wilh., (1774, Mühlhausen, Thüringen, gest. 1821, Augsburg), Prof. am polytechn. Inst. zu Augsburg.

Kastner, Karl Wilh. Gottlob, (geb. 1783, Greifenberg, Pommern, gest. 1857, Erlangen), Prof. d. Chem. u. Phys. das.

Koller, J. P., (gest. 1849), Apoth. in Dillingen. Handbibliothek für angehende Chemiker und Pharmacenten (2 Bde. 12° Kempten 1838).

Keller, Wilh., (geb. 1812, Berlin). Apoth., Vorsteher einer landwirthschaftl. techn. Instituts u. Besitzer einer Kartoffelbierbrauerei in Berlin.

Kindt, Heinr. Hugo, Apotheker und Canonicus zu Eutin, (geb. 1775, gest. 1837 das.). Künstl. Kampher (1803).

Kützing, Friedr. Traugott, (geb. 1807, Ritteburg bei Artern, Thüringen, Prof. an d. Realschule zu Nordhansen seit 1836.) Entdeckte 1834 die Kieselpanzer der Bacillarien. Phykologia germanica (1845).

Lampadins, Wilh. Aug., (geb. 1772, Hehlen, H. Braunschw. gest. 1842 Freiberg). Erst Pharmaceut in Göttingen, zuletzt Prof. d. Chemie u. Hüttenkunde an d. Bergakad. zu Freiberg. Entd. 1796 den C^2S^4.

Leyde, Eduard, (geb. 1799, Königsberg, Preussen, gest. 1853, Berlin), Oberlehrer a. Gymn. z. grauen Kloster in Berlin.

Lieblein, Franz Caspar, Hofapoth. z. Fulda, Dr. med., Prof. d. Bot., Chem. u. Mineral. an d. chem. Univ. daselbst, (geb. 1744, Carlsstadt am Main, gest. 1810, Fulda). Mineralwässer im Fulda'schen.

Die Familie Linck:

Linck, Joh. Heinr., (geb. 1674, gest. 1734), Apoth. in Leipzig. Commentatio de cobalto 1726.

Linck, Joh. Heinrich, (geb. 1735 Leipzig, gest. 1807 bei Mücheln auf seinem Rittergute Zöbicker), Sohn d. Vorigen. Index musaei Linckiani 3 Th. 1783—84.

Linck, Joh. Wilhelm, (geb. 1760, gest. 1805 in Leipzig), Sohn des Vorigen; Dr. med. u. pract. Arzt in Leipzig. Grundsätze d. Pharmacie, nebst Geschichte u. Literatur ders. (1800).

Lindes, Aug. Wilh., (geb. 1800, bei Hannover; gest. 1862 in Berlin). Erst Pharmaceut u. Assistent bei Hermbstädt, Prof. u. Lehrer d. Chem. an d. Königl. Realschule zu Berlin, daneben Inhaber eines pharmaceut. Instituts. Wörterbuch z. 6. Ausg. d. Pharm. boruss.

Lucae, J. C. F., Apoth. in Berlin, (gest. 1806). Ueber d. Brechweinstein (1798).

Lucas, Christian Friedr. Ernst, (geb. 1754, Mansfeld, gest. 1825, Erfurt). Apoth. daselbst.

Marsson, Theod. Friedr., (geb. 1816, Wolgast, Neu-Vorpommern), Apotheker das. Untersuchte Lorbeeröl, Buttersäure, Eisenweinstein, Bernsteinöl, Igasursäure, Gänsegalle.

Meissner, Paul Traugott, (geb. 1778, Medias, Siebenbürgen, gest. am 9. Juli 1864 in Wien). Mag. d. Pharm., Prof. d. techn. Chemie in Wien. Araeometrie.

Meissner, Karl Friedr. Wilh., (geb. 1792, gest. 1853, Halle) Apoth, in Halle. Entd. d. Sabadillins (des heutigen Veratrins) 1819. Mitherausgeber des Almanachs f. Scheidekünstler u. Apotheker und des Berliner Jahrbuchs f. Pharm.

Menil, Du, Aug. Peter Julius, (geb. 1777 Celle, gest. 1852, Wunsdorf), Apothek. das. Eilsener Schwefelwasser (1826).

Merck, Heinr. Emmanuel, (geb. 1794, gest. 1855, Darmstadt). Opiumuntersuchungen.

Mettenheimer, Wilhelm, (geb. 1802 in Frankf. a/M., gest...), Apoth. in Giessen u. Prof. an d. Univ. das. Mineralwasseranalysen.

Moyer, Joh. Karl Friedr., Hofapoth. in Stettin, (geb. 1733, gest. 1811 Stettin). Anleit. z. Bereitung d. künstl. Selterswassers (1783).

Mönch, Conrad, (geb. 1744, Cassel, gest. 1805, Marburg), Dr. med. seit 1772 Apoth. in Cassel, s. 1786 Prof. d. Bot. in Marburg. Mineralanalysen; Nachricht von d. Hess. Tiegeln (1805).

Mohr, Karl Friedr., (geb. 1806, Coblenz). Pharm. universalis, Lehrb. d. pharm. Techn., L. d. Titrirmethode, Commentar z. preuss. Pharmacopöe.

Monheim, Joh. Peter Joseph, (geb. 1786, gest. 1855 zu Aachen), Apoth. u. Med. Assessor daselbst. Unters. d. Wässer v. Aachen u. Burtscheid.

Nees von Esenbeck, Theodor Friedr. Ludwig, (geb. 1787, Reichenberg b. Erbach, Odenwald, gest. 1837, Hyères, Frankreich), Prof. d. Pharmacie in Bonn, Director d. botan. Gartens. (Bruder d. verstorb. Präsid. d. Leop. Acad. Christian Gottfried N. v. E.).

Neubauer, Karl Theod. Ludwig, (geb. 1830, Lüchow, K. Hannover). Anleit. z. Analyse des Harns. Ueber Arabinsäure und Catechusäure. (Assist. am chem. Laborat. zu Wiesbaden.)

Oesten, Jul. Karl Albert Ferd., (geb. 1830, Wismar). Tantalsäure 1856, 1858.

O'Etzel, Franz Aug., (geb. 1783, Bremen, gest. 1850 Berlin; Schwiegervater von H. W. Dowe). Lehrer an d. allgem. Kriegsschule, zuletzt Generalmajor; von 1808 — 10 Apothekenbesitzer in Berlin. Mit K. Ritter, Karten und Pläne z. allg. Erdkunde.

Otto, Friedr. Julius, (geb. 1809 Grossenhayn, Sachsen gest. den 12. Jan. 1870), Prof. d. techn. Chem. u. Pharmacie am Colleg. Carol. in Braunschweig. Graham-Otto's Lehrb. d. Chemie. Anleitung z. Ausmitt. d. Gifte.

Piepenbring, Georg Heinrich, (geb. 1763, Horsten, Amt Rodenberg, Kurhessen, gest. 1806, Rinteln), Apoth. in Meinberg, dann in Karlshafen, dann Prof. d. Chem. u. Pharm.

zu Marburg und zuletzt zu Rinteln. Teutsches systematisches Apothekerbuch (1796 — 1797).

Poggendorff, Joh. Christ., (geb. 1796, Dec. 29, Hamburg), Prof. an d. Univ. zu Berlin. Mitgl. d. Acad. d. Wiss. das. seit 1839, von 1812 bis 1820 Pharmaceut. Der berühmte Herausgeber der Annalen d. Physik und Chem. seit 1824. Schrieb auch das Biogr. liter. Handwörterb. zur Geschichte der exacten Wissenschaften, welchem ich die meisten Thatsachen meines Vortrags entnommen habe.

Posselt, Louis, (geb. 1817, Heidelberg). Analyse d. Badeschwamms.

Posselt, Christ. Wilh., (geb. 1806 das.), Bruder des Vorigen. Dr. Med. u. pract. Arzt in Heidelberg. Mit Reimann die Arbeit über d. Nicotin (1828).

Potyka, Julius Karl, (geb. 1832 zu Beuthen, Oberschlesien, Apoth. das.). Ueber Boracit u. Stassfurthit, Anorthit und grünen Feldspath.

Probst, Joh. Max. Alex., (geb. 1812, Sickingen, Baden, gest. 1842 Heidelberg). Prof. extr. d. Pharm. Pharm. badensis 1841. Chelidonium majus u. Glaucium luteum.

Rammelsberg, Karl Friedr., (geb. 1813, Berlin). Prof. daselbst. Ursprüngl. Pharmaceut. Handb. d. Mineralchemie.

Reichardt, Eduard, (geb. 1827, Camburg an d. Saale, Meiningen), Prof. in Jena. Chem. Best. der Chinarinde (1855). Das Steinsalzbgw. Stassfurt bei Magdeburg (1860). Ackerbauchemie (1861).

Reimann, Karl Ludwig, (geb. 1804, Buttstädt, Grossh. Weimar). Entd. d. Nicotins.

Remler, Joh. Christian Wilhelm, (geb. 1759, Oberbösa, Amt Weissensee, gest.?). Seit 1801 Apoth. zu Naumburg an d. Saale, Tabellen über äther. Oele, Salze, Löslichkeit etc.

Rieckher, Theodor, Apoth. in Marbach, Würtemberg, (geb. 1819).

Ritter, Joh. Wilhelm, (geb. 1776, Samitz bei Hainau, Schlesien, gest. 1810, München). Dr. med., erst Pharmaceut in Liegnitz, zuletzt ordentl. Mitglied d. bayer. Acad. zu

München. Beiträge zur näheren Kenntniss d. Galvanismus (1800—1805).

Roth, Justus Ludw. Adolph, (geb. 1818, Hamburg), v. 1844—48 Apotheker in Hamburg, seitdem als Privatmann in Berlin. Mineralogische, geognostische und physisch-geographische Abhandlungen.

Rousseau, Georg Ludwig Claudius, (geb. 1724, Königshofen, im Würzburgisch., gest. 1794, Ingolstadt), Apotheker, auch Prof. d. Chem. u. Natur-Gesch. daselbst. Ueber den Platz des Diamanten im Mineralsystem (1792).

Rüde, Georg Wilhelm, (geb. 1765, gest. 1830), Apoth. zu Cassel. Chem. Probirkabinet 1821.

Runge, Friedlieb Ferdinand, (geb. 1795, Billwörter b. Hamburg, gest. am 25. März 1867 zu Oranienburg), urspr. Pharmaceut, Prof. extr. d. Technol. in Breslau, dann im Dienste d. preuss. Seehandlung in Berlin u. Oranienburg beschäftigt. Fand das Anilin im Steinkohlentheer (1833).

Salzer, Karl Friedr., (geb. 1775 in Weinsberg, Baden, gest.?), Apoth. in Durlach, dann badnischer Staatschemiker und Mitglied der Bergwerkscommission. Untersuch. d. warmen Badewasser zu Baden (1813); Trinkbarmachung d. Moorwassers (1833). Blutlaugensalzfabrikation (1842).

Scharlau, Gust. Wilh., (geb. 1809, Pasewalk, Pommern, gest. 1861, Stettin). Lehrb. d. Pharmacie und ihrer Hülfswissenschaften 1837.

Schaub, Johann, (geb. 1770, Allendorf an d. Werra, gest. 1819). Urspr. Pharmaceut, Dr. med., (Marburg 1792), pract. Arzt in Allendorf, dann seit 1797 in Cassel, wo er ein chemisches Institut anlegte, 1799 Prof. d. Chemie, zuletzt Oberbergrath. Pharm. Handb. über d. Güte u. Verfälsch. d. Arzneimittel (2. Bd. 1797—99).

Schiller, Joh. Michael, (geb. 1763, Windsheim, gest.?), Apoth. zu Rothenburg an d. Tauber. Errichtete 1823 ein pharmaceut. Lehrinstitut bei sich.

Schmidt, David Peter Hermann, (geb. 1770, Parchim, Mecklenb., gest. 1856, Sonderburg), zuletzt Apoth. zu

Sonderburg auf der Insel Alsen. Histor. Taschenb. d. Pharmacie. 3 Abth. (1816, 1818, 1822).

Schödler, Friedr., (geb. 1813, Dieburg, Grossh. Hessen) erst Pharmaceut, dann Assistent bei Liebig, jetzt Director d. Realschule zu Mainz. Das Buch der Natur.

Schrader, Joh. Christian Karl, (geb. 1762, Werben, gest. 1826, Berlin), Apoth. und Medicinalassessor in Berlin. Ueber die Blausäure in den Vegetabilien (1803).

Schumann, Gotthelf Daniel, (geb. 1788, Esslingen, Würtemberg), früher Apotheker, dann Lehrer d. Chemie und Botanik an d. landwirthsch. Academ. in Hohenheim, seit 1840 Prof. — Chem. Laboratorium f. Realschulen 1849; 2. Aufl. 1857.

Schwabe, Samuel Heinrich, (geb. 1789, Dessau), Apotheker und Hofrath das. Astronom. Beobachtungen u. Entdeckungen, besonders über die Sonnenflecken.

Sertürner, Friedr. Wilhelm, (geb. 1783, gest. 1842, Hameln), Apotheker, erst zu Eimbeck, dann (seit 1823 etwa) zu Hameln. Entdecker des Morphins (des ersten Pflanzenalkalis, 1805) der Mekonsäure (1805) und der Aetherschwefelsäure (1820).

Simon, Joh. Eduard, (geb. 1790 etwa, gest. 1856 in Berlin), Apotheker daselbst. Entd. des Jervins. Versuche mit schwarzem und weissen Senf, mit Löffelkraut.

Simon, Joh. Franz, (geb. 1807, Frankf. a/O., gest. 1843, Wien), Urspr. Pharmaceut. Schrieb mit J. F. Sobernheim, Handbuch d. pract. Toxikologie (1838).

Sonnenschein, Franz Leopold, (geb. 1819, Cöln). Urspr. Pharmaceut, Privatdoc. an d. Univers. in Berlin seit 1852. Besitzer eines Privatlaboratorium. Anleitung z. qual. chem. Analyse f. Anfänger (1852), 5. Aufl. 1868. Handb. d. gerichtl. Chemie, 1869.

Stange, Karl Heinrich, (geb. 1796, Naumburg, gest. 1826, Pegau); Apothekergehülfe in Dresden, Regensburg u. Basel, zuletzt Provisor d. Apotheke zu Pegau in Sachsen. Ueber die Bildung der Benzoësäure aus d. Oele der bitteren Mandeln u. d. Kirschlorbeerblätter (1823, 1824).

Stein, Heinrich Wilhelm, (geb. 1811, Kirnbach b. Bretten, Gr. Hessen). Ursprüngl. Pharmaceut, später Amanuensis von Liebig in Giessen, dann Vorsteher d. Struve'-schen Mineralwasseranstalt in Leipzig u. Dresden, jetzt Prof. d. techn. u. pract. Chemie an d. polyt. Schule zu Dresden seit 1850. Chem. techn. Unters. d. Steinkohlen Sachsens (1857). Zusammensetzung d. Malzes (1860). Ueb. Ultramarin. Mitherausgeber des polytechn. Centralblattes.

Steinberg, Karl, (geb. 1812, Cöthen, gest. 1852, Halle), Prof. d. Chem. u. Pharm. zu Halle. Porzellanerde v. Halle analys. 1831.

Steinmann, Joh. Jos., (geb. 1779, Landskron, Kreis Chrudim, Böhmen, gest. 1839, Prag). Analysen d. Ferdinandsquelle zu Marienbad u. des Biliner Mineralwassers.

Stöckhardt, Julius Adolph, (geb. 1809, Röbradorf bei Meissen). Ursprüngl. Pharmaceut, jetzt Prof. d. Agriculturchemie in Tharand. Die Schule der Chemie, Braunschweig 1846; 1859 die eilfte Auflage, 1868 die 15te. Feldpredigten, chem.; Guanobüchlein; chem. Ackersmann.

Stoltze, Georg Heinrich, (geb. 1781, Hannover, gest. 1826, Halle), Administrator d. Waisenhausapotheke zu Halle, Prof. extr. d. Pharmacie an d. Univ. das. Gab 1821 d. Berliner Jahrb. d. Pharm. heraus, d. Jahrg. 1826 mit Meissner. Gewinnung eines reinen Essigs aus rohor Holzsäure (1820).

Suersen, Joh. Friedr. Hermann, (geb. 1771, Kiel, gest.?), Apoth. erst in Berlin, dann seit 1797 in Kiel. Verschiedenheit d. Ameisensäure von d. Essigsäure (1805).

Trautwein, Jacob Bernhard, (geb. 1793, Schiltach, Baden, gest. 1855 das.), Apoth. in Nürnberg. Ueber Blausäure und Valeriansäure.

Ulex, Georg Ludwig, (geb. 1811, Neuhaus an d. Oste, Hannover), Apoth. in Hamburg seit 1838, Lehrer der Chem. u. Phys. an d. pharm. Lehranstalt das. Ueber Struvit (1848).

Unverdorben, Otto, (geb. 1806 in Dahme). Besuchte 1824 als Pharm. d. Trommsdorff'sche Institut. Untersuchung d. Harze (1824—1829). Vier neue Alkalien im Dippelsöl (1827), darunter das Krystallin, das heutige Anilin.

Uslar, Julius Wilh. Louis von, (geb. 1828, Lautenthal am Harz). Urspr. Pharmacent, Assistent im Marburger, dann im Göttinger Labor., seit 1857 Privatdoc. an der Univ. daselbst u. vereidigter Gerichtschemiker für Hannover. Eine neue Methode der Darst. u. Nachweisung der Alkaloïde (mit Erdmann, 1861).

Vogel, Fr. Chr. Max, (geb. 1781 etwa, gest. 1813 in Bayreuth), Apotheker das. Ueber d. Natur d. rauchenden Schwefelsäure (1812).

Wackenroder, Heinr. Wilh. Ferdinand, (geb. 1798, Burgdorf K. Hannover, gest. 1854, Jena). Erst Pharmacent in Colle, dann Privatdoc. an d. Univ. Göttingen, darauf Prof. in d. philos. Facultät zu Jena, Director d. pharm. Instituts das. Analyt. chem. Tabellen. Redaction des Archivs der Pharmacie.

Westrumb, Joh. Friedr., (geb. 1751, Nörten b. Göttingen, gest. 1819, Hameln), Apoth. das. — Handb. d. Apothekerkunst 1795—1798. Ueber Chlor u. Bleicherei.

Wiegleb, Joh. Christian, (geb. 1732, gest. 1800, Langensalza), Apotheker daselbst. Handb. d. allg. u. angewandt. Chemie 1781. 3. Aufl. 1796. (Anhänger d. Phlogistontheorie). Histor. krit. Unters. d. Alchemie oder d. eingebildeten Goldmacherkunst 1777.

Wiegmann, A. J. F., (geb. 1771, gest. 1853, Braunschweig), Apoth. das. — Ueber d. Torf (1837), die anorg. Bostl. d. Pflanzen (1842).

Wiggers, Heinr. Aug. Ludwig, (geb. 1803, Altenhagen, Hannover). Von 1816—1827 Pharmaceut, Assistent bei Stromeyer u. Wöhler in Göttingen (1828—1849), Prof. extr. d. Pharmacie an d. Univ. das. Analyse d. Mutterkorns (1831). Grundriss d. Pharmacognosie 1840. 5. Aufl. 1869.

Wilhelmy, Ludw. Ferdinand, (geb. 1812, Stargard, Pommern), Apoth. das. bis 1843, von 1849—54 Privatdoc. an d. Univ. Heidelberg, seitdem Privatmann in Berlin. Versuch einer mathemat. phys. Wärmetheorie (1851).

Winckler, Ford. Ludw., (geb. 1801, Heringen b. Nordhaus., zul. Apoth. in Darmstadt. Gab heraus m. Herberger Jahrb. f. pract. Pharmacie.

Witting, Ernst, (geb.?, gest. 1861, Höxter), Apothek. daselbst. Mitbegründer d. Apoth.-Vereins im nördl. Deutschl.

Witting, Wilh. Aug. Ernst, (geb. 1824), Sohn d. Vorigen. Apotheker in Höxter: De elementis anorganicis graminum quae nominantur acida. (Berolin. 1851).

Willstein, (Georg Christoph), siehe oben bei Buchner.

Heinrich Zeise, (geb. 1793, Kellinghusen, Holstein), Apotheker in Altona von 1818 — 44, in Verbind. mit seinem ältesten Sohne Inhaber einer Anstalt zur Destill. äth. Oele.

Zier, Conradin Friedr. Eduard, (geb. 1793, Zerbst), Besitzer d. Rathsapotheke in Zerbst seit 1821. Aufsuchung des Arseniks (1819). Ueber Fabrikation v. Zucker, Essig, Zündschwamm.

Ziz, Joh. Baptist, (geb. 1779; gest. 1829, Mainz). Urspr. Pharmaceut, seit 1819 Lehrer d. Naturwiss. am Gymnasium zu Mainz. Weine auf Verfälschung mit Branntwein zu prüfen (1807).

An die Deutschen mögen sich noch reihen folgende

Schweizer, Niederländer, Dänen und Schweden.

Baumhauer, Eduard Heinr. von, (geb. 1820 zu Brüssel), Prof. d. Chem. u. Pharmacie am Athenäum illustre zu Amsterdam. Unters. d. Samen v. Phytelephas macrocarpa (1844).

Daup, Samuel, (geb. 1791), Apoth. in Vevey, Cant. Waadt, über die Pyroproducte d. Citronensäure.

Bergius, Petter Jonas, (geb. 1727, Strömstad, gest. 1814 zu Stora Hägeröd), Apoth. zu Uddwalla.

Bergius, Petter Jonas, (geb. 1730 in Erikstad, gest. 1790, Stockholm), Prof. d. Med. u. Pharm. am Carolin. Inst. zu Stockholm. Methodus cremorem tartari solubilem reddendi.

Brunner, Carl Emmanuel, (geb. 1796 zu Bern, gest. . . .). Erst Apotheker, dann Prof. d. Chem. u. Pharmacie an der Universität zu Bern. Darstellung des Kalium und Natrium,

Brunner, Carl, (später Brunner von Wattenwyl), geb.
1823 zu Bern; Sohn des Vorigen. Prof. d. Physik in Bern,
auch Telegraphendirector.

Cappel, Joachim Friedr., (geb. 1717, Wismar, gest.
1784 Kopenhagen).

Colladon, Jean Antoine, (geb. 1768, gest. 1830), Apoth.
in Genf. Unters. d. Oscillatoria rubescens, des Saftes von
Hippophaë rhamnoides; der Erde von Suavabelin, welche
Hortensien blau färbt.

Fueter, Karl, (geb. 1792, Bern, gest. 1852, Evian),
Apotheker in Bern. Pharmacopoeae Bernensis tentamen 1851.

Gosse, Henri Albert, (geb. 1753, gest. 1816 in
Genf), Apoth. das. Legte mit Paul und Schweppe in
Genf eine Fabrik zur Bereitung künst. Mineralwasser an.
War Mitstifter d. Société de phys. et d'histoire naturelle in
Genf u. Gründer d. Schweizer Naturforscher-Versammlung,
deren 1te 1815 auf seinem Landsitze in Mornex bei Genf
abgehalten wurde. Gewann 2 von d. Pariser Academie ausgesetzte Preise (1783 u. 1785), über die Mittel, Vergolder
u. Hutmacher gegen die aus d. Benutzung des Quecksilbers entspringenden Krankheiten zu schützen. Verbesserte
die Fabrikation des Leders, der Korzen u. a. G.

Günther, Christoph, (geb. 1730, Halle, gest. 1790,
Kopenhagen), Apoth. zu Kopenhagen. Bereitung d. Salpeter-
naphtha, der Spiessglanzbutter etc.

Hemptinne, Auguste Donat de, (geb. 1781,
Jauche, Brabant, gest. 1854, Brüssel), Apoth. das., Prof. und
Direct. d. pharmac. Schule d. Univ. das. Ueber Wasserheizung,
Pumpen, Manometer. Wirk. metall. Gifte auf d. Vegetation (1841).

Hensmans, Pierre Joseph, (geb. 1792, Löwen), Prof.
d. Mater. medica ü. Pharmacie an d. Univ. Gent. Gab heraus:
Repertoire de chimie et pharmacie 1828—1830, Nouv. Repertoire 1831, Annuaire à l'usage du chim., mod. et du pharmacien 1843.

Höpfner, Joh. Georg Albrecht, (geb. 1759, Bern, gest.
1813 Diel), Arzt u. Apotheker. Gab heraus gemeinnützige
Schweizer-Nachrichten 1801—1813 u. a. Zeitschr.

Julin, Johann, (geb. 1752, Westerås, gest. 1820, Åbo), Apoth. zu Uleaborg in Finnland von 1776 — 1814, dann zu Åbo. Darst. d. Bernsteinsäure (1821).

Kasteleyn, P. J., (geb. 1794, Amsterdam), Apoth. u. Chemiker das. Bereitung von Quecksilberoxyd, Quecksilbersublimat, der Soda, Salzsäure, Bittererde etc.

Kicks, Jean, (geb. 1775, gest. 1831, Brüssel), urspr. Pharmaceut. Prof. d. Mineral. u. Botanik am Musée d. Sciences u. an der Ecole d. Médecine zu Brüssel. Mineralogische, meteorolog. und phys. geograph. Beobachtungen u. Schriften. Sein Sohn ist der 1859 noch lebende Prof. d. Botanik Jean Kicks, (geb. 1803, Brüssel).

Köne, Corneille Jean, (geb. 1809, Gertruidenberg, Nord Drabant. Erst Pharmaceut, später Prof. d. allg. Chem. u. Toxikologie an d. Univ. zu Drüssel. Desinfection mittelst $Fe^2O^3, 3HCl$ (1850). Theorie d. SO^3 fabrikation etc.

Manthey, Joh. Georg Ludwig, (geb. 1769, Glückstadt, Holstein gest. 1842, Falkenstein, Seeland), Apotheker, Prof. d. Chem. u. Administrator d. Königl. Porzollanfabrik zu Kopenhagen. Untersuch. d. Lehnhart'schen Gesundheitstranks (1800).

Minkelers, Joh. Peter, (geb. 1748, gest. 1824, Mastricht), Sohn ein. Apothekers u. anfangs selbst Pharmaceut, zuletzt Prof. d. Phys. u. Chemie zu Mastricht. Minkelers entdeckte das Steinkohlengas am 1. Oct. 1784 und füllte schon 1785 Aërostaten damit.

Möller, Peter, (geb. 1793, Röraas). Seit 1829 Apotheker in Christiania. Ueber Dorschleberthran.

Mosander, Karl Gustav, (geb. 1797, Calmar, gest. 1858, Angsholm, bei Drottningholm). Früher Pharmaceut u. Militärarzt, zuletzt Prof. d. Chemie u. Mineralogie am Carolinischen Institut in Stockholm. Entdk. die das Cerium begleitenden Metalle Lanthan und Didym und die das Yttrium begleitenden Metalle Erbium und Terbium.

Müller, Frants Henrik, (geb. 1732, gest. 1820 zu Kopenhagen), seit 1756 Wardein u. Münzmeister der Bank daselbst, seit 1774 zugleich Waisenhausapotheker und

1761 Inspector der K. Porzellanfabrik. Müller legte die erste Porzellanfabrik in Kopenhagen an, die bald hernach eine königliche wurde.

Oersted, Hans Christian, (geb. 1777, Rudhjöbing, auf Langeland; gest. 1851, Kopenhagen). Erst Pharmaceut, zuletzt Prof. d. Physik an der Universität zu Kopenhagen. Entdecker des Electromagnetismus (1820).

Pagenstecher, Joh. Sam. Friedr., (geb. 1783, gest. 1856, Bern), Apotheker das., über d. dest. Wasser und äther. Oel d. Blüthen von Spiraea Ulmaria (1837).

Retzius, Anders Johann, (geb. 1742, Christianstad, gest. 1821, Stockholm.) Erst Pharmacout, zuletzt Prof. d. Naturgeschichte zu Stockholm. Retzius stiftete 1772 d. physiographische Gesellschaft in Lund (als er an der Univ. daselbst Docent war). Nach ihm benannte Thunberg die Pflanzengattung Retzia.

Stratingh, Sibaldus, (geb. 1785, Adorp bei Gröningen, gest. 1841 Hunseroord b. Gröningen); pract. Arzt, Apotheker, Münzwardoin u. Prof. d. Chem. u. Technologie in Gröningen. Schoikundig Handbook voor Essaijeurs, Goud-en Zilversmeden 1821.

Tieböl, Boadewyn, (gest. 1814), Apoth. zu Gröningen. Ueber Oleum animalo Dippelii (1770), Pottascheberoitung.

Trier, Salomon Meyer, (geb. 1804, Kopenhagen), Apotheker zu Nysted auf Laaland, später zu Kongens Lyngby. Gab heraus: Archiv for Pharmacie og technick Chemie 1844—46; 1847—1850.

Tychsen, Nicolas, (geb. 1751, Tondern, Schleswig, gest. 1804, Kopenhagen), zuletzt Apotheker daselbst, früher Apoth. u. Lector zu Kongsberg, Norwogen. Phlogiston und Kohlenstoff sind nur dem Namen nach verschiedene Dinge (1798).

Vliet, Aug. Frederic van der, (geb. 1812 zu Rotterdam), Apotheker daselbst. Zusammensetzung der Benzoëharze (1839).

Wollin, Christian, (geb. 1730, Cimbritshamn, gest.
1798, Oefnerby, Prestgård, Schonen). Von der Verfälschung
des Weins mit Bleiglätte 1777, 1778.

Zeise, William Christopher, (gob. 1789, Slegel-
see, Seeland, gest. 1847, Kopenhagen). Pharmaceut, Prof.
extr. an der Univ. zu Kopenhagen seit 1822. Unters. des
Tabackrauche.

Den Schluss mögen bilden die folgenden
Italiener und Spanier.

Calloud, Pietro, (geb. 1775, Modena, gest. 1835, Ve-
nedig). Saggio sopra alcune falsificationi ed inesatte prepara-
tione, 1802.

Canobbio, Giambattista, (geb. 1701, Ovada), Apoth. in
Genua, Prof. d. med. pharm. Chem. an d. Univ. das. Analisi
comparative delle smilace salsapariglia 1816.

Carbonell y Bravo, Francisco (geb. 1768, gest. 1837,
Barcelona) Dr. med. u. Apotheker und Prof. d. angewandt.
Chemie an der Real-Junta de Commercio in Barcellona.
Pharmaciae elementa, chemiae recentioris fundamentis innixa,
Barcelona 1796.

Cavezzali, Girolamo, (geb. 1755, gest. 1830), Ober-
apotheker des Hospitale zu Lodi. Traubenzuckerbereitung
im Grossen (1811).

Cozzi, Andrea, (geb. 1795, gest. 1856 in Florenz),
Prof. d. Chem. u. Pharmacie im Hospitale Santa Maria nuova,
früher ein pharmaceut. oder techn. Institut haltend. Einbal-
samirung d. Leichen (1840).

Ferrari, Girolamo, (geb. 1794, Vigevano), Apotheker
am Hospitale das. Farmacopea eclettica 1835.

Ferrarini, Antonio, (geb. 1770, gest. 1835), Prof. d.
Pharm. an d. Univ. Bologna. Farmacopea ed. II. Bologna 1832.

Höfer, Hubert Franz, (geb. zu Cöln, gest.?), Director d. Grossherzogl. Apoth. in Florenz. Mém-sopra il sale
sedativo naturale della Toscana e del Borace che
con quello si compone, scoperto de Uberto Fr. Höfer, Fi-
renze 1778.

9*

Lavini, Giuseppe, (gest. 1847 in Turin), Prof. d. med. u. pharmac. Chem. das. Ueber das Gift von Prunus Laurocerasus (1811 — 1820).

Mandruzzato, Salvatore, (geb. 1758, Trevigi, gest. 1835 Padua). Seit 1800 Prof. d. pharmac. Chem. an der Univers. zu Padua. Alcune idee sopra la riforma della farmacia 1786.

Marcucci, Lorenzo, (geb. 1768, gest. 1845, Rom). Osservazioni chimiche sull' alterazione de' colori ne quadri dipinti a olio (1825).

Michelotti, Vittorio, (geb. 1774, gest. 1842, Turin), Prof. d. Chem., Medic. u. Pharmacie an d. Univers. das. Versuche mit d. Volta'schen Säule.

Mojon, Benedetto, (geb. 1732, Villarejo de Fuentes, Cuenca, gest.?), Jesuit, Apotheker im Colleg zu Alcala de Henares, später Demonstrator d. Chemie, an der Univers. zu Genua. Pharmacopoea mannalis reformata, Genua 1784.

Mojon, Giuseppe, (geb. 1772, Genua, gest. 1837 das.), Prof. d. Chemie zu Genua von 1800 — 1836. Will schon 1804 die magnetisirende Wirkung des galvan. Stromes entdeckt haben.

Peretti, Pietro, (geb. 1781, Castagnoli, Piemont), früher Apotheker (Farmacisto segreto des Papstes Pius VII), dann Prof. d. pharm. Chemie zu Rom. Ueber Chinin, Cinchonin, Tannin, Ornus europaea, Taxus baccata, Osmazom, Ochsengalle.

Seloni, Francesco, (geb. 1817, Vignola), Apoth., Prof. d. Chemie am Lyceo zu Reggio. Ueber Vergoldung und Versilberung.

Yañes y Girona, Augustin, (geb. 1789 in Barcellona), Dr. med., Apotheker u. Prof. d. Pharm. an der medic. Facultät daselbst. Mineralogisches u. Meteorologisches.

Zanon, Bartolomeo, (geb. 1792), Apoth. in Belluno. Mineralwasseranalysen. Achilleïn und Achilleasäure.

Aus dieser Uebersicht ergiebt sich die ungemein rege Betheiligung der Apotheker an der wissenschaftlichen Entwickelung der Chemie u. der übrigen Naturwissenschaften in unverkennbarer Weise. Eben weil jene Männer Pharmaceuten waren oder doch eine geraume Zeit gewesen waren, wurde ihnen der Sinn für Naturwissenschaften aufgeschlossen. Mögen unsere Apotheker auch ferner dazu beitragen, in den jungen Gemüthern das Feuer der Wissenschaft zu nähren und die Pharmacie nie zum blossen Handwerk herabsinken lassen.

Auch an uns ergeht die Mahnung: „Ihr seid das Salz der Erde, wenn aber das Salz dumm wird, womit soll man salzen!"

Ueber die Constitution des Ultramarins.

Von W. Stein.

(Separatabdruck aus dem Journal für practische Chemie 1871.)*)

Stellt der Ultramarin als Ganzes eine chemische Verbindung dar und in welchem Verbindungszustande befindet sich der Schwefel desselben? — Dies sind Fragen, welche zwar schon vielfach besprochen, aber noch nicht in allseitig befriedigender Weise beantwortet worden sind. Indem ich deren Lösung versuche, beginne ich mit der zweiten, welche für die Beurtheilung der Constitution des Ultramarins den Schwerpunkt bildet.

Die Mehrzahl der Autoren denkt sich den zur Constitution des Ultramarins gehörigen Schwefel mit Natrium verbunden als Mono-, Di- oder Pentasulfuret. Wenige, zu denen ich selbst früher gehörte, glauben an das Vorhandensein von unterschwefliger Säure neben Schwefelnatrium, und noch geringer ist die Zahl Derjenigen, welche es für möglich oder wahrscheinlich halten, dass der Schwefel an Aluminium gebunden sein könnte.**)

---

*) Vom Herrn Verf. erhalten, Dresden d. 16. Septbr. 1871.   R. L.

**) Als ich aus Veranlassung der vorliegenden Arbeit ältere literarische Quellen aufsuchte, überzeugte ich mich, dass wichtige Einzelnheiten der Geschichte des Ultramarins allgemein in Vergessenheit gerathen sind.

In Folgendem werde ich Beweise dafür beibringen, dass im blauen Ultramarin 1) schweflige, nicht aber unterschweflige Säure, die indessen beide für seine Constitution ebenso unwesentlich sind wie die Schwefelsäure; 2) nur Schwefelaluminium ohne ein Sulfuret des Natrium, vorkommt.

Prüfung auf unterschweflige und schweflige Säure. Unterschwefligsaure Alkalien zersetzen sich bekanntlich mit neutralem schwefelsaurem Kupferoxyd beim Kochen der Lösungen so, dass schliesslich, während Schwefelkupfer entsteht, schweflige Säure entweicht. Auch der Ultramarin wird, wie ich früher nachgewiesen habe (Polyt. Centralbl. 1859, S. 897 ff.), beim Erwärmen mit neutraler Kupfervitriollösung unter Bildung von Schwefelkupfer leicht zersetzt. Enthielte derselbe nun unterschwefligsaures Salz, so müsste auch hier schweflige Säure auftreten. Verschiedene Proben von blauem (Meissen, Heidelberg), grünen (unbekannten Ursprungs) und weissen, selbstbereiteten Ultramarin, je 1 Grm. in diesem Sinne geprüft, entwickelten keine schweflige Säure. *)

_____

So heisst es z. B. in der Abhandlung von C. G. Gmelin „Ueber Ultramarin und dessen künstliche Darstellung" vom Jahre 1828, Journ. für techn. u. ökonom. Chemie 3, 386: „ In welcher Verbindung der Schwefel die Färbung des Ultramarins bewirkt, lässt sich noch nicht bestimmen — am Wahrscheinlichsten ist es, dass er als unterschweflige Säure darin enthalten sei." Auch lässt die Beschreibung der Darstellung keinen Zweifel darüber, dass Gmelin den „ weissen Ultramarin" bereits unter Händen gehabt und seine Eigenschaft, durch Lufteintritt in der Hitze grün und blau zu werden, erkannt hat. Endlich sagt Berzelius im Jahrgang 1836 seines Jahresberichtes, S. 137: „Bekanntlich enthält der Ultramarin nach C. G. Gmelin's Entdeckung als wesentliche Bestandtheile Schwefelaluminium u. Schwefelnatrium, ohne dass wir jedoch die Verbindungsweise kennen." Nirgends sonst, selbst nicht in Gmelin's Handbuch, habe ich übrigens diese Notiz gefunden.

*) Die Versuche von R. Hofmann (Polyt. Centralbl. 1851, S. 1437), durch welche dieser unterschweflige Säure aus blauem Ultramarin direct auszuziehen zu haben glaubte, lassen eine Verwechslung mit schwefliger Säure zu, indem ein Gemisch von schwefligsaurem Bleioxyd und Schwefelblei sich in allen von ihm zur Beweisführung benutzten Reactionen dem unterschwefligsauren Salze ähnlich verhält.

Schweflige Säure dagegen fand ich in jedem Ultramarin, den ich darauf geprüft habe und diese lässt sich leicht und sicher nicht bloss nachweisen, sondern auch ihrer Menge nach bestimmen, wenn man die Probe mit einer alkalischen Lösung von arseniger Säure kurze Zeit kocht und dann in kleinen Portionen Salzsäure bis zur sauren Reaction zufügt. Die alkalische Lösung ist der von mir früher benutzten salzsauren vorzuziehen, weil die gleichzeitige Entwickelung von Schwefelwasserstoff neben der schwefligen Säure dadurch sicherer vermieden wird. Jedenfalls aber verdient die arsenige Säure vor den übrigen zu gleichem Zweck in Vorschlag gebrachten Mitteln desshalb den Vorzug, weil, wie ich durch vergleichende Versuche festgestellt habe, das Schwefelarsen der Einwirkung freier Säure am kräftigsten widersteht.

Prüfung auf Sulfurete. Eine Lösung von Kupfervitriol wird durch lösliche Polysulfurete unter Abscheidung von freiem Schwefel neben Schwefelkupfer zersetzt. Demzufolge müsste sich bei Zersetzung des Ultramarins durch Kupfervitriol Schwefel aus dem Schwefelkupfer ausziehen lassen, wenn ein Polysulfuret darin vorhanden wäre. Unter Anwendung von je 1 Grm. Probe war dies bei den oben erwähnten, sowie anderen (Vorster, Marienberger) blauen Ultramarinen nicht der Fall.*) Der blaue Ultramarin enthält demnach kein Mehrfach-Schwefelnatrium. Dass er auch nicht Einfach-Schwefelnatrium enthalten kann, ist nicht schwer aus der allgemeinen Erfahrung sowohl, wie aus besondern Versuchen zu erschliessen. Schmilzt man z. B. ein eisenfreies Natronsilikat mit eisenfreiem Schwefelnatrium theils ohne Weiteres, theils unter Zusatz von reinem Kalkphosphat und

*) Soll bei diesem Versuche zugleich die Schwefelmenge bestimmt werden, so muss man an Stelle des Kupfervitriols Chlorkupfer anwenden. Letzteres zersetzt, wenn auch etwas langsamer als ersterer, doch vollständig den Ultramarin und wandelt, in genügendem Ueberschusse angewendet, alle schweflige Säure in Schwefelsäure um, während andernfalls eine unlösliche Kupferverbindung der schwefligen Säure entsteht, die sich dem Schwefelkupfer beimischt.

in verschiedenen Verhältnissen zusammen, so erhält man Producte, welche je nach der Concentration rothgelb bis goldgelb gefärbt sind. Das Schwefelnatrium färbt diese Silikate, wie es das Wasser färbt. Damit stimmt überein, was in neuester Zeit über die Färbung des Glases durch Schwefelnatrium beobachtet worden ist, und es besteht überhaupt keine widersprechende Erfahrung. Es liegt demnach auch kein Grund zu der Annahme vor, dass das Schwefelnatrium sich gegenüber dem Silikate des Ultramarins anders verhalten sollte. Man darf vielmehr voraussagen, dass es auch dieses rothgelb oder gelb färben würde, wenn es darin vorhanden sein sollte und folglich dass es in rein blauem oder röthlich blauen Ultramarin, wenigstens nicht in irgend erheblicher Menge, vorkommen kann.

Das darin enthaltene Schwefelmetall kann hiernach kein anderes als Schwefelaluminium sein. Zu dieser Ueberzeugung gelangt man u. A. schon durch ein näheres Eingehen auf die Einzelheiten der Entstehung des Ultramarins. Wenn dieser nemlich sich bilden kann durch das Aufeinanderwirken von wasserfreier kieselsaurer Thonerde und wasserfreiem Schwefelnatrium bei Abschluss der Luft, und man in dem farbigen Producte neben kieselsaurer Thonerde kieselsaures Natron findet, so hat sich eine entsprechende Menge Natrium vom Schwefel getrennt und mit Sauerstoff verbunden, den es nur auf dem Wege der Wechselzersetzung von einem Bestandtheile des Thones entnommen haben kann. Dieser Bestandtheil ist nicht die Kieselerde, denn schon Leykauf führt an, dass man Ultramarinblau ohne Kieselerde erhalten könne. Dasselbe bestätigte mir der Director der Heidelberger Ultramarinfabrik, Dr. Lippert, aus eigener Erfahrung, und Versuche, welche ich mit reiner Thonerde und reinem Schwefelnatrium angestellt habe, stimmen damit überein. Vom Eisen kann abgesehen werden, da es bekannt ist, dass es nicht zu den Ultramarin bildenden Bestandtheilen des Thones gehört. Folglich muss es die Thonerde sein, von der überdies nachgewiesen ist, dass sie, mit Schwefelnatrium zusammengeschmolzen, Schwefelaluminium bildet.

Ritter („Ueber das Ultramarin," Polyt. Centralbl. 1860,
S. 1605) folgert zwar aus seinen Versuchen gerade das Gegentheil, es ist jedoch leicht nachzuweisen, dass dieselben
auch eine andere Deutung, als die er ihnen gegeben hat,
ungezwungen zulassen. Er liess nemlich bei etwa 300° Chlorgas auf weisses Ultramarin wirken und fand, dass sich nur
wenig Chlornatrium, aber kein Chloraluminium bildete, „es
sei denn, dass man lange und unmässig stark erhitzte." Man
kann hieraus, meint Ritter, „mit Sicherheit schliessen, dass
der Schwefel des Ultramarins nur mit Natrium verbunden
und ferner, dass im Ultramarin das Schwefelnatrium in wirk-
licher chemischer Verbindung mit dem Silikate vorhanden
ist, da es sonst, gleich freiem Schwefelnatrium, vollständig
vom Chlor zersetzt werden müsste." Da nun den Chemikern täglich Fälle vorkommen, wo die Wirkung eines Reagens durch rein mechanische Einhüllung einer Substanz para-
lysirt wird, so dürfte man mit ebenso grosser Wahrscheinlichkeit schliessen, dass das Schwefelnatrium von dem Silikate
nur eingehüllt und dadurch vor der Zersetzung geschützt
werde. In jedem Falle ist man berechtigt, die gleiche Immu-
nität auch für das etwa vorhandene Schwefelaluminium vor-
auszusetzen, für dessen Abwesenheit der Versuch demnach
keineswegs beweisend ist. Wenn dagegen bei stärkerem
und länger fortgesetztem Erhitzen dennoch Chloraluminium
auftritt, was ich nach eigenen Versuchen bestätigen kann, so
liegt darin gerade ein Beweis für das Vorhandensein von
Schwefelaluminium, da nur dieses, nicht aber die Thonerde
durch Chlor unter den obwaltenden Umständen zersetzbar ist.

Kann nach alledem die Anwesenheit des Schwefelalumi-
niums im Ultramarin nicht mehr in Zweifel gezogen werden,
so bleibt, bevor über die Constitution desselben eine klare
Ansicht erlangt werden kann, die Frage zu erörtern, welche
Farbe das Schwefelaluminium besitzt. Berzelius beschreibt
es als eine schwarze Masse, auch Vincent (Will, Jahresb.
1857, S. 154) hat es als schwarzes Pulver erhalten. Dagegen wird in Graham-Otto, 2, 657 auf Grund einer Angabe Fremy's (Ann. de chimie et de phys. [3] 38, 312)

„la sulfure d'aluminium présente l'aspect d'une masse vitreuse fondue" angenommen, es sei farblos. Dadurch war ich in die Nothwendigkeit versetzt, es nach den verschiedenen Methoden selbst darzustellen.

Durch Verbrennen von Aluminiumfolie in Schwefeldampf, der in einem Kolben entwickelt worden war, erhielt ich es nur einmal, aber mit den von Berzelins angegebenen Eigenschaften. Als ich dann, um sicherer arbeiten zu können, Aluminiumblech, spiralig aufgerollt, auf Porzellanschiffchen in einer Porzellanröhre erhitzte, während durch dieselbe ununterbrochen und reichlich Schwefeldampf strich, fand nach einiger Zeit plötzlich ein lebhaftes Erglühen des Metalls statt und damit war die Operation beendet. Der grösste Theil des Metalls war nemlich zu Kugeln zusammengeschmolzen, die mit einer Rinde von Schwefelaluminium umgeben waren und dadurch vor der weitern Einwirkung des Schwefeldampfes geschützt worden. Letzteres war geschmolzen, von gelblicher Farbe und besass stellenweise einen blättrig krystallinischen Bruch. An der Luft liegend, roch es nach Schwefelwasserstoff und zerfiel endlich wie gebrannter Kalk. Dieses Präparat zeigte überdies eine interessante Erscheinung beim Erhitzen in einer Atmosphäre von Stickgas. Es verlor nemlich Schwefel (von zwei zu verschiedenen Zeiten dargestellten Proben verlor die eine 20 p.C., die andere 16 p.C.), welcher bei der hohen Entstehungstemperatur, wie es scheint, nur mechanisch festgehalten und nun bei viel niedrigerer Temperatur in einem fremden Gase wieder abgegeben wurde. Nach diesem Erhitzen war seine Farbe grauweiss und seine Zusammensetzung entsprach der Formel Al^2S^3. So oft der Versuch in der eben angegebenen Art ausgeführt wurde, erhielt ich das Präparat stets in der Hauptsache von derselben Beschaffenheit; nur war bisweilen an verschiedenen Stellen eine schwärzliche Farbe bemerkbar.

Durch Zusammenschmelzen von Thonerde, kohlensaurem Natron und Schwefel erhielt ich das Schwefelaluminium als schwarzes Pulver. Ebenso wenn ich den Versuch dahin abänderte, dass ich mit reiner Oberfläche geschmolzenes Natrium zuerst mit Aluminium zusammenzuschmelzen versuchte und diese Masse nach dem Erkalten mit Schwefel erhitzte. In beiden Fällen entfernte ich das Schwefelnatrium durch absoluten Alkohol.

Das Glühen von reiner Thonerde in Schwefelkohlenstoffdampf wurde auf Porzellanschiffchen vorgenommen, welche, um die Zersetzung des Schwefelkohlenstoffs möglichst zu vermeiden, auf Kohlenunterlagen gestellt waren. Bei der höchsten Temperatur, die ich in einem grösseren Röhrenofen zu geben vermochte, erhielt ich auch hier das Schwefelaluminium geschmolzen, einmal ganz farblos mit einem schwarzen matten Ueberzuge, ein andermal gelblich gefärbt, mit einem dünnen graphitfarbigen Ueberzuge bedeckt. Bei weniger hoher Temperatur dagegen stellte es immer ein amorphes schwarzes Pulver dar, untermischt mit Kohlenstoff und unzersetzter Thonerde.

Das Schwefelaluminium kann demnach in zwei Modificationen existiren, wovon die eine ein amorphes schwarzes Pulver, die andere eine zusammenhängende farblose oder gelbliche Masse von krystallinischer Beschaffenheit darstellt. Das erstere entsteht bei niedrigerer Temperatur und kann, wie ich mich durch den Versuch überzeugt habe, durch Erhitzen bis zum Schmelzen in die zweite Modification übergehen. Diese dagegen scheint überhaupt nur dann zu entstehen, wenn die kleinsten Theilchen der Substanz nicht an ihrer Vereinigung zu zusammenhängenden grösseren Theilchen gehindert werden.

Nach Erörterung dieses Zwischenpunktes wende ich mich zur Besprechung der Hauptfrage, ob der Ultramarin eine wirkliche chemische Verbindung sei, wie vielfach angenommen wird. Wie naheliegend eine solche Annahme sein mag, so findet man doch bei eingehender Prüfung nicht, dass sie durch die Thatsachen unterstützt wird. Schon C. G. Gmelin fand, dass bei der Darstellung des Ultramarins die Menge der Kieselerde bedeutend variiren könne; später wurde, wie schon erwähnt, erkannt, dass sie ganz entbehrlich sei. Vergleicht man alsdann die vorliegenden Analysen mit einander, so findet man nicht bloss bedeutende Differenzen zwischen donon des natürlichen und des künstlichen Ultramarine, auch die Zahlen für Producte einer und derselben Fabrik weichen in der Mehrzahl der Fälle so sehr von einander ab, dass man an eine constante chemische Verbindung nicht wohl denken kann. Die dafür aufgestellten Formeln sehen denn auch verschieden genug aus. Eben so wenig wie die Thatsachen sprechen dafür theoretische Betrachtungen, denn die Verbindung eines Schwefelmetalls mit einem Doppelsilikate (also einem Doppelsalze) ist, wenn auch nicht unmöglich, doch sehr unwahrscheinlich. Dass übrigens die Abweichung in der Zusammensetzung verschiedener Ultramarine nicht noch viel grösser ist, ja bei genauester Arbeit und Benutzung derselben Materialien in manchen Fabriken Producte von sehr übereinstimmender Zusammensetzung erhalten werden können, dafür findet sich die Erklärung, sobald man die richtige Ansicht über den chemischen Vorgang bei der Aufeinanderwirkung von Schwefelnatrium und Thon gewonnen hat.

Wenn es nemlich als gewiss angesehen werden darf, dass Schwefelnatrium wasserfreien Thon nur aufzuschliessen vermag in dem Maasse, als es im Stande ist, die Thonerde desselben umzusetzen, so begreift man, dass dieser Vorgang seine Grenze erreicht, sobald die Verwandtschaft der Kieselerde zur Thonerde mit der zersetzenden Wirkung des Schwefelnatrium ins Gleichgewicht gekommen ist. Wahrscheinlich schwankt diese Grenze um geringe Beträge unter dem Einflusse verschiedener Zersetzungstemperaturen und sicher sind die quantitativen Resultate verschieden nach der Dauer des Processes, der Zusammensetzung des Thones und je nachdem das Hydratwasser an der Zersetzung Theil nimmt.

Aus diesen Betrachtungen geht hervor, dass der Ultramarin zwar kein Gemenge gewöhnlicher Art, sondern nach stöchiometrischen Verhältnissen gemischt ist, wie aber seine chemische Constitution aufzufassen sei, wird am besten an einem analogen Falle klar. Ein solcher ist die Verseifung der Fette durch Schwefelnatrium. Geht diese bei gewöhnlicher Temperatur vor sich, so weiss man, dass die Hälfte des

Schwefelnatrium fettsaures Natron bildet, während die andere
Hälfte in Schwefelwasserstoff-Schwefelnatrium übergeht. Beide
Producte befinden sich nebst dem frei gewordenen Glycerin
neben einander, wie die Producte der Ultramarinbildung, in
stöchiometrischen Verhältnissen; aber in diesem Falle denken
wir nicht daran, dass sie als Ganzes eine chemische Verbindung bilden könnten. Nach meiner Ueberzeugung ist diess
für den Ultramarin ebenso wenig statthaft; jedenfalls nur von
untergeordneter Bedeutung. Die blaue Farbe des Ultramarins, welche ja allein sein charakteristisches Merkmal bildet,
ist in der That, theoretisch betrachtet, unabhängig von der
chemischen Zusammensetzung, vielmehr nur bedingt
durch das optische Verhalten der Mischungsbe-
standtheile. Vom practischen Standpunkte dagegen ist
die chemische Zusammensetzung insofern von äusserster Wichtigkeit, als sie die Entstehung einer eben so schönen, wie in
gewisser Beziehung dauerhaften Farbe möglich macht. Wo
aber im Uebrigen jene Grundbedingung erfüllt ist, da tritt
das Blau auf bei Anwendung der verschiedensten Materialien. So entsteht es, wenn man feinsten Lampenruss in an-
gemessenem Verhältnisse mit Milch zusammenrührt; wenn
eisenhaltige Thonerde, gallertig oder trocken, mit Schwefel-
alkalien zusammengebracht wird; wenn man hinter eine weisslich trübe Glasfläche ein schwarzes Papier hält, oder ein Blatt
schwedisches Papier mit Schwefelkohlenstoff getränkt und
zwischen zwei Glasplatten gepresst auf schwarzes Papier
legt u. s. w. Endlich habe ich sie hervorgerufen, indem ich
die früher erwähnte Fritte aus kieselsaurem Natron, Schwefelnatrium und wenig Kalkphosphat mit gelbem Schwefelaluminium sehr innig zusammenrieb, dann über einem Gasgebläse kurze Zeit erhitzte und endlich das Schwefelnatrium
kalt auslangte.

    Alle diese Beispiele haben nur das Gemeinsame, dass
eine weisslich trübe Grundmasse mit einem schwarzen Körper, ich will, um das worauf es ankommt auszudrücken,
sagen, optisch gemischt ist und gerade dies findet auch beim
Ultramarin statt. Er besteht aus einer weissen Grund-

masse, mit welcher schwarzes Schwefelaluminium
in molekularer Vertheilung gemengt ist.

Die molekulare Vertheilnng des Schwefelaluminium folgt
aus dem Entstehungsvorgange. Denn jedes Molekül dieser
Verbindung wird gebildet, man kann sagen; inmitten eines
Thonmoleküls und zugleich umgeben von drei gleichzeitig
entstehenden Molekülen Natron, die, mit Kieselerde zu basischem Salze sich verbindend, zusammensintern und die ganze
Gruppe einhüllen. Dass hierbei auch überschüssiges Schwefelnatrium mit eingehüllt werden kann, ist begreiflich. — Von
der Existenz der weisslich trüben Grundmasse (ich will sie
Ultramarinfritte nennen) kann man sich leicht Ueberzeugung
verschaffen, wenn man Thon und kohlensaures Natron, mit
Weglassung des Schwefels, in den Verhältnissen des Ultra-
marinsalzes mischt und bei der Temperatur, wie diesen erhitzt. Auch ist es möglich, sich darüber Gewissheit zu verschaffen, dass diese Fritte der im Ultramarin enthaltenen
entspricht. Sie liefert nemlich in der That Ultramarin, wenn
man sie in Schwefelkohlenstoffdampf zur Rothgluth erhitzt.

Der Ultramarin stellt sonach das erste Beispiel seiner Art zu der oben illustrirten und täglich zu beobachtenden Erscheinung dar, denn bis
jetzt hat man sie noch nie als die Ursache einer Körperfarbe
erkannt. Eben so wenig hat sie, soviel mir bekannt, bis
jetzt eine wissenschaftliche Erklärung gefunden, denn die
Biot'schen Lehrsätze von Entstehung der Körperfarben sind
zu viel umfassend, um im einzelnen Falle die Erklärung finden zu lassen. Wohl aber hat Göthe das Wesen derselben
in einer empirischen Formel ausgedrückt: „Wird durch ein
trübes, von einem Lichte erleuchtetes Mittel die Finsterniss
gesehen, so erscheint uns eine blaue Farbe, welche immer
heller und blässer wird, je mehr sich die Trübe des Mittels
vermehrt, hingegen immer dunkler und satter sich zeigt, je
durchsichtiger das Trübe wird, ja beim geringsten Grade desselben als schönstes Violett auftritt." Um nur ein Beispiel
anzuführen, wie dieser Satz in der Ultramarinpraxis seine
Bestätigung findet, so erinnere ich daran, dass der aus Thon-

erde, ohne Kieselerde, dargestellte Ultramarin blaseblau, der unter Zusatz eines Kieselerdeüberschusses erhaltene aber röthlich blau ist. Die Thonerde besitzt nun offenbar einen höheren Grad von Trübe, als das gewöhnlich im Ultramarin vorhandene Thonerde-Natron-Silicat, und wenn dem Thone, neben Flussmitteln, freie Kieselerde zugesetzt wird, so erhöht sich bekanntlich seine Schmelzbarkeit. Daraus folgt aber, dass die Trübung in einem solchen Falle geringer werden muss. Der verschiedene Grad der Trübung steht also in der That in einer unverkennbaren Beziehung zum Ton der Farbe und zwar übereinstimmend mit dem Göthe'schen Satze.

Eine wissenschaftliche Abhandlung über den blauen Ultramarin würde nicht vollständig sein, ohne Rücksichtnahme auf den weissen und grünen, die theoretisch vom ersteren nicht getrennt werden können. Ich lasse daher eine kurze Besprechung derselben hier folgen.

Der weisse Ultramarin, dessen Existenz zuerst von Ritter bestimmt erkannt wurde, scheint der Erklärung die grösste Schwierigkeit zu bieten; doch ist diese leichter zu überwinden, als es den Anschein hat. Man könnte versucht sein, die Existenz des farblosen Schwefelaluminium darin anzunehmen, wenn nicht unter dieser Annahme das Auftreten des grünen und blauen ohne annehmbare Erklärung bliebe. Zu einer bessern und, wie ich glaube, richtigen Erklärung bieten die vergleichenden Untersuchungen von Ritter und Stölzel die Mittel. Durch diese steht fest, dass 1) der grüne Ultramarin weniger Natron als der blaue, und dieser weniger als der weisse enthält; 2) der Schwefelgehalt des blauen Ultramarins geringer ist als der des grünen. Mit andern Worten, dass der Uebergang des weissen Ultramarins in grünen eine Abgabe von Natron, des grünen in blauen eine Abgabe von Natron und Schwefel begleitet. Daraus folgt, dass im weissen Ultramarin eine gewisse Menge Einfachschwefelnatrium enthalten sein muss, welches beim Uebergang in den grünen sich in Doppeltschwefelnatrium verwandelt, das schliesslich bei der Entstehung des blauen gänzlich abgeschieden wird.

Das Schwefelnatrium besitzt, wie bekannt, eine dunkel fleischrothe Farbe, die dem Blau complementär, daher im Stande ist, letzteres auszulöschen. Ob es im weissen Ultramarin chemisch mit dem Schwefelaluminium verbunden ist oder nicht, lässt sich vor der Hand noch nicht mit Sicherheit entscheiden. Für die optische Wirkung ist es nicht von wesentlichem Einflusse.

Der grüne Ultramarin entsteht in jedem Falle aus dem weissen dadurch, dass das Natriumsulfuret in Bisulfuret übergeht, wodurch die Verbindung (bez. die auslöschende Wirkung) aufgehoben und durch Mischung von Blau und Gelb eine grüne Farbe erzeugt wird (zugleich Grund, weshalb in rein blauem Ultramarin diese Verbindung nicht vorkommen kann).

Ueber die vermeintliche Unfähigkeit des Kali zur Ultramarinbildung.

Von Demselben.

(Separatabdruck aus dem Journal für practische Chemie. Jahrg. 1871. Bd. 3. Heft 5. S. 137.) *)

C. G. Gmelin erwähnt zuerst, dass es ihm nicht gelungen sei, Ultramarin zu erhalten, wenn er statt Natron Kali zur Darstellung verwendete. Ritter hat später die Angabe Gmelin's bestätigt. Für diese somit ausser Zweifel gestellte Thatsache würden sich auf Grund des S. 133 ff. von mir über die Constitution des Ultramarins Mitgetheilten mehre Erklärungen a priori geben lassen, ich habe es jedoch vorgezogen, durch Versuch die richtige zu finden.

Zuerst wurde aus 1 Th. Meissner Thon mit 1,4 Thl. kohlensaurem Kali (als dem Aequivalent für die gewöhnlich angewandte Natronmenge) eine Fritte bereitet. Dieselbe war milchweiss und stimmte im Aeussern mit der Natronfritte überein; liess also voraussetzen, dass ihr optisches Verhalten das Entstehen der blauen Farbe nicht verhindern werde.

------

*) Vom Herrn Verfasser erhalten, Dresd. d. 15. Sept. 1871. H. L.

Es kam nun darauf an, zu untersuchen, ob das Schwefelkalium unter den gleichen Bedingungen, wie das Schwefelnatrium, im Stande sei, aus der Thonerde Schwefelaluminium zu bilden. Zu dem Ende wurde 1 Th. eisenfreie Thonerde mit 6 Th. eisenfreien, kohlensauren Kali und eben so viel Schwefel, über Kohlenfeuer sowohl als über dem Gasgebläse erhitzt. Die orangefarbige Fritte wurde mit warmem Wasser aufgeweicht, auf ein Filter gebracht und der blaugrüne Rückstand kalt ausgewaschen, bis das Wasser nicht mehr alkalisch reagirte. Ein Theil desselben wurde dann im Vacuum getrocknet, ein anderer Theil mit Wasser übergossen und in dem verstopften Trichter stehen gelassen. Nach 12 Stunden war der erstere an der am schnellsten getrockneten Oberfläche noch grünlich gefärbt, im Innern farblos. Der letztere war gleichfalls farblos, und ein über den Trichter gelegtes, mit Bleilösung betupftes Papier liess erkennen, dass sich Schwefelwasserstoff entwickelt hatte. Dieser Versuch wurde mehrmals, u. A. auch mit Anwendung von oxalsaurem Kali anstatt des kohlensauren (um Eisen sicherer auszuschliessen), mit gleichem Erfolge wiederholt. Die beobachtete Farbe muss demnach derselben Ursache, welche bei Anwendung von Natron wirksam ist, nemlich der Bildung von Schwefelaluminium zugeschrieben werden.

Der folgende Versuch lässt darüber keinen Zweifel übrig. In einer Porcellanröhre wurden zwei Schiffchen von Porcellan auf Kohlenunterlage, wovon das eine mit der oben erwähnten milchweissen Kalifritte, das andere mit einer ebenso beschaffenen Natronfritte gefüllt war, bis zur hellen Rothgluth zwei Stunden lang im Schwefelkohlenstoffdampfe erhitzt und zuletzt bei Abschluss der Luft erkalten gelassen. Nach Beendigung des Versuchs zeigten beide Proben ein sehr ähnliches Aussehen, sie waren sehr stark zusammengebacken, durch und durch schwarz, äusserlich glänzend und mit abgelagertem Kohlenstoff bedeckt. So ähnlich indessen ihr Aussehen, so verschieden war ihr Verhalten gegen Wasser. Die Natronfritte färbte letzteres weder kalt noch beim Erwärmen, wobei nur Spuren von Schwefelwasserstoff entwickelt wurden. Die

Kalifritte dagegen färbte das Wasser schnell gelb und entwickelte beim Erwärmen lebhaft Schwefelwasserstoff. Es
war also Schwefelaluminium und zwar in solcher Menge
gebildet worden, dass es die Masse schwarz färbte. Sie
erweichte dabei schneller und vollständiger als die Natronfritte und hinterliess endlich einen stellenweise farblosen, in
der Hauptmasse aber schmutzig grünlichen Rückstand, während die Natronfritte ihre ursprüngliche Farbe unverändert
behielt.

Dieser Versuch beweist nicht bloss, dass das Kali sich
gegenüber der Thonerde dem Natron gleich verhält, er zeigt
auch, was für den vorliegenden Fall noch viel wichtiger ist,
dass das Kalithonerdesilikat vom Wasser stark angegriffen
wird und darum nicht fähig ist, das von ihm eingeschlossene
Schwefelaluminium vor der Zersetzung zu schützen. Da er
indessen nicht unter den bei der Ultramarinbereitung obwaltenden Umständen angestellt war, so wurde auch noch 1 Th.
Meissner Thon mit 2 Th. Schwefelkalium innig gemengt und,
wie ein gewöhnlicher Ultramarinsatz erhitzt. Die an einzelnen Stellen deutlich grün gefärbte Fritte wurde zur Hälfte
mit Wasser, zur Hälfte mit Weingeist von 60 p.C. warm ausgewaschen. Von ersterer verblieb ein schon im feuchten
Zustande ungefärbter Rückstand; der von der zweiten Hälfte
war feucht blaugrün, verlor jedoch seine Farbe beim Trocknen in mässiger Wärme. Der Weingeist war aus dem
Grunde angewendet worden, weil er das Schwefelaluminium
weniger rasch zersetzt und es auf diese Weise möglich
wurde zu constatiren, ob Ultramarin sich überhaupt gebildet
hatte.

Das Verhalten des Kalithonerdesilikates im vorliegenden
Falle stimmt mit den Erfahrungen überein, welche über die
Hygroskopicität des Kaliwasserglases, sowie kalireicher Glä-
ser überhaupt bekannt sind und es erklärt sich daraus das
abweichende Verhalten des Kali bei der Ultramarinbereitung
auf eine einfache Weise.

Der Kobaltultramarin, ein weiterer Beitrag zur Kenntnies von der Entstehung der Körperfarbe.

Von Demselben.

(Separatabdruck aus dem Journal für practische Chemie. Band 8. S. 428. Jahrgang 1871.)[*])

Wie ich am Thonerde-Ultramarin nachgewiesen habe, kann eine blaue Körperfarbe entstehen durch das Zusammenwirken innig gemischter schwarzer und weisser Moleküle, d. h. derselben optischen Elemente, welche, nur mechanisch gemengt, das Grau erzeugen. Nennt man letztere Mischung eine körperliche, so kann man erstere eine molekulare nennen und sich vorstellen, dass man im Grau, Schwarz neben Weiss, im Blau Schwarz durch Weiss hindurch sieht. Die atomistische Mischung, d. h. die chemische Verbindung in der strengsten Bedeutung des Wortes, wird in vielen Fällen die gleiche optische Wirkung wie die molekulare hervorbringen; es würde jedoch zur Zeit noch zu früh sein, allgemeine Schlüsse in dieser Richtung machen zu wollen, da manche Erscheinungen vorkommen, die sich auf so einfache Weise nicht erklären lassen.

Ich habe desshalb als zweites Beispiel für meinen oben aufgestellten Satz den Kobaltultramarin gewählt, der, ähnlich wie Lösungen, Legirungen u. m. a. in die Kategorie derjenigen Vereinigungen gehört, welche auf der Grenze zwischen körperlicher und atomistischer Mischung stehen oder einen Mittelzustand beider darstellen, und die ich als molekulare bezeichnet habe.

Das Kobaltoxydul (CoO) ist im reinen Zustande „olivengrün," das Kobaltoxyd (Co^2O^3) schwarzgrau. Beim schwachen Glühen an der Luft gehen beide in schwarzes Einfach-Oxyduloxyd (CoO, Co^2O^3) und bei starkem Glühen in Vierfach-Oxyduloxyd ($4CoO, Co^2O^3$), welches gleichfalls schwarz ist, oder nach Rammelsberg in ein Gemisch von beiden über.

Wenn demnach Kobaltoxydul als Aluminat in einem Ultramarin vorkäme, wie von Manchen angenommen wird,

----

*) Vom Hrn. Verfass. erhalten, Dresden d. 15. Septbr. 1871.   H L.

so müsste dieser sich durch eine blaugrüne oder grünblaue Farbe auszeichnen. Man braucht jedoch nur an das Verhalten des reinen und salpetersauren Oxyduls beim Glühen unter Luftzutritt und an die bekannte Löthrohrprobe zu denken, um ein solches Vorkommen für sehr unwahrscheinlich zu halten.

Durch die folgenden Versuche, welche theils mein Assistent, Herr Dr. v. Gehren, theils der Stud. chem. Herr Simon ausführte, beabsichtigte ich, positive Beweise für die Natur des im Kobaltultramarin enthaltenen Oxydes beizubringen. Es wurde dazu eine, schon seit länger als 20 Jahren in der Sammlung des Dresdner Polytechnikum befindliche Probe Ultramarin verwendet, welcher sich frei von Arsen erwies, aber ausser den Hauptbestandtheilen Kieselerde und merkwürdigerweise nur Spuren von Phosphorsäure enthielt.[*]

Zuerst wurde versucht, die Anwesenheit eines höheren Kobaltoxydes durch das Auftreten von Chlor bei Behandlung des Ultramarins mit Salzsäure nachzuweisen. Es zeigte sich jedoch, dass derselbe weder durch kochende Salzsäure noch durch Glühen in salzsaurem Gase verändert wurde. Nicht einmal concentrirte Schwefelsäure wirkte beim Kochen merklich darauf ein.

Eine Reduction durch Wasserstoff zur Ermittelung der Sauerstoffmenge gelang erst bei der Hitze eines Mitscherlich'schen Kohlenröhrenofens. 0,891 zuvor ausgeglühter Ultramarin verloren dadurch schliesslich 0,060 = 6,78 p.C. Sauerstoff. Der Glührückstand hatte eine schwarze Farbe angenommen.

Auf trocknem Wege lässt sich der Kobaltultramarin zwar durch Schmelzen mit kohlensaurem oder doppeltschwefelsauren Natron aufschliessen; viel leichter jedoch und ohne dass Glühhitze nöthig wäre, erfolgt dies durch Kalihydrat, welches

---

[*] Da ich voraussetzen zu dürfen glaubte, dass entweder keine, oder mehr Phosphorsäure vorhanden sein müsse, so wurde der Versuch mehrmals mit dem phosphorsäurefreien Molybdänreagens, jedoch stets mit gleichem Resultate wiederholt.

man im Silbertiegel mit wenig Wasser und dem Ultramarin
schmilzt und im Flusse erhält, bis die blaue Farbe des letzteren in eine schwarze oder braunschwarze übergegangen ist.
Bei stärkerem und längerem Erhitzen bildet sich eine krystallinische Kaliverbindung, indem wahrscheinlich die sogenannte Kobaltsäure (Co^2O^5) entsteht. Durch Behandlung der
Schmelze mit Wasser geht alle Thonerde in Lösung, die man
auf diese Weise zugleich am leichtesten und vollständigsten
vom Kobalt trennen kann. Das auf dem Filter gesammelte
Kobaltoxyd wird auf bekannte Weise als Kobaltmetall vom
Kali befreit und nach nochmaliger Reduction als Metall ge-
wogen. Auf diese Art wurde, unter Anwendung eines durch
Alkohol gereinigten, von Kieselerde und Thonerde freien
Kalis, aus 0,976 Grm. frisch geglühten Ultramarins erhalten:

    I. Kieselerde   0,039 Grm. = 4,00 p.C.
       Thonerde   0,668 „ = 68,45 „
       Kobaltmetall 0,203 „ = 20,80 „
       Sauerstoff   0,066 „ = 6,75 „

Die in diesem Versuche und durch Glühen in Wasserstoff ermittelten Sauerstoffmengen stimmen sehr gut überein.
Für Thonerde und Kobalt wurden in einem anderen Versuche durch Aufschliessen mit kohlensaurem Natronkali und
Trennung der Thonerde vom Kobaltoxydul mittelst essigsauren Natrons ebenfalls wohl übereinstimmende Zahlen erhalten,
nemlich

    II. Thonerde   68,52 p.C.
       Kobalt   20,66 „

deren Abweichung von den ersteren sich dadurch erklärt,
dass die Thonerde etwas kobalthaltig geblieben war.

20,8 Kobalt verlangen nun

    1) um überzugehen in CoO   5,64 Sauerstoff
    2) „   „ Co^2O^3 8,46   „
    3) „   „ CoO,Co^2O^3. 7,52   „
    4) „   „ $4CoO,Co^2O^3$. 6,58   „

Hieraus ist ersichtlich, dass in dem untersuchten Ultramarin ein Gemenge der Oxyde 3 und 4 (ziemlich genau vier

Theile des letzteren auf einen Theil des erstern) enthalten ist, wie es durch Glühen des Kobaltoxyduls an der Luft ebenfalls erhalten wird. Es findet die erwähnte chemische Widerstandsfähigkeit des Ultramarins ihre Erklärung in den bekannten Eigenschaften dieses Oxyds, ohne dass es nöthig wäre, die Annahme einer chemischen Verbindung zu machen, die keinenfalls wahrscheinlich ist.

Die Annahme einer nur molekularen Mischung wird übrigens durch einen synthetischen Versuch unterstützt, der sehr leicht gelingt. Herr Simon erhielt nemlich durch Glühen eines Gemenges von schwarzem käuflichen Kobalt-oxyd und reiner Thonerde blauen Ultramarin. Zu beachten ist bei Ausführung des Versuchs nur, dass die Thonerde ganz locker, die Mischung sehr innig ist und die Erhitzung lange genug und bei lebhafter Rothglühhitze stattfindet.

Ueber eine neue Prüfungsmethode des Opium auf seinen Morphiumgehalt.

Von Demselben.[*]

Das Opium ist ein so bedeutender Gegenstand des Handels und der chemischen Industrie, sein Preis ist so hoch und seine Wirkung als Heilmittel so unentbehrlich und wichtig, dass geradezu alle Stände der menschlichen Gesellschaft ein Interesse an der Beschaffenheit desselben haben. In früherer Zeit dienten ausschliesslich pharmakognostische Merkmale zur Beurtheilung derselben, und sie genügten, so lange diese nur nach den klimatischen und Bodenverhältnissen, sowie allenfalls nach localen Gewohnheiten der verschiedenen Ursprungsgegenden verschieden waren. Heutzutage verändern ganz andere Factoren die Beschaffenheit des Opium jedweder

----

[*] Als Separatabdruck vom Hrn. Verfasser erhalten, Dresden den 15. Sept. 1871.   H. L.

Abstammung so häufig, dass nur noch die chemische Untersuchung sichern Aufschluss darüber geben kann.

Unter den zahlreichen eigenartigen Bestandtheilen des Opium nimmt das Morphium die erste Stelle ein; der Gehalt an diesem ist daher der Werthmesser für jenes. Zur Ermittelung dieses Gehaltes besitzen wir nun zwar Methoden in reicher Auswahl, und darunter solche, welche in einzelnen Fällen wenig zu wünschen übrig lassen; in anderen Fällen dagegen liefern sie weniger befriedigende Resultate. Dies rührt, so weit meine Erfahrung reicht, von der verschiedenen Beschaffenheit der extractiven Bestandtheile verschiedener Opiumsorten her und erklärt, wesshalb da und dort das Bedürfniss nach einer neuen Methode entstand und noch immer sich fühlbar macht. Auch die Methode, welche ich im Folgenden mittheile, verdankt ihre Entstehung einem besonderen Bedürfnisse, dem Bedürfnisse nemlich, eine Morphiumbestimmung in möglichst kurzer Zeit auszuführen, und es ist meinerseits damit zunächst nur auf eine annähernde Werthermittelung abgesehen. Man kann sie eine colorimetrische nennen, und sie wird nur desshalb zur genauen Ermittelung der Morphiummenge vielleicht nicht Jedem gleichmässig dienen können, weil nicht eines Jeden Auge gleich scharf Farbenunterschiede zu fixiren im Stande ist. Als Grundlage für diese Methode dient mir die bekannte Eigenschaft des Morphium, aus der Jodsäure das Jod abzuscheiden, in Verbindung mit der Färbung, welche letzteres dem Chloroform ertheilt. *) Macht man eine reine Morphiumlösung von bestimmtem Gehalte und verdünnt diese nach und nach mit bestimmten Wassermengen immer mehr, so gelangt man endlich zu einem Verdünnungsgrade, bei welchem das aus der Jodsäure frei gemachte Jod das mit der Lösung geschüttelte Chloroform

---

*) Die Färbung, welche das frei gewordene Jod für sich allein schon der Flüssigkeit mittheilt, ist zwar von Andern schon als sehr empfindlich bezeichnet worden, und auch ich habe mich davon überzeugt; sie setzt aber eine ungefärbte Lösung voraus und konnte desshalb von mir nicht benutzt werden.

so wenig färbt, dass man die Färbung nur mit Mühe noch
erkennen kann; das ist die Empfindlichkeitsgrenze
der Reaction. Für mein Auge fand ich dieselbe bei
1 Morphium in 20000 Wasser.*) Bei Ausmittelung dieser
Grenze, die Jeder, welcher sich der Methode bedienen will,
vorzunehmen haben wird, kommt in Betracht, dass Alkohol,
Essigsäure, Salzsäure, Ammoniak und fixe Alkalien,
sowie Erwärmung das Erscheinen der Farbe verhindern, oder
abschwächen. Erwärmung vor dem Zusatz des Chloroforms beschleunigt dagegen die Reaction. Vor dem Zusatze
des Chloroforms lässt man dann die Flüssigkeit wieder abkühlen. Will man nicht erwärmen, so muss man wenigstens
eine halbe Stunde stehen lassen, ehe man Chloroform zusetzt
oder doch urtheilt. Denn, wenn auch die Wirkung der Jodsäure bei starker Verdünnung schon nach einigen Minuten
beginnt, so ist sie doch zuletzt sehr langsam. Das Schütteln
mit Chloroform muss öfter in Zwischenräumen von ca. 5 Minuten wiederholt werden. Die ursprüngliche Farbe der Morphiumlösung ist, sofern sie nur nicht an das Chloroform
übergeht, nicht von störendem Einflusse; auch eine verdünnte
Schwefelsäure von 1 : 4 äussert keine nachtheilige Wirkung;
freie Schwefelsäure ist sogar zur Beschleunigung der Jod-
säurewirkung anzuwenden. Ich wende stets einige Tropfen
davon an, nachdem ich mich überzeugt habe, dass in einer
solchen Mischung ohne die Gegenwart von Morphium kein
Jod frei wird. Dupré hat gefunden, dass ein Zusatz von
Ammoniak die Jodfärbung an und für sich sowohl, als mit
Stärke, erhöht, und dies fand ich auch mit Rücksicht auf
Chloroform bestätigt, jedoch nur bei einem sehr geringen
Ammoniakzusatze. Ein grösserer Zusatz zerstörte sie, indem
das Jod in Jodammonium überging. Ich fand ferner, dass
selbst bei Anwendung gleicher Raumtheile Probeflüssigkeit
und Chloroform nach dem gehörigen Zusammenschütteln von

---

*) Die Empfindlichkeit der Stärkereaction fand ich weit geringer,
wie auch die Versuche von A. Dupré schon dargethan haben (Will's
Jahresbericht, 1863, S. 704).

ersterer immer noch etwas Jod zurückgehalten wird. Da jedoch vorausgesetzt werden darf, dass die Menge desselben im Verhältniss zur Menge des vorhandenen Wassers stehen werde, so schadet dies der Genauigkeit der Methode nicht, vorausgesetzt, dass man in allen Fällen gleich grosse Volumina der Probeflüssigkeit anwendet. Es ist dies ohnehin schon aus dem Grunde nothwendig, weil ja, bei gleicher Concentration der Morphiumlösung und genügendem Zusatze von Jodsäure, die ausgeschiedene und an das Chloroform übertragene Jodmenge proportional dem angewendeten Volumen der Lösung ist. Die Intensität der Färbung aber ändert sich selbstverständlich mit der Menge des in das Chloroform übergegangenen Jods. Ebenso ändert sie sich umgekehrt bei gleich bleibender Jodmenge, wenn verschiedene Mengen von Chloroform angewendet werden. Desshalb ist es unerlässlich, dass man stets nicht bloss gleich grosse Volumina Morphiumlösung, sondern auch gleich grosse Volumina Chloroform bei der Ausführung der Methode anwendet. Ich nehme auf je zwei Volumina der ersteren ein Volumen des letzteren. Auch die Dicke der Chloroformschicht muss berücksichtigt werden und muss in allen Versuchen gleich sein.

Nach dem Angeführten ist klar, dass man den Morphiumgehalt einer gegebenen Lösung, wenn deren Gewicht bekannt ist, finden kann, wenn man dieselbe mit bekannten Wassermengen so lange verdünnt, bis die Grenze der obigen Reaction erreicht ist. Man könnte aber auch eine Farbenscala mit Hülfe von reinem Morphium auf die oben angegebene Weise in Form von in Glasröhren eingeschlossener Jodchloroformflüssigkeit herstellen, wovon jeder Ton einem bestimmten Morphiumgehalt entspräche, und damit die mit einer gegebenen Lösung erhaltene Farbe vergleichen. Ich habe diesen Weg bis jetzt nicht eingeschlagen, weil ich es für sicherer halte, das Verschwinden einer Farbe, als die Gleichheit zweier Farben zu beurtheilen.

Will man nach dieser Methode Opium auf seinen Morphiumgehalt prüfen, ohne das Morphium rein abzuscheiden, wie ich mir vorgesetzt hatte, so ist zu bedenken, dass ein

Opiumauszug nicht eine reine Morphiumlösung ist, und es
sind wenigstens diejenigen Bestandtheile zu entfernen, welche
auf die Jodsäure ähnlich wirken, wie das Morphium. Die
genauer bekannten unter diesen (Mekonin und Mekonsäure
eingeschlossen), und insbesondere Narkotin, sind nicht störend.
Dass aber solche vorhanden sind, welche sich dem Morphium
ähnlich verhalten, erkennt man leicht, wenn man Opiumpulver mit Wasser, welchem etwas kohlensaures Natron zugesetzt ist, kalt auszieht. Diese Flüssigkeit, mit verdünnter
Schwefelsäure sauer gemacht, mit Jodsäure erwärmt und nach
dem Erkalten mit Chloroform geschüttelt, giebt Jod an letzteres ab. Ein Mittel, diese Stoffe zu beseitigen, habe ich in
den Kupferoxydsalzen gefunden, auf deren Anwendung ich
zuerst durch die von de Vry angegebene Methode der Trennung des Narkotins und Morphins geführt worden bin. Ich
mischte Opiumpulver mit dem gleichen Gewichte schwefelsauren Kupferoxyds und extrahirte dann mit Wasser und
einigen Tropfen verdünnter Schwefelsäure kochend, filtrirte
und prüfte einen Theil des Filtrats mit Jodsäure, wie angegeben, um sicher zu sein, dass sich das Morphium in der
Lösung befand. Sodann fällte ich aus einem anderen Theile
des Filtrates das Morphium durch Ammoniak aus, filtrirte
nach 12 stündigem Stehen, säuerte mit verdünnter Schwefelsäure an und prüfte wieder. Die Jodreaction trat nun
nicht ein.

Die im Vorstehenden begründete Methode wende ich in
folgender Weise an: 0,1 Grm. Opiumpulver und ebenso viel oder
das doppelte Gewicht schwefelsaures oder essigsaures Kupferoxyd *) werden in einem Kochkölbchen mit einigen Tropfen
verdünnter Schwefelsäure eben durchfeuchtet, dann mit 100
Grm. destillirten Wassers bis zum Kochen erhitzt, und $\frac{1}{4}$
bis $\frac{1}{2}$ Stunde stehen gelassen. Nach dieser Zeit wird filtrirt,

---

*) Die Menge des Kupfersalzes ist dann genügend, wenn in dem
Filtrate noch deutlich die Gegenwart desselben erkannt werden kann;
doch ist ein grosser Ueberschuss aus dem in der zweiten Anmerkung
angeführten Grunde zu vermeiden.

es werden 6 Cubikcentim. des Filtrates mit ca. 6 Centigrm. Jodsäure*) und 2 bis 3 Tropfen rectificirter Schwefelsäure zusammen gebracht, und wenn die Jodsäure gelöst ist, 3 Cubikcentimeter alkoholfreies Chloroform zugegeben. Nach während einer Viertelstunde mehrmals wiederholtem Schütteln wird endlich stehen gelassen, um nach erfolgter Scheidung der Flüssigkeitsschichten die Färbung des Chloroforms zu beurtheilen.

Wenn das geprüfte Opium 10 Proc. Morphium enthalten hätte, so würde in der angewendeten Menge 1 Centigrm. davon vorhanden gewesen sein, und dieses wäre bei Anwendung von 100 Grm. Wasser in 10000 Theilen des letzteren gelöst. Da dies die halbe von mir noch erkennbare Verdünnung ist, so entspräche eine kaum bemerkbare Färbung des Chloroforms einem Gehalte von 5 Proc. Morphium. Ist die Färbung dagegen sehr deutlich, so werden 3 Cubikcentim. des genannten Filtrates mit 3 Cubikcentim. destillirten Wassers gemischt und ebenso behandelt, wie vorher. Zeigt sich nun die Grenzfärbung, so enthält das Opium 10 Proc. Morphium; bleibt das Chloroform farblos, so liegt der Gehalt zwischen 5 und 10 Proc. und kann durch entsprechende Mischung des Filtrates mit Wasser noch näher ermittelt werden, wenn man sich nicht, wie es in den meisten Fällen beim Einkauf von Opium ausreichen wird, begnügt, zu wissen, dass 10 Proc. Morphium eben nicht vorhanden sind.

---

*) Wie gross die Menge von Jodsäure gegenüber der von reinem Morphium sein müsse, habe ich dadurch zu ermitteln gesucht, dass ich gleiche Mengen von Morphium und Jodsäure, in dem 100fachen Gewichte Wasser gelöst, unter Zusatz von einigen Tropfen Schwefelsäure schüttelte und durch wiederholtes Schütteln mit Chloroform das frei gewordene Jod entfernte. Die abgehobene wässerige Flüssigkeit theilte ich dann in zwei Theile und setzte dem einen Jodsäure und dem andern Morphium zu. Beim Schütteln mit Chloroform färbte sich letzteres nur mit der Morphium enthaltenden Portion. Eine der Morphiummenge gleiche Menge Jodsäure ist daher vollkommen genügend. Ein Ueberschuss schadet zwar in der Regel nicht; doch kann sich bei gleichzeitig vorhandenem Ueberschuss an Kupfersalz jodsaures Kupferoxyd abscheiden.

Alle Operationen lassen sich bei Ausführung dieser Methode im Verlaufe von einer Stunde beendigen, der Gehalt des Opium an Narkotin und anderen Basen macht das Resultat nicht unrichtig, und darin liegt, wie ich glaube, der Vorzug dieser Methode, besonders für alle Diejenigen, welche bei der Prüfung hauptsächlich den Zweck im Auge haben, schnell zu erfahren, ob ein Opium einen gewissen bestimmten Gehalt an Morphium habe oder nicht.

Schwefelcyanallyl, ein Bestandtheil der Wurzel von Reseda odorata.

Von Dr. A. Vollrath, Assistenten an der agricultur-chemischen Versuchsstation zu Augsburg.[*]

36 Grm. Resedawurzel wurden zerschnitten, mit 100 C.C. Wasser einige Stunden macerirt und von dem der Destillation unterworfenen Gemisch etwa 75 C.C. abdestillirt; das erhaltene milchige Destillat besaß einen starken an Merrettig erinnernden Geruch. Der Retortenrückstand, mit frischem Wasser übergossen und nochmals destillirt, lieferte ein klares, aber immerhin noch stark riechendes Destillat.

Beide Destillate bräunten sich mit einer Lösung von salpetersaurem Silberoxyd und liessen nach einiger Zeit S c h w e f e l s i l b e r fallen.

Zur Entscheidung der Frage, ob das Oel der Reseda eine dem S e n f ö l , oder dem K n o b l a u c h ö l entsprechende Zusammensetzung habe, wurden folgende Versuche angestellt:

---

[*] Die vorstehende Untersuchung, für welche dem Herrn Dr. Vollrath ich hiedurch meinen Dank abstatte, wurde durch die von dem Unterzeichneten gemachte Wahrnehmung, dass die f r i s c h e n Wurzeln von R e s e d a o d o r a t a und R. l u t e o l a beim Zerschneiden einen deutlichen Merrettig-Geruch zeigen, veranlasst. E n d l i c h e r (Enchirid. bot.) sagt, dass die Wurzel der R. odorata einen scharfen Geschmack habe und dass die Resedinae den Cruciferis und Capparideis zweifellos nahe stehen.

Hirschberg.

1) Einige C. C. des Destillats aus der Resedawurzel wurden

a) mit Kalilauge gekocht; die Abkochung bräunte eine Lösung von **Bleioxydhydrat** in Natronlauge;

b) mit **Barytwasser** gekocht; es fiel kohlensaurer Baryt nieder und das Filtrat bräunte sich mit der eben genannten Bleioxydlösung. Es war also in beiden Fällen in der Flüssigkeit ein Schwefelmetall entstanden und demnach wohl eine Zersetzung des Oeles mit den betreffenden Basen in Schwefelmetall, kohlensaures Salz und **Sinapolin** eingetreten.

Um jedoch aus beiden Abkochungen **Sinapolin darstellen** zu können, waren die angewandten Mengen des Destillats zu gering. Reactionen auf Sinapolin wurden erhalten, indem etwas von dem Destillat mit Bleioxyd digerirt, die Masse eingedampft, mit Wasser ausgekocht und das Filtrat eingedampft wurde. Die geringe Menge des geruchlosen, festen Rückstandes war in Weingeist und Wasser löslich und wurde durch die wässrige Lösung von Aetzsublimat weiss gefällt; auch durch Platinchlorid wurde ein Niederschlag erhalten, beides Reactionen, welche dem Sinapolin zukommen.

2) Das von 1 übriggebliebene Destillat wurde mit überschüssigem, wässrigen Ammoniak einige Tage hingestellt und dann zur Trockne verdampft. Es resultirte eine gelbe Krystallmasse, welche durch Kochen mit Thierkohle und Wasser entfärbt wurde. Das Filtrat von der Thierkohle lieferte dann nach dem Eindampfen eine geringe, weisse, glänzende Krystallmasse, welche durch folgende Reactionen sich als **Thiosinammin** charakterisirte.

a) Dieselbe schmolz bei niedriger Temperatur und erstarrte beim Erkalten zu einer weissen, schmelzartigen Masse.

b) Mit Kalilauge gekocht, entwickelte sie nur langsam Ammoniakgas.

c) Die in Salzsäure gelösten Krystalle gaben mit Aetzsublimat einen weissen, käsigen, in Essigsäure löslichen Niederschlag.

d) Die concentrirte, wässrige Lösung derselben gab mit salpetersaurem Silberoxyd ein weisses Gerinnsel, welches sich beim Kochen in Schwefelsilber umsetzt.

e) Unter dem Mikroskop waren die rhombischen Prismen des Thiosinammins deutlich zu erkennen.

Zu einer quantitativen Elementar-Analyse war der Vorrath zu gering. Dieselbe soll jedoch später noch mit neuem, aus dem Oele der Resedawurzel dargestellten Thiosinammin ausgeführt werden.

Nach den vorstehenden Versuchen dürfte als feststehend anzunehmen sein, dass das Oel der Wurzel der R e s e d a o d o r a t a, gleich dem Senföl, S c h w e f e l c y a n a l l y l als wesentlichen Bestandtheil enthält.

Vorschrift zu einer haltbaren Tinct. Rhei aquosa.

Von E d u a r d F i s c h e r, Hofapotheker in Dresden.

R.   Radic. Rhei concis. 100 Grm.,
      Borac. pulver.,
      Kali carbonic. aā. 10 Grm.;
      superinf. Aq. fervid. 900 Grm.,
      post horae quadrant. partem adde
      Spir. Vini rectificatissim. 100 Grm.
      Post horam unam cola, exprime et admisce
      Aq. Cinnamomi simpl. 150 Grm.
      Filtratum sit ponder. 1000 Grm.

Das Wasser zum Infundiren muss kochend sein, das Infusum darf nicht in den Dampfapparat eingesetzt werden, das Auspressen geschieht mit der Hand und alsbald nach der angegebenen Zeit.*)

D r e s d e n, den 20. Septbr. 1871.

---

*) Von der ausgezeichneten Beschaffenheit der auf diese Weise bereiteten Tinctur habe ich mich bei meiner jüngsten Anwesenheit in Dresden zur Apothekerversammlung, wo ich mit Dr. Mirus aus Jena, und Dr. Hofmann aus Potsdam die Hofapotheke besuchte, vollkommen überzeugen können.   *H. L.*

B. Monatsbericht.

I. Chemie und Mineralogie.

Südafrikanische Diamanten.

Ueber deren Auffindung berichten Prof. Tennant und Andere,[*) daß der erste Finder ein holländischer Bauer Schalk van Niekerk gewesen sei, welcher im März 1867 von einer Nachbarin, der er einen von den glänzenden Steinen, mit welchen ihre Kinder spielten, abkaufen wollte, derselben zum Geschenk erhielt und dafür später 500 Pfund Sterling löste.

Während andere Diamantfelder in einem Jahre kaum mehr als einen Diamant von ca. 40 Karat lieferten, ergaben die südafrikanischen in derselben Zeit deren fünf und darunter einen von 56 Karat, so wie einen anderen von besonderer Schönheit von 83 Karat.

Der diamantführende Distrikt Südafrikas ist, soweit bis jetzt bekannt, auf das Vaalthal nebst einigen Verzweigungen beschränkt. In den brasilianischen Diamantminen ist der mittlere Ertrag einer zwölfmonatlichen Arbeit von 500 Wäschern nicht mehr, als auf der Fläche einer Mannshand Platz findet; unter etwa 10000 ist nur ein Diamant von 18 Karat und mehr. Dagegen soll ein einziger Mann in der Capcolonie ein Trinkglas voll Diamanten besitzen; eine einzige Firma führte innerhalb 14 Tagen Diamanten im Werth von 23000 Pfd. St. nach England und der folgende Postdampfer brachte deren im Werthe von 18000 Pfd. St. Ein Grobschmied, welcher seine Werkstatt verlassen hatte und nach den Diamantfeldern ging, fand sehr bald einen Stein von 54 Karat, der demselben für 8000 Pfd. St. nicht feil war. Der „Stern von Südafrika" von 83 Karat ist in der letzten Zeit von einem Diamanten von 87 Karat überflügelt worden.

---

*) Journ. Soc. Arts. Vol. XIX. p. 16.

Australien liefert neuerlich auch Diamanten und wurden 1869 von Victoria 984 und von Sidney 2000 derselben exportirt. Die grössten wogen aber nur 6, bezüglich 2½ Karat. In Brasilien werden Diamanten von allen Farben gefunden, doch ist diese Farbe meist nur oberflächlich; grün herrscht vor, aber jede Gegend hat ihre characteristische Farbe, Qualität und Krystallisation.

Die häufigere Auffindung von Diamanten gewinnt aber, auch abgesehen von seiner Verwendung als Schmuckstein, für die Industrie eine immer grössere Bedeutung. Schon jetzt ist seine Verwendung zu schneidenden Werkzeugen anstatt Stahl nicht unbeträchtlich. Besonders wird der Diamant zum Bohren von Stahl und Steinen, zum Schärfen von Mühlsteinen etc. gebraucht. In einem Schieferbruche von Wales werden z. B. mit Hülfe hohler und am Rand mit Diamanten besetzter Bohrer Löcher gebohrt, die in 36 Stunden 84 Fuss tief getrieben worden und werden hiezu die rohen Diamanten verwendet. (*Nach der „Gaea" VI. 10. S. 541.*). *Hbg.*

Ein neues Chinaalkaloïd von D. Howard.

Beim Umkrystallisiren unreiner Chininsalze, die aus der Mutterlauge von der Fabrikation des schwefelsauren Chinin's erhalten waren, fand ein auffallender Verlust statt, der sich nicht aus der geringen Menge anhängender Mutterlauge erklären liess. Es fand sich, dass dies durch ein Alkaloïd veranlasst wurde, welches sich durch a u s s e r o r d e n t l i c h e L ö s l i c h k e i t seiner Salze auszeichnet und eben desshalb schwer rein darzustellen ist. Am besten gelingt es, indem man die Mutterlauge solcher unreinen Producte mit Aether behandelt, den beim Verdunsten des Aethers bleibenden Rückstand in der möglichst geringen Menge Oxalsäure löst und darauf krystallisiren lässt. Durch Umkrystallisiren aus Wasser unter Zusatz von Thierkohle kann man das Salz reinigen, ohne es jedoch ganz weiss zu erhalten.

Mit Platinchlorid giebt die Lösung desselben einen krystallinischen Niederschlag, der mit dem Chininplatinchlorid immer, aber wasserfrei ist und nicht, wie dieses, ein Atom Krystallwasser enthält.

Von allen Salzen des neuen Alkaloïds krystallisirt das oxalsaure am leichtesten. Es ist übrigens sehr leicht löslich in Wasser von 100° und in Alkohol, schwerer in kaltem Wasser und Amylalkohol, unlöslich in Aether, und schiesst aus den heiss gesättigten Lösungen beim Erkalten leicht wieder an. Die wässrige Solution, im Wasserbade concentrirt, färbt sich, auch wenn sie vorher vollkommen farblos war, nach und nach braun und scheidet auf Zusatz von Wasser eine braune, harzartige Substanz ab. Es enthält 9 At. Krystallwasser, während das entsprechende Chininsalz nur 6 At. enthält. Im Vacuum geht das Krystallwasser fort.

Die Verbindungen des Alkaloïds mit Schwefelsäure, Phosphorsäure, Weinsäure, Citronensäure, Essigsäure und Chlorwasserstoffsäure sind alle ausnehmend löslich in Wasser und bilden beim Abdampfen im Vacuum halbkrystallinische Massen. Das Hydrobrom- und Hydroferrocyansalz, durch Doppelzersetzung dargestellt, bilden eine ölige Schicht am Boden des Gefässes; das Hydriodat gleichfalls, doch wird dieses allmählig halbfest. Das schwefelcyanwasserstoffsaure Salz bildet in concentrirten Flüssigkeiten auch eine ölige Schicht, aus verdünnten scheidet es sich in langen, seidenartigen, fast weissen Nadeln ab. Das jodschwefelsaure Salz darzustellen, gelang nicht.

Das Alkaloïd, aus einem seiner Salze mit kohlensaurem Kali oder Natron abgeschieden (Ammoniak fällt es nur theilweise), bildet ein gelbliches Oel. Es ist schwer rein zu gewinnen, da es sich durch Wärme leicht zersetzt und, um im Vacuum concentrirt zu werden, das Wasser zu fest hält. In Alkohol und Aether ist es leicht löslich. Aus der ätherischen Lösung scheidet es sich beim Verdunsten als ein Oel ab. Es schmeckt bitter, aber viel schwächer, als die übrigen Chinaalkaloïde. Chlorwasser und Ammoniak geben mit den Salzen des Alkaloïds dieselbe Reaction, wie Chinin und Chinidin. Mit starken Säuren, selbst im verdünnten Zustande, besonders mit Salpetersäure färben sie sich schon bei gewöhnlicher Temperatur, schneller beim Erhitzen. Salpetersäure giebt eine gelbgrüne Färbung, die sich lange hält. Darin findet Aehnlichkeit mit dem Aricin statt.

Ob das Alkaloïd sich in allen Chinarinden findet, ist noch nicht ausgemacht. In der Rinde von Cinchona succirubra wurde es von J. E. Howard gefunden. (*The Pharm. Journ. and Transact. Third. Ser. Part. X. Nr. XL bis XLIV. April 1871. P. 845.*)

Wp.

Coffeïn.

ein sehr werthvolles, nur zu theures Arzneimittel, kann man nach Thompson leicht in Menge beim Rösten des Kaffees erhalten, wenn man anstatt einer festen Achse im Brenner an dem einen Ende desselben eine etwa 3 Fuss lange Röhre anbringt, in welcher sich die Coffeïndämpfe condensiren. Ein Pfund Kaffee giebt durchschnittlich 75 Gran Coffeïn, das giebt bei einem Verbrauche von 13000 Tonnen Kaffee in England etwa 140 Tonnen Coffeïn.

Das Coffeïn ist in einer concentrirten Lösung von kohlensaurem Kali völlig unlöslich; man kann es dadurch aus einer Flüssigkeit, die noch andre Körper (Zucker, Gummi oder Extractivstoff) enthält, vollständig ausfällen. Wenn man aus einem Infusum durch Bleiessig das Tannin, die Aepfelsäure etc. entfernt und es dann concentrirt hat, so bekommt man durch kohlensaures Kali das Coffeïn als Niederschlag, welchen man durch Auflösen in Weingeist und Verdunsten oder Abdestilliren in reinen Krystallen erhält.

Wenn man das sich aus chlorsaurem Kali und Chlorwasserstoffsäure entwickelnde Gas in eine wässrige Lösung von Coffeïn leitet und diese dann im Wasserbade eintrocknet, so bekommt man einen blutrothen Rückstand. Es lässt sich so noch $^{1}/_{1000}$ Gran Coffeïn nachweisen. (*The Pharmac. Journ. and Transact. Third. Ser. Part. IX. Nr. XXXVI— XXXIX. March 1871. P. 704.*).   *Wp.*

Methylammin aus geröstetem Kaffee.

Durch Destillation eines kalt bereiteten Extracts von geröstetem Kaffee erhält man ein alkalisches Product, das, mit Salzsäure neutralisirt und mit Alkohol behandelt, reines Methylammoniumchlorid liefert. (*The Pharmac. Journ. and Transact. Nr. XIV—XVIII. Third. Ser. Part. IV. Octbr. 1870. F. 307. Aus New-York Druggists Circular.*).   *Wp.*

Wirkung von Kaffee auf Jod.

Nach Mutel verliert 1 Gran Jod, zu einem Theelöffel voll starken Kaffee's gesetzt, nicht nur Geruch und Geschmack, sondern auch die Reaction auf Stärke. (*The Pharmac. Journ. and Transact. Nr. XXIII—XXVII. Third. Ser. Part. VI. Decbr. 1870. P. 529. Aus The Lancet*). *Wp.*

Ricinin.

Tuson hat die Wirkung des Ricinusöls einem Alkaloïde zugeschrieben, welches aus dem Presskuchen der Samen mit in das Oel übergehe. Er giebt jetzt die Eigenschaften seines aus Presskuchen dargestellten Ricinins an, wie folgt:

1) es schmilzt beim vorsichtigen Erhitzen auf Glas zu einer farblosen Flüssigkeit, die beim Erkalten zu farblosen Krystallnadeln erstarrt;

2) zwischen Uhrgläsern erhitzt, sublimirt es ohne Zersetzung;

3) auf Platinblech stärker erhitzt, schmilzt es und verbrennt ohne allen Rückstand;

4) mit Kalihydrat erhitzt, entwickelt es Ammoniak, enthält also Stickstoff, zu 20,39 — 20,79 Procent;

5) eine Lösung in Salzsäure giebt mit Platinchlorid einen orangegelben, aus octaëdrischen Krystallen bestehenden Niederschlag;

6) desgleichen bilden sich aus einer gesättigten wässrigen Lösung mit Salzsäure Büschel von nadelförmigen Krystallen. (*Americ. Journ. of Pharm. Vol. XLIII. Nr. II. Fourth Ser. Febr. 1871. Vol. I. Nr. II. P. 72.*). *Wp.*

Ueber den krystallisirten Farbstoff der Curcuma.

Schon bei ihren früheren Untersuchungen über die Curcumawurzel waren die Herren Dr. F. W. Daube und Suida zu dem Resultate gelangt, dass der von Vogel jun. als reines Curcumagelb oder Curcumin beschriebene

Körper jedenfalls nicht als der isolirte Farbstoff der Curcumawurzel betrachtet werden darf.

Daube ist es gelungen, bei wieder aufgenommenen Untersuchungen der Curcumawurzel ausser der Entdeckung eines eigenen, in der Curcuma enthaltenen Oeles, des Curcumols, das Curcumin nicht nur zu isoliren, sondern auch im krystallisirten Zustande darzustellen.

Vom Curcumol wurden bei der Vorarbeitung von 40 Pfd. Bengal-Curcuma 400 Grm., also etwa 2 p.C. durch Destillation mit Wasserdämpfen erhalten.

Als einziges branchbares Isolirungsmittel für den Farbstoff wurde das Benzol erkannt und zwar der zwischen 80 und 90° destillirende Theil eines käuflichen Steinkohlenbenzins, während die unter dem Namen von Petroleumbenzin im Handel vorkommenden, flüchtigen Kohlenwasserstoffe nicht verwendbar sind.

Vom Benzol wird wesentlich nur der Farbstoff, und gar kein Harz gelöst. Zur Darstellung des Curcumins wurden etwa 20 Pfd. entölter Wurzel in einem Mohr'schen Extractionsapparate mit Benzol ausgezogen. Da 1 Theil Curcumin sich erst in 2000 Theilen Benzol löst, so wurde der Apparat im Wasserbad wochenlang auf einer Temperatur von 70—80° ununterbrochen erhalten, während man das verdampfende Benzol auf geeignete Weise wieder condensirte.

Die ersten Auszüge wurden entfernt. Aus den später erhaltenen Benzollösungen fielen beim Erkalten orangerothe Krusten von Rohcurcmin heraus. Diese Krusten werden auf Fliesspapier abgepresst, in kaltem Weingeist aufgenommen und die filtrirte Lösung mit einer weingeistigen Lösung von Bleiacetat gefällt. Da sich ein grosser Theil der Bleiverbindung in der freiwerdenden Essigsäure löst, setzt man zweckmässig vorsichtig Bleiessig zu, so aber, dass die Lösung noch schwach sauer reagirt. Der ziegelrothe Niederschlag von Bleioxydcuroumin, der sich durch seine feurige Farbe wesentlich von dem schmutzig rothen ans Curcumatinctur unterscheidet, wird mit Weingeist gewaschen, in Wasser vertheilt und durch Schwefelwasserstoff zerlegt. Dem Schwefelblei wird der Farbstoff durch siedenden Weingeist entzogen und die weingeistige Lösung langsamem Verdunsten überlassen.

In dieser Weise dargestellt, bildet das Curcumin Krystalle von schwach vanilleartigem Geruch, scheinbar dem orthorhombischen System angehörend, bis zu 6 Mm. Hauptachsenlänge, meist zu Büscheln gruppirt, bei durchfallendem Licht von wein- bis bernsteingelber Farbe, bei auffallendem

Lichte orangegelb, unter dem Mikroskop mit schön blauem Lichtschein.

Die bekannten Fluorescenzerscheinungen der Curcumatinctur wurden an einer Lösung von reinen Curcuminkrystallen sehr schön beobachtet. Lässt man mittels einer Convexlinse ein Bündel Sonnenstrahlen gegen die Oberfläche einer Curcuminlösung fallen, so erblickt man einen prachtvoll grünen Lichtkegel.

Das Curcumin ist in kaltem Wasser unlöslich, in heissem nur spurenweise löslich; Alkohol nimmt es leicht auf, durch Wasserzusatz entsteht eine schwefelgelbe Fällung. Aether löst weniger, als Weingeist. Durch Salpetersäure wird es beim Kochen in Oxalsäure verwandelt. Es ist nicht sublimirbar. Beim Erhitzen wird es zersetzt.

Die mit reinem Curcumin erzeugten Farbenreactionen sind reiner und lebhafter, als die der Curcumatinctur. Lösungen von Ammoniak, Ammoniumcarbonat, Kalkwasser, phosphorsauren Alkalien, Aetzkali, Kaliumcarbonat erzeugen braunrothe Färbungen des Curcuminpapiers, die beim Trocknen einen Stich in's Violette annehmen. Die ersten vier Farbenveränderungen verschwinden nach einiger Zeit, während die beiden letzten bleibend sind. Wäscht man die durch Alkali veränderten Papiere mit verdünnten Säuren, so tritt immer das ursprüngliche Gelb wieder hervor. Es bleibt nicht, wie bei dem mit Curcumatinctur bereiteten, eine schmutzig olivengrüne Färbung zurück. Diese kann nur von den fremden harzigen Körpern herrühren, welche in der Curcumatinctur noch enthalten sind.

Die Farbenveränderung des Curcuminpapiers durch Borsäure ist durchaus verschieden von der durch Alkalien bewirkten, mehr noch die sie begleitenden Eigenschaften. Befeuchtet man Curcuminpapier mit Borsäure, so tritt, und zwar erst nach dem Trocknen, eine lebhafte rein orangerothe Färbung auf. War das Curcuminpapier vorher schwach angesäuert, so ist die Borsäurefärbung dunkler. Dies rührt daher, dass verdünnte Säuren (Schwefelsäure, Salzsäure) beim Eintrocknen auf Curcuminpapier eine schwärzliche Färbung geben. Wäscht man durch Borsäure verändertes Curcuminpapier mit verdünnter Säure, so bleibt die orangerothe Färbung, lässt man eine schwach alkalische Flüssigkeit auf das Papier einwirken, so wird eine blaue Färbung, die aber rasch schmutzig grau wird, hervorgerufen.

Die Veränderung der Farbe, welche durch Einwirkung kalter alkalischer Lösungen auf Curcumin hervorgerufen wird, kann durch Säuren wieder aufgehoben werden, dagegen wirkt die Borsäure tiefergehend auf den Farbstoff ein.

Bei den wenig zahlreichen characteristischen Reactionen auf Borsäure erscheinen diese Unterscheidungen von der alkalischen Reaction nicht unwichtig, so dass eine vergleichende Zusammenstellung nicht überflüssig erscheint.

Veränderung des Curcuminpapiers

durch

Alkalien:	Borsäure:
I braunrothe, beim Trocknen violette Färbung;	I orangerothe, nur b. Trocknen hervortretende Färbung;
II durch verdünnte Säuren verschwindet die Farbänderung, das ursprüngliche Gelb erscheint wieder;	II durch verdünnte Säuren bleibende orangerothe Färbung, nur dunkler werdend;
III verdünnte Alkalien wie I.	III verdünnte Alkalien ändern die orangerothe Färbung in Blau.

Mit dem genaueren Studium des Pseudocurcumins wird sich Dr. Daube zunächst beschäftigen und ist zu hoffen, dass sich dann die Beziehungen des Curcumins, des Pseudocurcumins und des Rosocyanins zu einander klar legen lassen. (*Inauguraldissertation, Freiburg i. B. 1870. Mitgetheilt von Ad. Claus im Journ. f pr. Ch. 1870. 2. Bd. S. 86—98.*).

D. E.

II. Botanik und Pharmacognosie.

Ueber die Entwickelung von Organismen in Brunnenwässern

hat Dr. Heisch in London beobachtet, dass die in Kloakenwässern enthaltenen Organismen, in Zuckerlösung gebracht, eine Art Gährung hervorrufen unter gleichzeitiger Bildung von reicher Pilzvegetation. Dieses Mittel schlug Herr Heisch als passend zur Entdeckung von organisirter Materie in Trinkwasser vor. Professor Frankland hat diese Erscheinung in seinen zahlreichen Experimenten vollkommen bestätigt, ausserdem aber noch gefunden, dass die Bildung dieser Organismen von der Anwesenheit von Phosphaten oder Phosphorsäure abhängig sei. Derselbe fand ferner, dass eine oft auch nur momentane Berührung eines von Organismen absolut freien Wassers mit atmosphärischer Luft hinreichend sei, diese solchem Wasser zuzuführen und dass die durch die Keime der Atmosphäre in Zuckerlösungen hervorgebrachten Organismen nahezu identisch sind mit jenen, welche durch von Kloaken entstammende Keime hervorgebracht werden. Der geschickteste Analytiker dürfte schwerlich im Stande sein, in 60 Grm. Wasser jene Menge von Phosphorsäure, welche durch den Zusatz eines Tropfen verdünnter Eiweisslösung in dasselbe eingeführt worden, zu entdecken; allein jene atmosphärischen Keime finden dieselbe aus, bemächtigen sich derselben und offenbaren durch ihre Entwickelung deren Vorhandensein.

Frankland zieht aus seinen Beobachtungen folgende Schlüsse:

Trinkwasser, gemengt mit Kloakenstoffen, Eiweiss, Harn, oder in Berührung gebracht mit Thierkohle (welche wenigstens in frischem Zustande Phosphorsalze an das durch dieselbe gehende Wasser abgiebt), entwickelt nach Zusatz geringer Menge Zuckers bei geeigneter Temperatur eine Pilzvegetation.

Die Keime der Organismen existiren in der Atmosphäre, und jedes Wasser enthält dieselben nach momentaner Berührung mit der Luft.

Die Entwickelung dieser Keime kann ohne die Gegenwart von Phosphorsäure oder eines phosphorsauren Salzes, oder Phosphor in irgend welcher Verbindung nicht stattfinden. In Wasser, wie immer verunreinigt, wenn sonst frei von Phosphors, gedeihen dieselben nicht. Diese unerlässliche Bedingung für das Entstehen der niedrigsten Organismen veranlasst Frankland, den bekannten Ausspruch „ohne Phosphor kein Gedanke" in „ohne Phosphor kein Leben" umzuwandeln. (*Berichte der deutschen chemischen Gesellschaft IV.*).   *IIbg.*

Zum Bau und der Natur der Diatomaceen.

Auf eine, diesen Titel führende, vor kurzem erschienene Abhandlung des Prof. Adolf Weiss in Lemberg macht Dr. Rabenhorst aufmerksam. Die Resultate dieser „äusserst exacten" Untersuchungen fasst der Letztere in folgenden Punkten zusammen:

1) Die Grundlage des Diatomeenkörpers ist Pflanzenzellstoff (Cellulose), welche, von Kieselerde durchdrungen, den sogenannten Kieselpanzer darstellt.

2) Die Kieselerde der Diatomeenfrustel polarisirt (entgegen der bisherigen Annahme) das Licht ausnahmslos und meist in ausgezeichneter Weise.

3) Das Eisen kommt als unlösliche Oxydverbindung in der Membran und im Inhalt der Diatomeen vor.

4) Die Diatomeen sind keineswegs, wie bisher allgemein angenommen wird, einzellige Organismen.

5) Die Frustel ist im Gegentheil zusammengesetzt aus zahllosen minutiösen, aber völlig individualisirten Zellchen.

6) Die Configuration der Wandungen dieser Zellchen, keineswegs aber Areolenbildung, Rippen, Leisten etc. eines einzelligen Pflänzchens ist es, welche die Streifung oder die Striche des sogenannten Kieselpanzers hervorbringt.

7) Die Grösse dieser Zellchen ist sehr verschieden; von 0,008 Mm. bis zu 0,00025 Mm.

8) Jedes einzelne dieser Zellchen ist gewölbt und in der Regel in seiner Mittelpartie papillenartig verlängert.

9) Diese Papillen sind es, welche bei schwachen Vergrösserungen als Striche, bei stärkeren (500—1200 linear) als Perlenschnüre erscheinen.

10) Der verhältnissmässig gigantische Hohlraum zwischen den 2 Frustelschalen (Nebenseiten) ist dem Embryosacke höherer Pflanzen vergleichbar, und es gelang dem Professor Weiss, in demselben die Neubildung neuer Individuen zu beobachten.

11) Die Producte dieser Neubildung weisen auf einen Generationswechsel bei den Diatomeen hin. (*Sitzungs-Berichte d. nat.-wiss. Ges. Isis in Dresden, Mai, Juni, Juli, 1871, S. 98.*).　　　　　　　　　　　　　　　　　*H. L.*

Senecio vernalis Waldst. et Kit.

Uebor diesen „neue Unkraut" berichtet E. Beiche-Eismannsdorf in der Zeitschr. d. landw. Centralvereins d. Prov. Sachsen, (Septbr. 1871, S. 263). Das Frühlingskreuzkraut ward zuerst 1761 vom Prof. Gilibert in Grodno erwähnt; Linné kannte es noch nicht. Es gehört zu den Compositen und erreicht eine Höhe von 0,3 bis 0,8 M.; der aufrechte, gestreifte, einfache, oben ästige Stengel ist, wie das ganze Gewächs, mit zerstreuten langen Haaren besetzt und trägt denen des gemeinen Kreuzkrautes ähnliche Blätter. Die unteren Blätter sind kurzgestielt, länglich-buchtig, fiederspaltig-doppeltgezähnt, die übrigen umfassend, verschiedentlich fiederspaltig, buchtig-krausgezähnt.

Der Stengel trägt aufrechte, gestielte, in 1—3 köpfige lockere Gabelzymen (eine Doldentraube nachahmend) gestellte Köpfchen, mit etwa 12 flachabstehenden, strahlenden Zungenblümchen am Rande. Die Hülle ist fast halbkugelig; die Hüllblättchen sind an der Spitze nicht immer brandig, wohl aber die sehr kleinen ungleichen Deckblättchen. Der haarförmige, sitzende, mehrreihige, hinfällige Pappus der grauweichhaarigen, ungeschnabelten und ungeflügelten Früchtchen ist fast von Scheibenblumenlänge.

Die 2-, selten 1-jährige, von Ende April bis Mitte Juni und später vom Sept. bis zum November blühende Pflanze hat eine jährige Wurzel und gelbe Blüthen, unter denen die Zwitterblüthen einen 2schenkligen Griffel besitzen. Von dem

gemeinen Kreuzkraute unterscheidet sich das Frühlings-Kr.
durch den bis zur Doldentraube einfachen Stengel, die halb-
kugeligen, fast 3 mal so dicken Köpfchen und d. ziemlich brei-
ten, abstehenden Strahlen. Uebrigens ist der Blüthenstand
auf den einzelnen Aesten als Gabelzyme characteristisch. —
Diese Pflanze „ein unablässig nach Westen fortschreitender Eroberer" wird von dem Landmann auch
„russische Kamille" oder „sibirische Wucher-
blume" genannt, da sie aus Sibirien stammen soll, wie
denn ihre Heimath einzig und allein im Osten zu suchen ist.

Im Jahre 1822 fand Fuchs die Pflanze zuerst bei Ro-
senberg in Schlesien, 1824 C. v. Klinggräf bei Marien-
werder, Pr. Preussen. Nach den 1834 im Herbst lange Zeit
wehenden Ostwinden erschien das Unkraut 1835 an mehren
Orten Schlesiens; seit 1850 überzieht es in Westpreussen
bedeutende Flächen, seit 1860 ist es in Posen verbreitet.
In Pommern ward es zuerst 1854, auf Wollin 1859, in Hin-
terpommern 1861 gefunden. 1859 fand man es bei Berlin,
1864 bei Weissensee und zwischen Friedrichsfelde und Lich-
tenberg, 1865 zwischen Friedrichsfelde und Marzahn; ausserdem 1854 bei Neuruppin, 1858 bei Mögelin, 1859 bei Kun-
zendorf. Jetzt ist die Pflanze auch schon bei Arnstadt,
Barby und in Mecklenburg beobachtet worden. Sie liebt
Lehm- und Sandboden, vermehrt sich unbeschreiblich schnell
und vernichtet oft ganze Ernten, wie z. B. 1865 die Winter-
weizensaat eines bedeutenden Gutes im Kreise Schubin der Provinz Posen. Als erster Schutz gegen das lästige Unkraut, das nach
der Richtung des Windes Millionen fliegender Samenkörner
entsendet, dürfte es zu empfehlen sein, alle an den Ost-
grenzen der Feldmark befindlichen, namentlich dichten Ge-
büsche und Waldstrecken sorgfältig zu schonen und möglichst
noch neue anzulegen. Das Abmähen und Umpflügen der
Pflanze muss kurz vor beginnender Blüthe geschehen; auch
muss möglichst tief nach der Wurzel zu geschnitten werden,
da zu hoch abgeschnittene Pflanzen sehr bald neue Schösslinge
treiben. Koch (*Synopsis fl. Germ. et Helv. 1843. S. 426*) *und*
Garke (*Flora von Nord- u. Mitteldeutschl. 1858, S. 181*)
führen dieselbe schon auf. In der Flora v. Thüringen, von L.
v. Schlechtenthal, Langethal u. Schenk, 125. und
126. Heft findet sich eine Abbildung derselben.   H. L.

Ueber nutzbare australische Bäume

berichtet Herr Carl Wilhelmi (in den Sitzungsberichten
der Naturwiss. Gesellsch. Isis in Dresden, Jahrg. 1871, Mai,
Juni, Juli, S. 100—104). Am meisten sind es die Myrta-
ceen, welche die Aufmerksamkeit auf sich lenken und darunter wieder die Eucalypten, welche den Hauptcharacter
der australischen Landschaft ausmachen und wegen ihrer
Masse, so wie colossalen Grösse und Dauerhaftigkeit ihres
Holzes bemerkenswerth sind. Unter diesen Eucalypten sind
hauptsächlich folgende hervorzuheben:

Eucalyptus globulus Labil., Blue Gum, welcher
in grossen Massen in den Küstenstrichen von Victoria und
der Insel Tasmania anzutreffen ist, verdient wegen seines
ausgezeichneten Holzes, schnellen Wachsthums und enormer
Grösse den Vorrang vor allen Anderen. Das Holz wird in
den Colonien zum Schiffbau und wegen seiner Dauerhaftigkeit zu Eisenbahnschwellen, Brückenbauten und Wasserwer-
ken aller Art und zu allem nur Denklichen benutzt, wo lange
Dauer nothwendig ist, da es dem Holze unserer Eiche gleichkommt und an Dicke des Stammes nur dem indischen Affen-
brodbaume (Adansonia digitata) nachsteht. Die schönen,
geraden Stämme erreichen eine Höhe von 70—86 Meter
(250 — 300 Fuss), bei einer Dicke von 7 Meter (25 Fuss),
während die Aeste gewöhnlich erst in einer Höhe von 34 Meter (120 Fuss anfangen). Unser bei der Bourke- und
Wills'schen Expedition umgekommener Landsmann Dr. L.
Becker giebt das Maass eines von ihm in Tasmania
gefundenen E. globulus, wie folgt:

Umfang des Stammes nahe dem Grunde 26 Met. (90 Fuss),

"	"	"	1,5 M.	(5 F.)	v. ,,	18	"	(65½	"),
"	"	"	2	(7 F.)	" "	16	"	(60½	"),
"	"	"	6	(21 F.)	" "	7	"	(25	").
Höhe des Stammes					" "	86	"	(300	").

Eucalyptus rostrata Cav., Red Gum, ein Baum,
welcher eine gleiche Höhe erreicht, liefert nach E. globulus
einen der nützlichsten Hölzer Australiens und ist fast über
alle Colonien in Menge verbreitet. Dies Holz ist spröde,
aber ausgezeichnet für Wasserbauten, so wie Eisenbahnschwellen und wird, da es eine herrliche Politur annimmt,
auch zu Hausgeräthen verarbeitet.

Eucalyptus fabrorum, Stingy Bark; sein Holz
ist das in den Colonien am meisten gebrauchte, weil es

ungemein leicht spaltet und werden die feinsten Dachschindeln,
so wie dicke Bretter und Pfosten für Einzäunungen davon
gespalten, während die Rinde gewöhnlich zum Decken der
Häuser benutzt wird, ja sogar zur Fertigung eines groben
Papieres dienen kann.

Eucalyptus acervula Sieb., White Gum, wird
von dem in Australien Reisenden mit Freuden begrüsst, da
es stets das Vorhandensein von Flüssen, Bächen oder Was-
serlöchern anzeigt und in ansehnlicher Grösse an denselben
wächst. Das Holz ist dem von E. rostrata Cav. ähnlich, nur
von blasser Farbe. Von der sich leicht schälenden, zoll-
dicken Rinde dieses Baumes verfertigen die Eingebornen ihre
Schilder, Canoos, sowie Schutzdächer während der Regenzeit.
Die Häuser der im Busch lebenden Europäer werden ebenfalls mit dieser Rinde gedeckt, ja selbst ganze Häuser davon
gebaut, welche 10—12 Jahre stehen, ehe sie baufällig werden. Die Aussenseite der abgeschälten Rinde wird mit heisser
Asche oder Kohlen bestreut, damit sich dieselbe gerade zieht
und sich nicht wirft (nicht rollt).

Eucalyptus resinifera Sm., Ironbark; das Holz
ist sehr dauerhaft, aber wegen seiner Härte schlecht zu bearbeiten; gewöhnlich werden Wagenräder daraus gemacht. Dieser Baum wächst in steinigem Gebirgsboden und ist hauptsächlich auf den Goldfeldern stark vertreten. Die Rinde ist
fast schwarz und tief gefurcht. Er erreicht eine Höhe von
43 Meter (150 Fuss) bei 0,7 M. (2 1/2 F.) Durchmesser.

Eucalyptus amygdalina Labil., Pepperminth
oder Oil Gum genannt, ist seiner colossalen Höhe, seines
Holzes und seiner Blätter wegen interessant. In einem Ge-
birgsthale nahe Lillydale in Victoria stehen mehre
Bäume beisammen, welche die colossale Höhe von 120 Meter
(420 Fuss) haben. Trotz dieser Höhe ist der Stamm 0,86—
1,14 Meter (3—4 Fuss) von der Erde nur 1,4—2 Meter
(5—6 Fuss) im Durchmesser und so schlank wie ein Mast.

Die Blätter aller Eucalypten sind reichhaltig an
ätherischem Oel, welches dem Cajeputöle von Indien
gleich kommt und wegen seiner campherartigen Natur in der
Medicin, sowie in der Parfümerie benutzt wird. Hauptsächlich ist es aber dieser Eucalyptus, welcher das meiste Oel
liefert und zwar 4 Pfund von 100 Pfund Blättern, während
Melaleuca linarifolia Sm. die nächstgrösste Quantität
und zwar 1 3/4 Pfund Oel von 100 Pfund Blättern liefert.

In einem kleinen Städtchen unweit Melbourne sind
diese Eucalyptenblätter, da der ganze australische Wald

fast nur aus Eucalypten besteht, zur Gasbereitung und zwar mit Erfolg benutzt worden. —

Unter den Acacien sind hauptsächlich hervorzuheben: Acacia Melanoxylon R. Br., Blackwood, ein herrliches, dauerhaftes, leicht zu spaltendes und gute Politur annehmendes Holz, welches nicht springt und sich weniger wirft, als irgend ein Holz in Australien und mit unserem Wallnussholze verglichen werden kann. In den Colonien wird es zu Eisenbahnwagen, Schiffbrücken u. s. w. mögl. Möbeln verarbeitet und wächst hauptsächlich in feuchten Wäldern zu einer Höhe von 36 Meter (120 Fuss) mit einem geraden Stamme von 0,56 — 0,86 M. (2 — 3 F.) Durchmesser.

Acacia ctenophylla, wächst am Murray-Flusse, und steht ihres herrlichen Holzes wegen der Vor. wenig nach. —

Cedrela australis, australische Ceder, die in Ost-Australien vorkommt, liefert ein, die schönste Politur annehmendes Holz, ist leicht zu bearbeiten und wird zu allen mögl. Möbeln benutzt. Fast alle die bis jetzt angeführten Nutzhölzer werden nicht allein in den Colonien verarbeitet, sondern sind schon Ausfuhrartikel.

Fagus Cunninghami, Native Beech, kommt nur in feuchten Gebirgsthälern von Victoria und Tasmania . vor; erreicht ein Höhe von 22 bis 28 Meter (80 — 100 Fuss) mit einem Durchmesser des Stammes von 0,56 M. (2 Fuss). Das Holz nimmt eine gute Politur an, ist aber nicht so dauerhaft, wie das unserer europäischen Buche.

Toryphora Sassafras, Sassafrastree, erreicht eine Höhe von 14 — 17 Meter (50 — 60 F.), während der Durchmesser des Stammes 0,4 bis 0,6 M. (1 $\frac{1}{2}$ — 2 F.) beträgt. Dieser Baum wächst nur in den feuchten Thälern von Victoria und Tasmania und ist wegen seiner bitteren Rinde, welche jetzt schon in grossen Massen ausser Landes geht, werthvoll in der Medicin geworden. Das Holz, wenn polirt, sieht unserm Nussbaumholz ähnlich.

Panax dendroïdes, Mountain Ash, nur in Gebirgen vorkommend, erreicht eine Höhe von 8,5 · 11,5 M. (30 bis 40 F.) bei einem Durchmesser von 20 Centim. (9 Zoll). Das leichte, zähe Holz besitzt die Güte unseres Eschenholzes.

Melaleuca squarrosa Smith ist in feuchten Thälern als ein Baum von 22 — 28 M. (80 — 100') Höhe und mit einem Stamme von 0,4 — 0,5 M. (1 $\frac{1}{2}$ — 2') Durchmesser anzutreffen. Das blassrothe Holz ist fein und dauerhaft und kann zu Möbeln und Drechslerarbeiten sehr gut verwendet werden.

Acmena floribunda Dc., Myrtle Tree of Sea-
lers Cove, wird in brauchbaren Exemplaren in feuchten
Gebirgsthälern von Gipsland bis zu einer Höhe von 14 M.
(50'), bei einem Durchmesser von 0,5 M. (1½') gefunden.
Sein zähes, hartes Holz- wird hauptsächlich zu Maschinerie-
arbeiten benutzt.

Das Holz von Notelaea ligustrina Vent., Poma-
derris apetala Labil. und Lomatia Fraseri R. Br. hat
dieselben Eigenschaften, wie das von Acmene, und denselben
Standort, nur werden die drei genannten Bäume stärker
und ihr Holz nimmt eine schöne Politur an.

Dasselbe gilt von der 6 M. (20') hohen und 0,28 M.
dicken Banksia integrifolia und der 8,6 M. (30') hohen
0,6 M. (2') dicken Banksia australis, welche ein sehr
schön gezeichnetes Holz besitzen.

Callitris (Frenela) Preissii und C. cupressiformis Sweet, Murray Pine werden hauptsächlich in
grösseren Wäldern an den sandigen Ufern des Murray-
Flusses angetroffen und erreichen daselbst eine Höhe von
13 — 14 M. (40 — 50'). Das ie das einzige Holz, welches in
Folge seiner Leichtigkeit zu Flössen benutzt werden kann.
Auch werden von den geraden 0,28 M. (1') dicken Stämmen
gewöhnl. die Häuser der Ansiedler gebaut, welche durch die
horizontal auf einander gefügten Stämme ein recht sauberes
Ansehen haben. Um diese Häuser dicht zu machen, werden
die Spalten zwischen den unbehauenen Stämmen mit Moos
verstopft und dann mit Lehm verklebt.

Casuarina quadrivalvis Lab., Sheioak und C.
leptoclada, Heoak, sind in grossen Wäldern anzutreffen,
welche wegen ihrer dunkeln schachtelhalmartigen
Blattbildung merkwürdig sind und der Landschaft einen
fast trauernden Charakter verleihen. Die Bäume erreichen
eine Höhe von 5 — 8 M. (20 — 30') und eine Dicke von
0,28 M. C. quadrivalvis wächst meistens in sandigen, un-
fruchtbaren Gegenden, und in trocknen Jahreszeiten oder gras-
armen Gegenden dienen die säuerlich schmeckenden Blätter
oft aushülfsweise als Viehfutter; C. leptoclada ist meistens
nur auf feuchtem Boden anzutreffen und wird auch von den
Ansiedlern Swamp-Oak genannt. Letztere hat starke auf-
rechtstehende Blätter, während die der ersteren hängen.

Callistemon salignum D.C., Stonewood, kommt
unserem Buxbaumholze ziemlich gleich und kann, wie dieses,

zur Xylographie verwendet werden; es wird nur 3,5 — 4 M. (12 — 15') hoch.

Bursaria spinosa Cav., Boxwood, welche 5—8 M. (20 — 30') erreicht, dient zu gleichen Zwecken.

Aster argophyllus Labil., von den Ansiedlern wegen des starken Moschusgeruches der Blätter „Musc Aster" genannt, hat einen Stamm von 3,5 — 4 Meter (12 — 15') Höhe mit einem Durchmesser von 0,5 — 0,6 Meter (2'). Ihr Holz ist prachtvoll geflammt, gut zu poliren und wird in Australien zur Fourniruug von Pianos benutzt. Auch würde sich dasselbe sehr gut zu Bilderrahmen und zur Anfertigung von Holzpfeifen eignen.

Acacia homalophylla, Myall; von ihrem sehr schweren, schön gezeichneten und wohlriechenden Holze werden Tabakspfeifen verfertigt, sowie die 2' langen Stiele der 12 — 15' langen Peitschen, welche von den Stationsbesitzern zum Eintreiben des wilden Viehes gebraucht werden. Gerade Stämme sind sehr selten und erreichen nur eine Höhe von 10 — 12' und kaum 1' Dicke. Diese Acacia wird hauptsächlich an den Flussgebieten des Murray gefunden und ist jetzt schon ein Ausfuhrartikel.

Santalum cognatum, das wohlriechende Santelholz, kommt ebenfalls hier vor, aber wie Acacia homalophylla nur in verkrüppelten Exemplaren. In Westaustralien hingegen wächst dieser Baum in grosser Anzahl und ziemlicher Grösse und ist schon seit langer Zeit ein Ausfuhrartikel.

Acacia pycnantha, 4 — 6 M. (15 — 20') und Acacia mollissima W., 6 — 8 M. (20 — 30') hoch, liefern durch ihre Rinde ein ausgezeichnetes Gerbmittel, welches in grossen Massen in den Colonien verwendet wird. Oft findet man daher ganze Wälder von Acacien, welche ihrer Rinde beraubt worden und in Folge dessen abgestorben sind. Da jedoch die Leguminosen leicht aus Samen wachsen, so spriesst auch hier in kurzer Zeit wieder eine neue Waldung empor.

Acacia verticillata W., den Bast der jungen, 6 — 8 M. (20 — 30') hohen und ⅛' dicken Bäume fand Wilhelmi in Gippsland ausserordentl. fest und könnte ders. wie Lindenbast zu Matten etc. verarbeitet werden.

Acacia dealbata Link, Silverwattle, wächst in Victoria am Yarra-Yarra-Flusse in einer Höhe von 8 M. (30'), einem Durchmesser des Stammes von 1 — 2' und besitzt ein sehr festes Holz.

Pittosporum bicolor Hook., Tolosatree und
Exocarpus cupressiformis Labil., Sherrytree, erreichen eine Höhe von 5—8 M. (20—30') und eine Dicke
des Stammes von 0,28 M. Beide liefern ein zähes, holles
Holz, welches sich sehr gut zu technischen Zwecken verwenden lässt.

Pittosporum undulatum Vent., Orangetree,
sah Wilhelmi in den üppigen, feuchten Thälern von Gippsland 26 Meter (80') hoch mit einer Dicke des Stammes von
über 0,28 Meter, mit einer 17 Meter (60') im Durchmesser
haltenden Krone dicht mit weissen orangenartig rie-
chenden Blüthen übersäet.

Prostanthera Lasianthus Labil., eine gewöhnlich
nur als Strauch vorkommende Pflanze sah W. an dems. Orte
als Baum von 20—26 Meter (70—80') und 0,28 Meter
dick. Die aromatischen Blätter aller australischen
Prostantheren würden ein schönes Parfüm liefern.

Pseudomorus australasica, der australische
Maulbeerbaum, erreicht im Gebirge eine Höhe von 12—
16 Meter (40—50') und 0,28 Meter Durchmesser. Das Holz
ist unserem Lindenholze sehr ähnlich.

Unter den Coniferen ist noch zu bemerken:
Araucaria excelsa Ait., Norfolk Pine, welche
auf Norfolk Island eine Höhe von 70—85 Meter (250 —
300 Fuss) erreicht, mit einem Stamme von 1,3 Meter (4')
Durchmesser.

Die herrliche Fächerpalme, Livistonia austra-
lis, erreicht eine Höhe von 14 Meter (50') und liefert nicht
allein Palmenkohl, sondern aus den Blättern derselben werden auch sehr dauerhafte Hüte gefertigt.

H. L.

Anthoxanthum odoratum L. (Ruchgras),

bekannt wegen seines Gehaltes an Cumarin, wird nach Dr.
Mehwald's Bericht von den Hausfrauen Norwegens zwischen
die Wäsche gelegt, um derselben guten Geruch zu ertheilen.
(*Isis, Dresden, Januar, Febr., März 1871.*)

H. L.

C. Literatur und Kritik.

Verhandlungen des naturhistorischen Vereins
der Preuss. Rheinlande und Westphalens 1870.
Herausgegeben von C. J. Andrä, Sekretair des Vereins.
27. Jahrgang; 3. Folge, 7. Jahrgang, mit den Sitzungsberichten der niederrheinischen Gesellschaft für Natur- und
Heilkunde zu Bonn. In Commission bei M. Cohn und
Sohn, Bonn. Erste Hälfte. Uebersichtlich mitgetheilt. Correspondenzblatt I.

Pag. 1—40. Verzeichniss der Mitglieder und der Direction des
Vereins; die Zahl der Mitglieder war im Jahre 1870: 1578.

Pag. 1—132. Verhandlungen.

Die Erdbeben im Rheingebiet in den Jahren 1868, 1869 und
1870. Beschrieben von Dr. Jakob Nöggerath.

Diese ansiehende, lehrreiche und wichtige Abhandlung führt uns in
ausführlichen, wissenschaftlichen Beschreibungen in die Folgenreihe der
Erdbeben des Rheingebiets in allen ihren Momenten ein.

In der Einleitung sagt der Herr Verf. unter anderen: Die Erdbeben,
welche von dem Jahre 1828 ab in der preuss. Rheinprovinz aufgetreten
sind und auch diejenigen, welche sich aus anderen benachbarten Ländern
über Theile dieser Provinz verbreitet hatten, wurden meist von mir beschrieben, theils in Zeitschriften und das grosse Erdbeben am 29. Juli
1846 in einer besondern Schrift.

Nach langer Ruhezeit trat wieder ein Erdbeben am 17. November
1869, aber von geringer Verbreitung auf, von welchem nur die Notizen
und Berichte in den öffentlichen Blättern gesammelt wurden, da es wenig
Interesse darzubieten schien.

Als aber am 17. März 1869 ein weiteres Erdbeben erfolgte, welches
auch den Wohnsitz des Herrn Verf. (Bonn) berührte, glaubte derselbe den
verlassenen Faden der näheren Beschäftigung mit den rheinischen Erdbeben wieder aufnehmen zu müssen und er sah solches auch als gewissermaassen als eine übernommene wissenschaftliche Verpflichtung an.

Herr von Dechen hatte inzwischen mancherlei Nachrichten über
jene beiden Erdbeben gesammelt, welche dem Verf. zur Benutzung mitgetheilt wurden. Da nun von da ab und später noch eine ganze Reihe
von Erschütterungen in den Rheingegenden und ihren weiteren Umgebungen vorkamen, demnach eine wirkliche Erdbeben-Periode eintrat,
welche selbst am 6. März 1870 noch nicht zum Abschluss gekommen zu
sein schien, so sammelte der Herr Verf. fortgesetzt, fleissig und systema-
tisch alle Notizen über diese Phänomene. So kam Herr Nöggerath
nach und nach in den Besitz eines sehr reichen Materials, welches etwa
aus 1200 einzelnen Nachrichten von verschiedenen Mittheilern besteht.
Dieses Material wurde zusammengebracht: Zunächst sammelte der Verf.

alle bezüglichen Nachrichten aus den Zeitungen, besonders den Lokalblättern und erhielt zahlreiche schriftliche und mündliche Mittheilungen von wissenschaftlichen Freunden.

Den grössten und wichtigsten Theil dieses Materials erhielt der Verfasser durch die Gefälligkeit der Königlichen Regierungspräsidenten, Herrn Bernuth zu Köln, von Kühlwetter zu Düsseldorf, Graf von Villers zu Coblenz, von Bardeleben zu Aachen, von Gärtner zu Trier und von der Königl. Regierung zu Wiesbaden. Der Verfasser hatte nemlich an jene die Bitte ausgesprochen, zum Zwecke der beabsichtigten Bearbeitung dieses Gegenstandes, von den respectiven Herrn Landräthen, Bürgermeistern, auf die von ihm gestellten Fragen, Nachrichten über die verschiedenen Erdbeben aus ihren Verwaltungsbezirken aufzusammeln und ihm mitzutheilen.

Aehnliche Ersuchen richtete der Verf. an den K. Bergkauptmann Dr. Brassert zu Bonn, um Notizen von sämmlichen Revierbeamten des K. Oberbergamts zu Bonn zu erhalten. Endlich ersuchte der Verf. auch die Direction der rheinischen Eisenbahn-Gesellschaft zu Köln, von den verschiedenen Stationen Erdbebenkunde für ihn einziehen zu wollen und es wurde nicht allein diesem entsprochen, sondern der Director dieser Gesellschaft, Herr Landrath a. D. Rennen, verschaffte ihm auch noch ausführliche Notizen von den Eisenbahn-Directionen der Deutz-Giessener, Hombarger, Pfälzischen u. Hessischen Ludwigsbahn. Noch sehr werthvolles Material erhielt der Verf. für die Hessischen Erdbeben von Herrn Professor Dr. Thiel; dann waren ihm einige schriftstellerische Arbeiten, namentlich die des Herrn Bankdirector Ludwig zu Darmstadt über denselben Gegenstand, für seine Zusammenstellung sehr von Nutzen.

Da die Berichte der Herrn Landräthe und Bürgermeister aus dem preussischen Gebiete nicht allein positive waren, namentlich nur solche, welche sich über die wirkliche Beobachtung der Erdbeben aussprachen, sondern auch negative, nemlich solche, wo die Erdbeben nicht bemerkt wurden, so war der Verf. in den Stand gesetzt, die Grenzen der Erschütterungsbezirke möglichst genau zu ermitteln und anzugeben.

Obige Mittheilung aus der Einleitung der Abhandlung erschien mir nothwendig, um die allgemeine Tragweite der Beobachtungen zu ermessen, so wie den wissenschaftlichen Werth dieser höchst interessanten, aber auch sehr mühevollen Arbeit anschaulich zu machen.

Es kann hier nicht der Ort sein, um specieller in die Arbeit einzugehen, sondern nur auf dieselbe die Aufmerksamkeit zu lenken und bin ich überzeugt, dass diese musterhafte Zusammenstellung mit grossem Interesse studirt werden wird!

Einleitung.

Eine ausführliche Zusammenstellung der Beobachtungen der Erdbeben von Gross-Gerau von Herrn Gerichts-Accessisten Wiener zu Gross-Gerau, von Herrn Dr. Frank, von Herrn Bankdirector Ludwig in Darmstadt und Herrn Dr. Wittmann in Mainz,

Pag. 89. Meteorologische Beobachtungen auf der Königl. Sternwarte zu Bonn, nemlich an den Tagen, wo in Bonn die Bebung bemerkt wurde.

Nach des Herrn Verfassers gewonnener Ueberzeugung stehen die Erdbeben mit keinem besondern Zustand der Atmosphäre, ihrem Druck, ihrer Temperatur, der Windrichtung u. s. w. in Beziehung; dem entspricht auch die Aeusserung Alex. von Humboldts (Kosmos I, 213) „dass im Allgemeinen, was tief in dem Erdkörper vorgeht, durch keinen meteorologischen Process, durch keinen besondern Anblick des Himmels vorher verkündet wird" und viele vergleichende Untersuchungen haben dazu den Beweis geliefert.

Pag. 91. Diejenigen Gebiete des Rheines und seiner Umgebungen, welche in der Periode der Jahre 1868, 1869 und 1870 von Erdbeben betroffen wurden, sind auch früher verhältnissmässig sehr oft solchen Phaenomenen ausgesetzt gewesen; glücklicherweise aber waren sie meist von mässiger Intensität.

Um aber den Beweis zu führen, wie sehr und wirklich auffallend frequent die Erderschütterungen in unseren rheinischen Gebieten sind, giebt der Verfasser einen gedrängten Auszug aus den allgemeinen Erdbeben-Chroniken, welche wir von den Aufzeichnern Keferstein, von Hoff und Alex. Perrey besitzen.

Pag. 94. Folgt nun eine kurzgefasste, doch ausführliche, lokale Erdbeben-Chronik des Rheingebiets, vom Jahre 801 bis 1858 gesammelt, und übersichtlich nach Jahren, Monaten, Tagen, Stunden, Minuten mit allen sonst sich darauf bezichenden Momenten zusammengestellt.

Pag. 112. Resultate, Vergleichungen und Folgerungen. Die Beobachtungen über die jüngsten Erdbeben im Rheingebiete sind in dem abgehandelten Gegenstande zu einem getreuen Bilde so weit zusammengestellt, als das Material ausreichte. Angemessen dürfte es aber doch sein, sagt der Verf., die sich daraus ergebenden Resultate und die etwa für die Theorie bedeutsamen Vergleichungen und Folgerungen hervorzuheben. Nothwendig muss dann aber auch der Leser zunächst erfahren, welche wahrscheinlichste Anschauung von der Genesis dieser Phaenomene im Allgemeinen der Verf. gewonnen hat, sein Standpunkt muss klar gestellt werden; wenn dieser auch ohne Einfluss auf die Resultate der Beobachtungen bleibt, so ist er doch bei den Folgerungen unvermeidlich, dass mehr oder weniger Subjectivität sich darin abspiegelte. Uebrigens ist es dem Verf. bei seiner Darstellung wesentlich nur um die genaue Ermittlung der Thatsachen zu thun gewesen.

Seine Ansicht, sagt der Verf., sei keine neue, es sei diejenige, welche auch Al. von Humboldt und die meisten Geologen der heutigen Zeit theilen.

Im „Kosmos" bringt der genannte Koryphäe an vielen Stellen belangvolle Beweise dafür bei, wenn er sich auch zugleich mit vieler Vorsicht über die Theorie der Erdbeben ausspricht. Jüngst hat sich J. Nöggerath (Ausland Nr. 6. 1870) in folgender Weise über diesen Gegenstand geäussert: „Die Erdbeben stehen in der engsten Beziehung zu den Vulkanen. Es giebt keine Eruption eines Feuerbergs, welche nicht von Erderschütterungen begleitet wäre. In den mannigfaltigsten Abstufungen treten sie dabei auf, bei jeder Hebung der geschmolzenen Lava, bei jedem Durchbruch einer starken Gas- oder Dampfblase aus jener, bei dem Auswurfe von Schlacke erzittert der Kessel des Vesuvs, aber das Beben des festen Bodens wächst bei der heftigen Eruption im Umfange von vielen Meilen."

12 *

von Humboldt sagt: „Die Gefahr der Erdbeben wächst, wenn die Oeffnungen des Vulkans verstopft, ohne freien Verkehr mit der Atmosphäre sind, doch lehrt der Umsturz von Lissabon, Caracas, Lima, Caschmir (1554) und so vieler Städte in Calabrien, Syrien, Kleinasien, dass im Ganzen doch in der Nähe noch brennender Vulkane die Kraft der Erdstösse am grössten ist."

„Früher glaubte man die Erdbeben in vulkanische und nicht vulkanische (plutonische) eintheilen zu müssen, aber unter ihnen besteht kein Unterschied in den begleitenden Phaenomenen. Erdbeben, welche nachweisbar mit Vulkanen in Beziehung stehen, verbreiten sich nicht selten auf so grosse Gebiete, wie die sogenannten nicht vulkanischen. Man darf sich nur an die grossen Beispiele von Quito und Mexico erinnern."

Der als Geologe sehr bekannte Herr Verf. bespricht in dem letzten Abschnitt seiner interessanten Abhandlung die Erdbeben im Gebiete des Rheins, nach seiner Auffassung des Gegenstandes in einer wissenschaftlichen Weise, welche den Voraussetzungen entspricht.

Man wird aber erst den wissenschaftlichen Werth dieser lehrreichen und anziehenden Arbeit erwessen, wenn man sich nicht abhalten lässt, dieselbe ganz durchzulesen. Besonders ist man dem Verf. für die Zusammenstellung der Erdbeben-Chronik sehr zu Dank verpflichtet, die uns einen vollständigen Einblick in das Wesentliche der Erdbeben im Rheingebiet gewährt und anschaulich macht.

Sitzungsberichte der niederrheinischen Gesellschaft für Natur- und Heilkunde in Bonn.

Pag. 1. Bericht über den Zustand und die Zusammensetzung der Gesellschaft während des Jahres 1869. 1) Physikalische Section. 2) Chemische Section und 3) Medicinische Section und ihre Mitglieder.

Pag. 4. Allgemeine Sitzung am 3. Januar 1870. Vorsitzender Professor Troschel.

Herr von Dechen legte eine Streitaxt vor, in einer Ziegelei bei Wesslingen unweit Bonn 5 bis 6 Fuss tief aufgefunden; sie besteht aus dunkelgrüner Jade, welche Steinart in unseren Gegenden nirgendwo vorkommt und war sorgfältig polirt und sehr gut erhalten. Sie wurde für das Museum erworben. Dr. Bettendorf zeigte krystallisirte Verbindungen von Schwefel und Selen vor, welche derselbe gemeinschaftlich mit Herrn Prof. vom Rath dargestellt und untersucht hatte. Dieselben waren aus geschmolzenen Gemengen von Selen und Schwefel durch Krystallisation aus Kohlensulfid erhalten worden. Vorgezeigt wurden

$Se^9 S^6, Se^1 S^{10}, Se^1 S^{15}, Se S^4, Se^1 S^{15}, Se S^2, Se S^6.$

Die Formeln sind nur annähernd, passen aber am besten mit der procentischen Zusammensetzung.

Dr. C. Marquart besprach die verschiedenen Systeme, welche empfohlen und benutzt werden, um die menschlichen Auswurfstoffe aus der Nähe der Wohnungen zu entfernen. Der Redner entschied sich für die Abfuhr zur Benutzung als Dünger und um diese geruchlos auszuführen, empfahl er vorzugsweise Seograskohle.

Chemische Sect. Sitzung vom 15. Januar. Vorsitz. Prof. Kekulé.

Pag. 6. Herr Paul Marquart machte einige Mittheilungen über die Polybromide der Ammoniumbasen.

Pag. 8. Professor Bischof zeigte eine von ihm construirte Waschflasche vor, die er namentlich für Schwefelwasserstoff empfiehlt, und bei der kein Zurücksteigen der Flüssigkeiten eintreten kann.

Prof. Dr. Mohr sprach über den Vorgang bei der chemischen Verbindung, und insbesondere bei der Vereinigung von Säure und Alkali zu einem Salze. Er entwickelte, dass die physikalischen und chemischen Eigenschaften der Körper das Resultat ihrer molecularen Bewegung seien. Aus der Physik gehe hervor, dass nach dem rothen Theile des Spectrum die grösste Summe der Bewegung liegt, obgleich in demselben die Schwingungszahl kleiner ist, als im violetten Theil. Es folgt nun nach dem Redner daraus, dass, was dem rothen Strahl an Schwingungszahl fehlt, an Amplitude oder Breite der Schwingung ersetzt ist. Wenn nun ein rother Körper dieselbe Schwingungszahl und Amplitude der Bewegung hat, wie der rothe Strahl im Spectrum, so folgt nach dem Vortragenden daraus, dass die Säuren, welche das Lackmuspigment in roth umsetzen, wenige, aber sehr breite Schwingungen, die Alkalien hingegen, welche die blaue Farbe wieder herstellen, mehr, aber schmälere Schwingungen haben.

Pag. 9. Sitzung vom 29. Januar 1870. Vorsitzender Profess. Kekulé.

Dr. Baumhauer bespricht, im Anschluss an eine frühere Mittheilung, die Einwirkung des Chlorwasserstoffs auf Nitrobenzol. Chlorwasserstoff in gesättigter, wässeriger Lösung führt nach den Versuchen des Redners bei einer Temperatur von circa 245° C. die Nitrogruppe des Nitrobenzols in die Amidogruppe über. Dabei entsteht zunächst Anilin, welches indess durch das, bei der Reduction in Freiheit gesetzte Chlor hauptsächlich in Dichloranilin verwandelt wird. Die reducirende Kraft der 3 Säuren Jod-, Brom- und Chlorwasserstoff in Bezug auf Nitrobenzol lässt sich mit der Temperatur ihrer Einwirkung vergleichen. Dieselbe beträgt bei Jodwasserstoff 104° C., bei Bromwasserstoff 188° C. und bei Chlorwasserstoff 245° C.

Der Vortragende theilt dann noch die Resultate seiner Untersuchungen über Aetzfiguren und Asterismus an Krystallen des hexagonalen, quadratischen und rhombischen Systems mit.

Pag. 10. Dr. A. Pott berichtet über javanisches Fleisch-, Fisch- und Krebs-Extract. Der Redner sagt, schon lange vor der Liebig'schen Erfindung, das Fleisch auszupressen und als Extract in Haushaltungen und Lazarethen zu verwenden, kannten die Eingebornen des niederländischen Ostindiens „Java, Sumatra" schon seit mehrern Jahrhunderten die Vortheile, die ihnen aus der Verwerthung des auf den Bazars unverkauften Fleisches der nicht am Tage des Fanges abgesetzten Seefische und der erbsengrossen Krebse (Garnelen genannt), durch ein dem v. Liebig'schen ähnliches, wenn auch sehr primitives Verfahren erwachsen mussten. Sie wissen die Masse des sonst werthlosen Fleisches der Büffel, die Menge der unhaltbaren Fische und Garnelen in eine haltbare Form als ein Extract zu bringen und so als sehr beliebten Handelsartikel zu verwerthen.

Es ist nach dem Redner in Indien fast keine Küche, worin dieses Extract (Petis der Eingebornen) fehlen dürfte, und eine Messerspitze des Petis genügt, um indische Speisen zu würzen.

Nach Bereitung aus den verschiedenen Fleischsorten aus Fischen und Krebsen werden folgende Petis unterschieden.

1) Aus Karbau (Bubalus Karbau) Petis Karbau.
2) Aus Banteng (Bos banteng) Petis Banteng.
3) Aus Sapie (ostindisches Rind) Petis Sapie.

4) Aus Garnelen (kleinen Krebsen) Petis Udang
5) Aus Fischen Petis ikan laut.

Das Extract kommt in 4-kantigen Blechbüchsen von 2 Pfund Inhalt in den Handel und das Pfund kostet in Indien etwa ¹/₄ Gulden. Die verschiedenen Extracte unterscheiden sich durch Geruch, Farbe und Geschmack; gemein ist ihnen der intensiv salzige Geschmack. Es folgen nun die chemischen Untersuchungen ihrer Bestandtheile.

Pag. 14. P. Marquart theilt seine Erfahrungen über die Darstellung des Methyls etc. mit.

P. 15. L. de Konink berichtet über Versuche, die derselbe in Gemeinschaft mit P. Marquart über das Bryonicin angestellt hat. Die Knollenwurzel der Bryonia dioica L. wurde früher schon von Rud. Brandes, Firnhabor, Schwertfeger und zuletzt von Walz auf ihre Bestandtheile untersucht. Obige beide Herren haben in den Knollen einen neuen Körper entdeckt, für welchen sie den Namen Bryonicin vorschlagen. Das Bryonicin wurde in der chemischen Fabrik des Herrn Dr. C. Marquart in Bonn und zwar als Nebenproduct bei der Darstellung des Bryonin gewonnen; die Herren Verf. besprechen nun die erhaltenen chemischen Reactionen.

Allgemeine Sitzung vom 7. Januar 1870. Vorsitzender Professor Troschel.

Pag. 16. Prof. Schaafhausen sprach über die thierischen Missbildungen, deren Erklärung durch die genauere Erkenntniss der Entwicklungsgeschichte sehr erleichtert worden sei. Viele derselben seien als Hemmungsbildungen erkannt; während man früher eine unmittelbare Einwirkung der Vorstellungen der Mutter auf die leibliche Bildung des Kindes angenommen habe, welche Ansicht noch Burdach vertheidige, beruhe das sogenannte Versehen der Schwangern vielmehr nur darauf, dass durch einen das Ernährungsleben störenden psychischen Einfluss zu einer bestimmten Zeit eine Abweichung der normalen Bildung der Organe entstehen könne. Der Schreck könne einen Bildungsfehler wie die Hasenscharte oder den Wolfsrachen zu einer gewissen Zeit hervorbringen. Der Vortragende legte hierauf zwei anthropomorphe Missbildungen vor, nämlich einen Fisch Leuciscus rutilus L. (Rothauge) aus der Erft bei Münstereifel von Herrn Professor Freudenberg, dessen verbildeter Kopf eine komische Aehnlichkeit mit einem menschlichen darbietet und die Zeichnung einer neu geborenen Ziege, deren Kopf mit hoher Stirne und vorgestreckter Zunge in ähnlicher Weise dem eines Menschen gleicht und an die als Oxycephalus bezeichnete menschliche Kopfform erinnert. In beiden Fällen ist eine Verkümmerung des Zwischenkiefers vorhanden, der auch bei den angeborenen Bildungsfehlern des menschlichen Gesichtes so häufig betheiligt ist. Der Redner suchte noch zu zeigen, dass solche bei Thieren gewiss zu allen Zeiten vorgekommenen und dem Volke unbegreifliche Bildungen zu der in Mährchen und Sagen weit verbreiteten Vorstellung vom Verwandlung der Menschen in Thiere wahrscheinlich oft die Veranlassung gegeben haben.

Pag. 20. Professor Kekulé theilte Versuche mit, die derselbe in Gemeinschaft mit Herrn Dr. Zincke über das sogenannte Chloraceton eingeführt hat. Vor etwa eilf Jahren wurde von Harnitz Harnitzky unter diesem Namen ein Körper beschrieben, welchen dieser Chemiker durch Zusammenbringen von Chlorkohlenoxyd mit Aldehyd Dämpfen erhalten hatte. H.-H. legte einigen Analysen zufolge demselben die Formel $C^2 H^2 Cl$ bei. Sechs Jahre später stellte Friedel unter Mitwirkung des Entdeckers denselben Körper dar. 1868 wurde er dann nochmals von Kraut bereitet und in der jüngsten Zeit von Blachewitz.

Prof. Kekulé sagt von diesem Chloraceten: Uns scheint nun — von dem theoretischen Standpunkte, welchen wir dermalen einnehmen — die Existenz einer so constituirten Verbindung so wenig wahrscheinlich, dass wir glaubten die persönliche Bekanntschaft derselben machen zu müssen.

Vier Möglichkeiten schwebten uns vor Augen:

1) Chloraceten ist wirklich bei gleicher Moleculargrösse mit Vinylchlorid isomer.

2) Beide Verbindungen sind vielleicht nur polymer und das Chlor-Aceten bildet durch Spaltung des Moleculs einen leichtern Dampf.

3) Vielleicht ist das Vinylchlorid noch nicht ganz rein dargestellt und fällt in reinem Zustand mit dem Chloraceten zusammen.

4) Vielleicht auch beruhen alle Angaben auf Irrthum und manche davon sogar auf Schwindel.

Beim Beginn unserer Versuche, sagt der Redner, konnte uns die ad 1 ausgesprochene Vermuthung natürlich wenig wahrscheinlich erscheinen; ad 3 war kaum zulässig, da die Angaben über das Vinylchlorid von Regnault herrühren und wir können hinzufügen, dass wir diese Angaben völlig bestätigt gefunden haben. Wir glaubten demnach, die 2. Vermuthung für die richtige halten zu müssen.

Jetzt, nach Beendigung unserer Untersuchung, zweifeln wir kaum daran, dass die sub 4 ausgesprochene Ansicht die richtige ist. Es werden nun die Versuche und Untersuchungen über den Gegenstand mitgetheilt und sie konnten schliesslich dem Gedanken nicht Raum geben, dass es ausser dem beschriebenen Aldehydgemisch noch eine zweite ganz auf dieselbe Art dargestellte Substanz von denselben Eigenschaften giebt, welcher die Formel $C^4 H^4 Cl$ zukommt.

Pag. 23. Herr von Dechen sprach über die Verdienste des 1869 zu Clausthal verstorbenen Bergrath A. Römer um die Geologie, vorzugsweise Palaeontologie Norddeutschlands, nach dem Nekrologe seines Bruders Geh.-Rath Profess. F. Römer in Breslau, welcher auch denselben veröffentlicht hat.

Derselbe Redner legte dann das vor Kurzem erschienene Werk: Geologie des Kurischen Haffes und seiner Umgebung, zugleich als Erläuterung zu Section 2, 3 und 4 der geologischen Karte von Preussen von Dr. G. Berendt. Mit 6 Tafeln und 15 Holzschnitten im Text, Königsberg 1869, vor und theilte in einem eingehenden, wissenschaftlich-wichtigen Vortrage den Inhalt mit: Versuch der Entstehungs- und Fortbildungsgeschichte des Kurischen Haffs und seiner Umgebung; Existenz des Menschen in der Umgebung des Haffs während der Periode der 2. Senkung. Gegenwärtiger Zustand. Das Wandern der Düne u. s. w.

Pag. 34. Dr. C. Marquart sprach über Opium, die verschiedenen Handelssorten und bemerkte, dass der Werth des Opium durch seinen Gehalt an Alkaloïden, namentlich an Morphin bedingt werde. Unter den Opiumsorten sei das aus Kleinasien das beste; doch wird dasselbe von einem 1869, versuchsweise in Würtemberg gewonnenen Opium an Morphin-Gehalt bedeutend übertroffen. Wenn dieser grössere Gehalt an Morphin theils auch dem Redner dadurch bedingt wird, dass das Würtemberger Opium reiner Mohnsaft, nicht vermischt mit fremdartigen Stoffen ist, so ist anderer Seits auch durch diesen Versuch bewiesen, dass die Sonnenwärme Deutschlands im Stande ist, ein an Morphin eben so reiches Opium zu liefern, als man es in Kleinasien gewinnt.

Pag. 35. Prof. Mohr sprach über die Löslichkeit des kohlensauren Kalks; er sei nur wenig löslich in reinem Wasser, nach den Versuchen zu etwa 1/10000 vom Gewicht des Wassers. Diese Löslichkeit lässt sich durch Cochenilletinctur sichtbar machen und zu einer quantitativen Bestimmung benutzen. Die gelbe Farbe der Cochenilletinctur wird durch gelösten kohlensauren Kalk in lebhaftes Violett umgeändert, und hierbei ist die Gegenwart von freier Kohlensäure ohne Nachtheil, da die reagirende Carminsäure stärker ist, als die Kohlensäure.

Chemische Section. Sitzung vom 19. Februar 1870. Vorsitzender Prof. Kekulé.

Pag. 36. Prof. Mohr bespricht die Wirkung organischer Stoffe auf übermangansaures Kali.

Dr. Caumpelik zeigt mit Bezugnahme auf die Interpretation, welche Herr Prof. Mohr in seinem Vortrage „über Affinität" für die Einwirkung der Säuren und Alkalien auf den Lackmusfarbstoff gegeben hat, eine von ihm dargestellte neue Verbindung des Nitrobenzylcyanids vor, deren farblose alkoholische Lösung durch Alkalien intensiv roth und durch Säuren grün gefärbt wird.

Prof. Mohr spricht sodann über die Zusammensetzung der Citronensäure. Aus einigen, namentlich älteren Analysen der citronensauren Salze glaubt der Redner schliessen zu müssen, die Formel der, in den Salzen enthaltenen wasserfreien Citronensäure sei, wie dieses Berzelius früher geglaubt hatte, $C^4 H^2 O^4$ (alte Schreibweise) und nicht $C^{12} H^5 O^{11}$. Damit werde dann auch die dreibasische Natur der Citronensäure hinfällig.

Prof. Kekulé bespricht in einem wissenschaftlichen kritisch gehaltenen Vortrage die Condensation der Aldehyde.

Physikalische Section, am 21. Febr. Vorsitz. Prof. Troschel.

Pag. 38. Prof. Argelander sprach über die klimatischen Verhältnisse von Santiago de Chile und Valparaiso. Es liegen dafür vor, die ausführlichen Berichte der Commission, welche 1849, von der Nordamerikanischen Regierung nach Chile zu astronomischen Zwecken gesandt war und die während dreier Jahre sehr umfangreiche meteorologische Beobachtungen in Santiago angestellt hatte; dann die Beobachtung auf dem Observatorium daselbst, unter dem Director Herrn Jose Vergera während der Jahre 1866 und 1868.

Pag. 40. Hr. von Dechen berichtet über den von Dr. W. von der Marck untersuchten Ortstein aus der Senne, am südwestlichen Fuss des Teutoburger Waldes bei Brackwede und Dalbke und aus der Gegend von Hamm. Bei einer Excursion des Redners im Sommer 1860 mit Dr. von der Marck in der genannten Gegend hatte eine dunkele, schwarzbraune Sandschicht, welche unter der Oberfläche in der Stärke von einigen Zollen bis 1½ Fuss auftritt, ihre Aufmerksamkeit erregt. Sie wird in dieser Gegend Ortstein genannt und verhindert jede Vegetation. Bei allen Kulturen, welche versucht worden sind, muss der Ortstein zuerst herausgeworfen werden. Eine Untersuchung zeigte, dass die Färbung dieses Ortsteins nicht von Eisenoxyd, sondern von einer humusartigen, leichtverbrennlichen Substanz herrührt. Dieselbe stimmt also ganz mit der Fuchserde in dem Heidesand überein, welchen Dr. Berendt aus der Umgegend des Memel-Delta's und des Kurischen Haffs beschrieben hat.

Dr. von der March hat 5 verschiedene Proben von Orstein untersucht und die Resultate der Untersuchung mitgetheilt.

Pag. 47. Dr. Weiss legte Originale und lithographirte Tafeln eines neuen fossilen Coniferen-Typus aus dem unteren Rothliegenden und der obern Steinkohlenformation des Saar-Rheingebirges vor, welchem er den Namen Tylodendron speciosum beilegt und den er in einem ausführlichen Vortrage diagnosirt.

Pag. 48. Dr. von Lasaulx legte eine Suite basaltischer Tuffe und Breccien aus der Auvergne vor. Der Redner verbreitet sich in einem wissenschaftlichen Vortrage über die Vorkommnisse in der Basaltformation der Auvergne, welche von wichtigen Lagern basaltischer Tuffe begleitet sind.

Chemische Section. Sitzung v. 28. Febr. Vorsitz. Prof. Kekulé.

Pag. 51. Prof. Ritthausen theilte die Resultate von, in Gemeinschaft mit Herrn Kreusler ausgeführten Versuchen, die Bildung von Glutamin- und Asparaginsäure aus pflanzlichen und thierischen Proteïnstoffen bei der Einwirkung kochender verdünnter Schwefelsäure betreffend, mit und bemerkt, dass, da alle die untersuchten zahlreichen, pflanzlichen (auch die in Weingeist löslichen) und thierischen Eiweisskörper Asparaginsäure geben, diese gleich dem Tyrosin und Leucin als ein allen denselben gemeinsames Zersetzungsproduct angesehen werden muss. Die thierischen Stoffe liefern sie jedoch in geringerer Menge, als die meisten pflanzlichen, als z. B. das Legumin.

Pag. 53. Dr. Muck beschreibt ein Verfahren zur Verwerthung molybdänsäurehaltiger Flüssigkeiten von Phosphor-Bestimmungen.

Allgemeine Sitzung vom 7. März 1870. Vorsitzender Prof. Troschel.

Pag. 56. Prof. vom Rath machte einige Mittheilungen über die auf der Insel Elba vorkommenden Mineralien. Einer der merkwürdigsten Punkte der Insel ist der Collo di Palombaja (nahe bei Piero) wo Granit und Kalkstein an einander grenzen, und das letztere Gestein in der Nähe des Eruptivgesteins als Marmor erscheint.

Pag. 58. Prof. Freytag sprach, anknüpfend an frühere Mittheilungen, über die Einwirkung saurer Dämpfe und Metallverbindungen auf die Vegetation, über die Bedeutung der Kupfer-, Nickel- und Kobalt-Verbindungen. Er theilte mit, dass alle Versuchspflanzen aus sehr verdünnten Metallsalzauflösungen ohne Gefährdung ihrer Existenz die Metalloxyde aufnehmen, dass jedoch schon $1/48$ % Kupfervitriol, $1/48$ % schwefels. Kobaltoxyd, $1/48$ % Nickeloxyd in wässriger Lösung die gewöhnlichen landwirthschaftlichen Kulturgewächse tödten. In einem Boden, welcher Kupfer-, Kobalt- und Nickel-Verbindungen enthält, nehmen alle Pflanzen diese Metalle in geringer Menge auf und dieselben lagern sich vorzugsweise in den Blättern und Stammtheilen ab.

Physikalische Section. Sitzung v. 14. März. Vorsitzender Prof. Troschel.

Pag. 63. Dr. Ketteler sprach über den Einfluss der ponderablen Moleküle auf die Dispersion des Lichtes und über die Bedeutung der Constanten der Dispersionsformeln.

Dr. Weiss legte eine grössere Zahl von Zeichnungen, welche der unermüdliche Forscher Goldenberg in Saarbrücken demselben zur Kenntnissnahme zuzuschicken die Gefälligkeit hatte und welche Darstellungen fossiler Pflanzenreste der dortigen Steinkohlenformation, nemlich Formen aus der ebenso eigenthümlichen als noch immer sehr räthselhaften Familie der Noeggerathien enthalten. Der Redner bespricht und erläutert diese Zeichnungen und Darstellungen.

Verhandlungen des naturhistorischen Vereins. 27. Jahrgang. Zweite Hälfte 1870.

III — VIII. Inhaltsverzeichniss.

1) Geographie, Geologie, Mineralogie und Paläontologie.
2) Botanik.
3) Anthropologie, Zoologie und Anatomie.
4) Chemie, Technologie, Physik und Astronomie.
5) Physiologie, Medicin und Chirurgie.

Pag. 133. Die Laub- und Lebermoose in der Umgegend von St. Goar, von Gustav Herpell.

Die Laubmoose sind nach dem System von Carl Müller's Deutschlands Moose und dessen Nomenclatur, und die Lebermoose nach Rabenhorst „Kryptogamen-Flora" zusammen gestellt.

Die Laubmoose enthalten in 19 Familien 53 Gattungen und 192 Arten. Die Lebermoose sind mit 11 Familien, 22 Gattungen und 38 Arten vertreten; sie sind, mit möglichst genauen Fundstellen versehen, mit besonderer Berücksichtigung der geographischen Verbreitung angeführt. Der fleissige, in der Mooskunde sehr bewanderte Verf. hat durch seine Forschungen auf dem, in der Vorrede angegebenen, verhältnissmässig beschränkten Raume ein überraschendes Resultat erzielt. So finden wir unter anderen seltenen Moosarten Bryum cernuum Hr. et Sch. zwischen St. Goar und Hirzenach am Rheinufer; Hr. intermedium Bridel an d. Mündung des Heimbach's in den Rhein; Br. Funkii Schwaeg. welches auch schon Genth in Nassau gefunden hat, dann ferner Hypnum uncinatum Hedw. u. Hypn. palustre L. angegeben.

Pag. 188 bis 251. Ueber das Vorkommen der Eisensteine im westphälischen Steinkohlengebirge. Von Oberberggrath Däumler. Mit einer Uebersichtskarte des Vorkommens der Eisensteine.

Diese nach dem jetzigen Stande der Wissenschaft chemisch-technische Abhandlung jenes wichtigen Gegenstandes ist in jeder Hinsicht eingehend und ausführlich bearbeitet.

Correspondenzblatt II. Bericht über die XXVII. Generalversammlung des naturhistorischen Vereins.

Diese Versammlung wurde in der Pfingstwoche zu St. Johann-Saarbrücken den 7. u. 8. Juni 1870 abgehalten und zwar in den decorirten Räumen des neuen Casinos in Saarbrücken. Beide Städte prangten dabei im Flaggenschmucke.

Pag. 45. Herr von Dechen, der Vereinspräsident eröffnete vor zahlreicher Versammlung die Sitzung. Nachdem Herr Bürgermeister Rumschöttel die Anwesenden im Namen der beiden Schwesterstädte mit einer ebenso herzlichen als begeisterten Ansprache begrüsst, und der Vicepräsident Herr Dr. C. Marquart die geschäftlichen Angelegenheiten geordnet hatte, begann man die Reihe der wissenschaftlichen Vorträge.

Herr Dr. Jordan an Saarbrücken berichtet in einer geschichtlichen Einleitung über die Entdeckung des Archegosaurus in den Sphaerosiderit-Knollen aus dem Schieferthon des (früher zum Steinkohlengebirge gerechneten) unteren Rothliegenden bei Lebach durch Herrn von Dechen 1847 und die wissenschaftlichen Arbeiten von Goldfuss (Beiträge zur vorweltlichen Fauna des Steinkohlengebirges 1847) und Andere, und legte dann zur Ergänzung des bereits Bekannten eine Reihe sehr vollständig erhaltener Individuen und einzelner Theile von Archegosaurus Dechenii und A. latirostris, welche seit dem umfassenden Werke von H. von Meyer (Reptilien aus der Steinkohlenformation in Deutschland 1858) bis zur Einstellung des Lebacher Bergbaues, 1868, aufgefunden wurden, der Versammlung vor.

Pag. 48. Herr Bergassessor Hasslacher hielt einen eingehenden Vortrag über die historische Entwickelung des Saarbrücker Steinkohlenbergbaues. Ein Aufschwung des ganzen Steinkohlenbergbaues erfolgte erst mit der Uebernahme der Preussischen Regierung unter dem Königl. Bergamt in Saarbrücken 1816. Die Förderung, welche damals eine Million Centner Kohlen erreichte, stieg bis 1830 allmählig bis zu 4 Millionen Centner und 1850 wies eine Production von 11½ Mill. Cent. nach.

Wie sich die Kohlengewinnung in den letzten Jahren gestaltet hat, mag aus den folgenden Zahlen hervorgehen:

1861 — 41,900,000 Cent. — 1865 — 57,600,000 Cent.
1869 — 68,900,000 Cent. Steinkohlen.

Pag. 50. Herr Dr. Weiss gab eine Uebersicht über die geognostischen Verhältnisse der Umgegend von Saarbrücken.

Pag. 53. Herr Medicinal-Assessor Dr. Wilms aus Münster machte Namens der nicht anwesenden Mitglieder Herren Professor Harms und Dr. Landois vorläufige Mittheilung über kürzlich aufgefundene fossile menschliche Schädel und Knochen. Dieselben lagerten in einer Lehmschicht wenige Fuss unter der Erdoberfläche bei dem Gute Hülshoff bei Münster.

Herr Dr. von der Marck berichtet über devonische Korallen, eingeschlossen in Labradorporphyr, welche in der Nähe von Brilon am sogenannten „Hollemann" vorkommen. Die Labradorporphyre wurden zur Herstellung einer Kapelle gewonnen. Dieselben zeigen eine grosse Menge meist gut erhaltener Korallen etc., welche zu den bezeichnendsten des begleitenden Stringocephalen-Kalkes gehören und waren die bekannten Arten.

Pag. 56. Herr von Dechen legte den ersten Band der Erläuterungen zur geologischen Karte der Rheinprovinz und der Provinz Westphalen, so wie einiger angrenzenden Gegenden vor, welcher in den letzten Tagen auch unter dem Titel: Orographische und hydrographische Uebersicht der Rheinprovinz, im Verlage von A. Henry in Bonn erschienen ist. Der Redner erläutert die Hauptpunkte des Buches in einem eingehenden Umrisse.

Pag. 60. Dr. André hält einen Vortrag über einige schachtelhalmähnliche Pflanzen aus dem Steinkohlengebirge. Er bespricht namentlich das immer noch ungenügend bekannte Verhältniss der Calamiten zu den Annularien und Asterophylliten.

Pag. 61. Herr Dr. E. Kayser aus Berlin sprach über die Entwicklung der devonischen Formation in der Gegend von Aachen und in der Eifel in einem wissenschaftlich-eingehenden Vortrag.

Pag. 69. Herr Dr. C. Marquart brachte einige Mittheilungen aus der chemischen Industrie und sprach über die neuere Methode der Sauerstoffabscheidung aus der Atmosphäre behufs Erzielung grösserer Lichteffecte, als aus kohlenwasserstoffreichem Brennmaterial. Derselbe legte ferner eine von Herrn C. Hentelbeck in Werdohl eingegangene Probe von Gemüse- oder Suppenextract vor und knüpft daran Mittheilungen über die Nährsalze des Fleisches und ihrer Identität mit den Nährsalzen der Körnerfrüchte.

Pag. 76. Vorgeschichtliche Spuren des Menschen in Westphalen, von F. F. Freih. von Dücker zu Neurode.

Ein sehr interessanter, ausführlicher Vortrag zu seinen Notizen über denselben Gegenstand 1867 in diesen Verhandlungen.

Pag. 84. Folgt ein Nekrolog des Geh. Bergrath und Professor Gustav Bischof. (Aus dem Ausland Jahrgang 1870, S. 1216.)

Pag. 98. Zeigt die Direction des Vereins an, dass für die in dieser Zeitschrift veröffentlichten Mittheilungen nur die betreffenden Autoren allein verantwortlich sind.

Pag. 66. Fortsetzung der Sitzungsberichte der niederrheinischen Gesellschaft aus der ersten Hälfte der Verhandlungen 1870.

Medicinische Section. Sitzung vom 2. März. Vorsitzender Geh, Med.-Rath Dr. Busch.

Pag. 67. Dr. Finkelnburg referirte über eine Gruppe von Beobachtungen, welche das in neuester Zeit so vielseitig besprochene Krankheitsbild der „Aphasie" zum Gegenstande haben und deren Ergebnisse eine verändert physiologische Auffassung dieser bis jetzt nicht genügend definirten Functionsstörung zu erfordern scheinen.

Chemische Section. Sitzung vom 12. März. Vorsitzender Dr. C. Marquart.

Pag. 82. Herr Dr. Coloman Hidegh theilt die Resultate von Versuchen mit, die er in Gemeinschaft mit Professor Kekulé über einige Azoverbindungen angestellt hat und erläuterte dieselben.

Pag. 84. Dr. Baumhauer bespricht im Anschluss an frühere Untersuchungen die Resultate einiger neuen von ihm angestellten Versuche über Aetzfiguren und Asterismus an Krystallen.

Chemische Section. Sitzung vom 26. März 1870. Vorsitzender Dr. C. Marquart.

Herr Dr. Crumpelick machte, veranlasst durch eine vor Kurzem von Radziscewsky veröffentlichte Notiz, weitere Mittheilungen über das Nitrobenzylcyanid, dessen eigenthümliche Farbenreactionen er in einer früheren Sitzung gezeigt hatte; er besprach weiter das durch Reduction dieser Verbindung entstehende Amidobenzylcyanid.

Allgemeine Sitzung vom 2. Mai 1870. Vorsitz. Prof. Troschel.

Pag. 86. Prof. Binz berichtet über die innerliche Anwendung der Carbolsäure gegen Pruritus cutaneus, (Hautjucken) und bespricht die Anwendung derselben nach den Versuchen auf der Klinik von Hebra in Wien und den Erfolg.

Dr. Gräff theilt Untersuchungen mit über die frei im Wasser und in der Erde lebenden Nematoden, namentlich die Meeresbewohner.

Pag. 90. Prof. Mohr: Ueber den Kreislauf des Eisens in der Natur und Basaltbildung.

Pag. 97. Geh. Medicinalrath Prof. Dr. Naumann sprach über den Einfluss des kalten Bades auf Wärme und auf Ausscheidung der Kohlensäure. Die Beobachtungen über die Einwirkung der kalten Luft, des kalten Wassers, besonders des kalten Bades, auf die entblöste Hautfläche eines sich ruhig verhaltenden Menschen, sind in den letzten Decennien mit einer grossen Ausdauer, Sachkenntniss und Vorsicht fortgesetzt worden. Nachdem diese Untersuchungen von Vierordt, sowie von Regnault und Reiset wieder aufgenommen worden waren, hat sich in der neuesten Zeit Gildemeister um diesen Gegenstand verdient gemacht. (J. Gildemeister über die Kohlensäurereproduction bei der Anwendung von kalten Bädern und anderen Wärmeentziehungen Basel 1870.) In Folge aller dieser Arbeiten steht die Thatsache fest, dass im kalten Bade sowohl bedeutende Vermehrung der Wärmegabe, als auch der Ausscheidung der Kohlensäure aus dem Blute stattfindet.

Chemische Section. Sitzung v. 31. Mai. Vorsitz. Prof. Kekulé.

Pag. 106. Herr Gustav Bischof jun. sprach über Kohlenfilter für Trinkwasser. Nach seinen Versuchen liefern weder die Thierkohlenfilter von Leybold in Cöln, noch das Filter mit der gerühmten plastischen Kohle von Lorenz und Vette in Berlin, ein von organischen Substanzen reines Trinkwasser und haben ausserdem den Nachtheil, dass die Filter nicht lange halten.

Es ergab sich, dass das 5,84 organische Substanzen in 100,000 Theil enthaltende Wasser, wie folgt, gereinigt wurde.

Beim Filtriren von 1 Litre in 11½ Min. bis auf 2,86 organ. Substanzen.

			1 Litre in 13	Min.			2,77		
			1 Litre in 15	Min.			2,40		
			1 Litre in 17	Min.			2,31		

Da man nun annimmt, dass erst ein Wasser, das in 100,000 Theilen 3—4 Theile organ. Substanzen enthält, als Trinkwasser nicht mehr verwendbar ist, so würden die vorstehenden Proben noch trinkbar sein und durch Vergrösserung der Filteroberfläche oder langsameres Filtriren hätte ohne Zweifel ein noch viel reineres Wasser erhalten werden können. Das Wasser war vollständig klar, schmeckte in Folge längeren Stehens fade, aber sonst nicht unangenehm.

Pag. 109. Herr Dr. Budde berichtet über Untersuchungen in Betreff der Brown'schen Molekularbewegung, die theils von ihm und theils von Prof. Binz herrühren.

Allgemeine Sitzung v. 18. Juni 1870. Vorsitz. Prof. Kekulé.

Pag. 111. Prof. Schaafhausen zeigte Werkzeuge aus Stein und Knochen, so wie fossile Ueberreste von Felis, Ursus, Hyaena speleaea,

Rhinoceros tichorh., Cervus und Canis vor, die Herr Berg-Assessor Freiherr von Dücker in den Höhlen des Hönnethales aufgefunden hat. Der Vortragende verbreitete sich in einem anziehenden, wissenschaftlich eingehenden Vortrage über die Vorkommnisse, giebt dann eine ausführliche Beschreibung der Gegend des Hönnethals, der Klusensteiner-Höhle und der grossen Feldhofshöhle. Herr Bergingenieur Deuther hat eine Sammlung der in dieser Höhle aufgefundenen Gegenstände schon früher mit einen Fundberichte dem Vereine angesendet.

Pag. 130. Prof. Dr. Mohr bespricht in einem eingehenden Vortrage die vulkanischen Erscheinungen von Bertrich in der Eifel unweit der Mosel. Der Redner sagt, bei alledem, was über Bertrich geschrieben worden, ist eine blosse Beschreibung der Erscheinungen nicht hinreichend, die Geologie dieser Orte zu erklären, und da Mitscherlich ein eifriger Vertheidiger der plutonischen Ansicht war und Herr von Dechen es noch ist, so ist es von Wichtigkeit, diese Erscheinungen noch einmal von dem Gesichtspunkte derjenigen Geologie zu betrachten, welche Volger angebahnt und der Vortragende ausgebildet und durch chemische Thatsachen begründet zu haben glaubt. Der Unterschied im Betreff dieser beiden Ansichten des Basaltes lässt sich im Wesentlichen dahin feststellen, dass der Plutonismus den natürlichen dichten, säulenförmigen Basalt mit den vulkanischen Schlacken, Krotzen und Rapilli zusammenwirft, beiden gleiche Entstehungsart zuschreibt und überall Basalt mit Schlacken verwechselt, während der Redner den natürlichen Basalt als nur auf nassem Wege durch Infiltration, Eisenoxydul-, Kali- und Natron-haltiger Flüssigkeiten in bereits vorhandene sedimentäre Gesteine (meistens Kalk) entstanden, und durch örtliche Feuerwirkung in Schlacken oder Laven umgewandelt ansieht. Es folgt nun nach der Ansicht des Professor Mohr der ausführliche Vortrag über die vulkanischen Erscheinungen zu Bertrich.

Physikalische Section. Sitzung vom 20. Juni 1870. Vorsitzender Prof. Troschel.

Pag. 133. Dr. von Lasaulx legte einige merkwürdige Diendokrystalle vor, die von einer Grube des Revier Unkel stammen und welche er der Güte des Herrn Bergrath von Hüne verdankt und knüpft daran eine Beschreibung. Der Vortragende theilte dann noch Einiges aus seinen petrographischen Untersuchungen der vulkanischen Gesteine aus der Auvergne mit.

Chemische Section. Sitzung v. 18. Juni 1870. Vorsitzender Prof. Kekulé.

Pag. 143. Herr Dr. R. Rieth spricht über die Grösse des Gasmoleküls anorganischer Verbindungen. Die Thatsache, dass gewisse Elemente mit verschiedener Aequivalenz auftreten können, hat zu mehrfacher Deutung Anlass gegeben. Ueber die Molekulargrösse der höheren Oxyde, Chloride etc. stimmen wohl alle Ansichten überein, wenigstens derjenigen, welche das Avogadro'sche Gesetz anerkennen; dagegen werden die Formeln der niedrigeren Oxyde verschiedentlich angenommen und für diese Letztern giebt der Vortragende eingehende Erläuterungen.

Pag. 148. Prof. Bins berichtet über einige gelegentliche Versuche, die derselbe in Bezug des Verhaltens von thierischem Fett zum Chlorkalk angestellt hat.

Prof. Kekulé macht im Anschluss an einen früheren Vortrag (Sitzung vom 10. Juli 1869) fernere Mittheilungen über die Croton-säure.

Allgemeine Sitzung v. 4. Juli 1870. Vorsitzend. Prof. Kekulé.

Pag. 154. Herr Oberbergrath Fabricius berichtet über ein neues Vorkommen von Silbererzen, besonders von Rothgültigers und gediegen Silber auf der Gonderbach im älteren Gebirge, vielleicht im Lennschiefer.

Prof. Mohr hält einen eingehenden Vortrag über: Berechnung der beim Wasser zur Erwärmung und Ausdehnung nöthigen Wärmemenge, oder der Wärmemenge bei neutralem Druck und Volum. Der Vortragende sagt unter anderem, wenn ein Körper durch Wärmezufuhr ausgedehnt wird, so vermehren sich die Vibrationen und zugleich erweitert sich ihre Amplitude.

Pag. 159. Prof. vom Rath sprach über den von ihm vor Jahresfrist aufgefundenen Amblystegit von Laach mit Beziehung auf die interessante Entdeckung von krystallisirtem Enstatit in dem Meteoreisen von Breitenbach durch Prof. V. von Lang. Dieser meteoritische Enstatit enthält nach einer Analyse Maskelyne's: Kieselsäure 56,10; Magnesia 30,27; Eisenoxydul 13,59; ist demnach ein Disilikat.

Chemische Section. Sitzung v. 9. Juli 1870. Vors. Prof. Kekulé.

Pag. 161. Herr Dr. Mock hielt einen ausführlichen Vortrag über eine neue Bildungsweise der Trithionsäure.

Allgemeine Sitzung v. 7. Novemb. 1870. Vorsitzender Prof. Kekulé.

Pag. 165. Gustav Bischof jun. machte auf die energisch zersetzende Wirkung des schwammförmigen Eisens auf die in Wasser gelösten organischen Substanzen aufmerksam.

Pag. 189. Prof. vom Rath legte drei in der Lithographischen Anstalt des Hrn. A. Henry ausgeführte Krystallfiguren-Tafeln, die verschiedenen Typen des Humits darstellend, vor und knüpfte daran einen Vortrag über das Krystallsystem dieses Minerals.

Derselbe Redner berichtete dann noch über ein neues Vorkommen von Monazit (Turnerit) am Laacher See.

Pag. 194. Von Simonowitsch legte einige druckfertige Tafeln zu einer Arbeit über Dryozoën des Essener Grünsandes vor, welcher Gegenstand früher auf der General-Versammlung zu Saarbrücken näher besprochen worden ist.

Dr. R. Gräff theilt Untersuchungen über Protozoën (Infusorien und Rhizopoden) mit, deren Resultate einige neue Gesichtspunkte für die Naturgeschichte und systematische Stellung dieser Thiere bieten.

Pag. 200. Derselbe Vortragende berichtet dann über eine, bei Rhizopoden wahrscheinlich entdeckte geschlechtliche Fortpflanzung und erläutert diese Entdeckung in einem Vortrage.

Sitzung vom 26. Novemb. 1870. Vorsitzender Prof. Kekulé.

Pag. 204. Prof. Ritthausen theilt einiges mit über eine krystallisirende, stickstoffreiche, wie es scheint, dem Asparagin ähnliche Substanz, die er aus griechischen Wicken statt des Amygdalins erhalten hat.

Pag. 205. Gustav Bischof jun. sprach im Anschluss an frühere Mittheilungen über die Wirkung des sogenannten Medlock'schen Verfahrens und der Filtration durch Eisenschwamm auf im Wasser gelöste organische Substanz.

Der Vortragende machte vergleichende Versuche, bezüglich der von Schulze und Trommsdorf (Fresenius Zeitschrift 1869 S. 344) angegebenen stärkern Einwirkung des übermangansauren Kali auf organische Substanz bei Gegenwart von überschüssigem Alkali. Nach Schulze und Trommsdorf wurden pr. Litre eines unreinen Wassers verbraucht 41,44 M. Gr. krystall. übermangansaures Kali, nach dem von Kubel beschriebenen Verfahren (Anleitung zur Untersuchung von Wasser v. Dr. Kubel 1866 p. 23). Zur Bestimmung des Ammoniak mittels des Nessler'schen Reagens hat das von Chapman und Wanklyn (Water analysis London 1870) S. 51 beschriebene Verfahren den Vortheil, dass auch gelblich, oder sonst gefärbte Wasser mit grösserer Genauigkeit zu bestimmen sind.

Allgemeine Sitzung vom 5. December 1870. Vorsitzender Prof. Kekulé.

Pag. 207. Die Gesellschaft beschloss zunächst auf Vorschlag des Herrn Prof. Nöggerath, dem Herrn Prof. G. Rose in Berlin zu seinem 50jährigen Doctorjubiläum ein Gratulationsschreiben zu übersenden.

Herr Director Dr. Dronke in Coblenz machte eingehende Mittheilung über die Beschaffenheit des Bodensteins nach dem Ausblasen eines Hochofens auf der Concordiahütte bei Sayn. Dieser Bodenstein bestand aus dem feuerfesten Sandstein des Unter-Devon vom Nöllenköpfchen am Ehrenbreitstein bei Urbar.

Pag. 208. Herr Prof. Dr. Fuhlrott in Elberfeld macht aufmerksam auf eine neu entdeckte Höhle im September 1870, welche der Redner „Barmer Höhle" nennt.

Pag. 209. Wirkl. Geh.-Rath von Dechen legte ein neu erschienenes Werk des Professor Römer in Breslau Geologie von Oberschlesien vor. Eine Erläuterung zu der im Auftrage des Königl. Handels-Ministeriums von dem Verfasser bearbeiteten geologischen Karte von Oberschlesien in 12 Sectionen, nebst einem, von Dr. Runge verfassten, über das Vorkommen und die Gewinnung der nutzbaren Fossilien betreffenden Anhange.

Derselbe Redner legte ferner vor: Geologische Karte von Preussen und den Thüringischen Staaten im Maassstabe von 1 : 25000. Herausgegeben durch das Königl. Preuss. Ministerium für Handel, Gewerbe und öffentliche Arbeiten. 1. Lieferung. Berlin 1870. Verl. Neumannsche Kartenhandl. Er erläutert dieselbe in einem eingehenden Vortrag.

Pag. 214. Dr. Weiss legte das 2. Heft seiner „Fossilen Flora der jüngsten Steinkohlenformation und des Rothliegenden im Saar-Rheingebiete" vor, welches die Calamarien nebst drei Tafeln enthält.

Pag. 215. Herr Grubendirector Herm. Heymann berichtet über ein Auftreten sericitischer Gesteine bei Cröv an der Mosel. Dr. Budde berichtete der Gesellschaft, dass es ihm gelungen sei, mit Hülfe der Luftpumpe reines Wasser bei Temperaturen unter 100° in Sphäroidalzustand zu versetzen. Er beschreibt den Apparat und die näheren Umstände des Versuchs.

Pag. 217. Prof. Hanstein machte vorläufige Mittheilung über Beobachtungserscheinungen des Zellkerns in seinen Beziehungen zum Protoplasma.

D. Anzeigen.

ARCHIV DER PHARMACIE.

CXCVIII. Bandes drittes Heft.

A. Originalmittheilungen.

I. Chemie und Pharmacie.

Ueber durch Alkohol gefälltes schwefelsaures Eisenoxydul.

Von G. H. Harckhausen, in Burgdorf bei Hannover.

50 Grm. krystallisirtes, reines schwefelsaures Eisenoxydul wurden in 50 Grm. dest. Wasser, welches mit einigen Tropfen verdünnter Schwefelsäure angesäuert war, durch Erhitzen gelöst, die Lösung filtrirt und durch 50 Grm. Alkohol unter Umrühren bis zum Erkalten gefällt. Der krystallinische Niederschlag wurde durch Decantiren von der alkoholischen Flüssigkeit getrennt, nochmals mit 25 Grm. Alkohol gewaschen und auf weissem Filtrirpapier in trockner Luft bei 18° C. zum Trocknen ausgebreitet. Durch mehrmaliges Wechseln des Filtrirpapiers wurde derselbe bald so lufttrocken, dass er nicht mehr an trocknen Glaswandungen haftete.

1 Grm. dieses Eisenvitriols, in etwa 20 Grm. dest. Wasser gelöst und mit verdünnter Schwefelsäure angesäuert, erforderte 18,8 C. C. einer Chlorkalklösung, die 10 Grm. in 400 C. C. enthielt, um alles Oxydul in Oxyd überzuführen, während 1 Grm. des krystallisirten Eisenvitriols nur 17,2 C. C. derselben Chlorkalklösung erforderte. Nach Verlauf von 4 Stunden, während deren der durch Alkohol gefüllte Eisenvitriol noch auf dem Papier ausgebreitet lag, waren 19,5 C. C. der Chlorkalklösung erforderlich, um 1 Grm. desselben zu oxydiren. 1 Grm. desselben Eisenvitriols, nachdem derselbe 1 Stunde lang einer Temp. von 25° bis 27°C.

ausgesetzt gewesen, erforderte 20,6 C.C. und nach Verlauf einer zweiten Stunde 21,4 C.C. der Chlorkalklösung zur Oxydation.

Die Lösung von je 1 Grm. des zu prüfenden Eisenvitriols befand sich in einer ca. 100 Grm. fassenden Flasche und wurde nach jedesmaligem Zufliessenlassen der Chlorkalklösung aus der Bürette mit aufgesetztem Kork tüchtig geschüttelt und mit einem Tropfen Ferridcyankaliumlösung in der bekannten Weise auf einer weissen Platte geprüft.

Gegen Ende der Oxydation entsteht bloss eine grünliche Färbung durch Ferridcyankalium und in diesem Stadium reichen 2 bis 3 Tropfen der Chlorkalklösung oft schon hin, um eine gelbbraune Färbung mit Ferridcyankalium auf der weissen Platte erscheinen zu machen, welche bekanntlich die Abwesenheit von Oxydul anzeigt. Diese Vorsichtsmaassregeln wurden mit Gleichmässigkeit bei allen Versuchen beobachtet, so dass ein Entweichen des freien Chlors, sowie ein Ueberschuss der Chlorkalklösung vermieden wurden. Ausserdem wurde die Chlorkalklösung am Ende der Versuchsreihe nochmals mit 1 Grm. krystallisirten Eisenvitriol in der angegebenen Art titrirt, und wiederum nur 17,2 C.C. derselben verbraucht; dieselbe war also nicht bemerkbar schwächer geworden. Noch zu erwähnen ist, dass der zu den erwähnten Versuchen verwendete krystallisirte Eisenvitriol ein reines Präparat war in bläulich grünen Krystallen. Aus dem Obigen ergiebt sich, dass das durch Alkohol gefällte schwefelsaure Eisenoxydul weniger Krystallwasser enthält, als das krystallisirte und dass es wegen seiner höchst feinen Vertheilung sehr geneigt ist, mehr Krystallwasser zu verlieren, und dass dieses stattfindet, wenn es einer trocknen Atmosphäre bei gewöhnlicher Temperatur ausgesetzt wird.

Wenn man daher in Lehrbüchern der Chemie der Angabe begegnet, dass das durch Alkohol gefällte Präparat dem krystallisirten gleich zusammengesetzt und als solches auch zu analytischen Zwecken, namentlich zur Bestimmung des Chlorkalks zu verwenden sei, so beruht diese auf einem Irrthum.

Wahrscheinlich ist das durch Alkohol gefällte Präparat, da es wenig Neigung zeigt, sich durch Oxydation zu verändern, sehr zweckmässig zur Bereitung von Ferr. sulf. sicc. zu verwenden, welches, bei 115°C. getrocknet, 1 Acq. Wasser enthält, worüber ich vielleicht später Versuche anstellen werde.

Die Verunreinigungen des käuflichen Buttersäure-äthers und der Buttersäure.

Von Dr. A. Burgemeister, Assistent am chemischen Laboratorium in Jena.

Durch Herrn Professor Geuther wurde ich veranlasst, einen aus einer renommirten chemischen Fabrik als rein bezogenen Buttersäureäther auf seine Beimischungen zu prüfen; der Siedepunkt desselben lag nemlich viel zu hoch und war ausserdem nicht constant ($C^4 H^7 O^2$, $C^2 H^5$ siedet bei 119°). Da für derartige Trennungen der Siedepunkt den einzigen Anhalt bietet, so wurde der Aether durch fractionirte Destillation in sechs Glieder zerlegt, aus denen durch fortgesetzte Rectificationen (über 200) zwei Hauptglieder von constantem Siedepunkt erhalten worden, das eine bei 118 — 120°, das andere bei 170 — 175° übergehend, ausserdem noch eine kleine Menge bei 98 — 105°. Der bei 118 — 120° aufgefangene Theil war reiner Buttersäureäther; in dem bei 98 — 105° siedenden konnten Alkohol, Essigäther und Propionsäureäther (100° Siedepunkt) nachgewiesen worden.

Der Siedepunkt des 2. Hauptgliedes liegt dem des Capronsäureäthers am nächsten ($C^6 H^{11} O^2$, $C^2 H^5$ siedet bei 172°), und wurde zur Bestätigung dieser Vermuthung aus diesem Gliede eine kleine Menge aufgefangen, als das Thermometer constant 172° zeigte, und zur Analyse verwandt.

0,1675 Grm. gaben 0,4532 Grm. CO^2, entspr.
0,12360 Grm. = 65,9% C.; u. 0,1892 Grm. H^2O,
entspr. 0,021022 Grm. = 11,2% H.

Gefunden: die Formel $C^6 H^{11} O^2$, $C^2 H^5$ verlangt:

$$C = 65,9\%   \qquad C^6 = 66,6\%$$
$$H = 11,2\%   \qquad H^{16} = 11,1\%$$
$$\qquad\qquad\qquad O^2 = 12,3\%.$$

Aus diesen Zahlen liess sich schon auf die Indentität der untersuchten Flüssigkeit mit Capronsäuresäther schliessen.

Zu weiterer Controle wurde eine Partie dieses Aethers in einem, mit aufrechtem Kühler verbundenen Kolben durch längeres Kochen mit Barytwasser zerlegt, der gebildete Alkohol abdestillirt, mit Aetzkalk entwässert und rectificirt; der Siedepunkt lag bei 78 — 79°. Das Destillat brannte mit bläulicher Flamme und schmeckte brennend, zeigte also die Eigenschaften des Aethylalkohols.

Das Barytsalz wurde durch Einleiten von Kohlensäure vom überschüssigen Aetzbaryt befreit, filtrirt und in einem warmen Raume der Krystallisation überlassen; es entstanden prachtvolle, dünne lange, atlasglänzende Nadeln, die von der Mutterlauge durch Abgiessen und Ausbreiten auf Filtrirpapier getrennt und über Schwefelsäure getrocknet wurden.

Nach den Angaben der Handbücher stimmte mein Barytsalz in Aussehen und Geruch, nach Schweiss und Essigsäure, mit dem capronsauren Baryt überein.

0,4613 Grm. der Krystalle gaben nach vorsichtigem Glühen 0,2231 Grm. Ba^2CO^3, entspr. 0,15515 Grm. = 37,3% Ba, die Formel $C^6 H^{11} BaO^2$ verlangt 37,3% Ba; das von mir erhaltene Salz war also rein.

Aus der Mutterlauge wurde zur Abscheidung der Capronsäure der Baryt mit Schwefelsäure gefällt, und durch Schütteln mit Aether die freigemachte Säure aufgenommen. Nach dem Abheben und Entwässern der ätherischen Lösung mit Chlorcalcium wurde der Aether abdestillirt und die hinterbleibende Säure rectificirt. Die Lehrbücher geben den Siedepunkt der Capronsäure mit 197 — 204° an; mit Berücksichtigung der Correctionsformel bestimmte ich denselben zu 206°,6 C.

Der käufliche, sogen. reine Buttersäureäther enthielt also: geringe Mengen Wasser, etwas Alkohol, Essig-äther, Propionsäureäther, und ein der Menge des reinen Buttersäureäthers fast gleiches Quantum Capronsäureäther.

Von dem Aether liess sich auch auf die Verunreinigung der Säure schliessen. Aus derselben Fabrik bezogene Butter-säure lieferte bei der fractionirten Destillation ein Drit-tel der ursprünglichen Menge an Capronsäure.

Die meiste Buttersäure des Handels wird wohl durch Gährenlassen von Zucker mit faulem Käse unter Kreidezusatz erhalten; dass sich beim Faulen des Käses neben anderen Producten Capronsäure bildet, ist bekannt, doch scheint ihre Bildung bei der Buttersäuregährung, und zwar in solchen Quantitäten, bis jetzt übersehen zu sein. Gäbe es für die Capronsäure eine practische Verwendung, so liesse sie sich neben der Buttersäure leicht im reinen Zustande gewinnen.

Ueber einige Verbindungen des Anilins und Toluidins mit Jodmetallen.

Von Dr. Herm. Vohl in Cöln.

Im Jahre 1863 veröffentlichte Hugo Schiff eine Un-tersuchung über Verbindungen des Anilins mit Metallsalzen, welche er als Metallanile und mit den Metallaminen analog bezeichnete.

Für die ganze Reihe dieser Anilinmetallverbindungen stellte er nachfolgende allgemeine Formeln auf, worin $M' =$ Zink, Cadmium, Kupfer und Quecksilber, $M'' =$ Zinn und $M''' =$ Antimon, Arsen und Wismuth bedeutet.

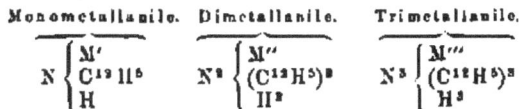

Monometallanile.	Dimetallanile.	Trimetallanile.
$N\begin{cases} M' \\ C^{12}H^5 \\ H \end{cases}$	$N^2\begin{cases} M'' \\ (C^{12}H^5)^2 \\ H^2 \end{cases}$	$N^3\begin{cases} M''' \\ (C^{12}H^5)^3 \\ H^3 \end{cases}$

(Siehe: Ann. d. Chemie und Pharm. CXXV, 360).

Es ist nicht wahrscheinlich, dass diese Anilinmetallverbindungen eine derartige von Schiff angenommene Constitution haben und erhellt dieses daraus, dass 1) diese Verbindungen nur bei Gegenwart von Haloïden bestehen können, 2) die Isolirung der in der Verbindung angenommenen zusammengesetzten Metallradikale nicht gelungen ist und 3) die diesen Radikalen entsprechenden Sauerstoffverbindungen, resp. Sauerstoffsalze darzustellen bis dato unmöglich war.

Meines Erachtens ist kein Grund vorhanden, diese Salze nicht als einfache Doppelsalze der entsprechenden Haloïdmetallverbindungen mit dem Anilin anzusehen. Diese ganze Arbeit von Schiff trägt den Stempel der Flüchtigkeit und Oberflächlichkeit. (Siehe: Compt. rend. LVI, 268, 419, 543, 1095.)

Im Jahre 1865 habe ich die Verbindungen des Chlorzinks mit dem Anilin einer genauen Untersuchung unterworfen, wobei sich denn ergab, dass das Chlorzink mit dem Anilin zwei verschiedene Verbindungen eingeht, eine basische und eine saure. Erstere hatte die Zusammensetzung $C^{12}H^7N + ZnCl$ und die zweite hatte die Formel: $(C^{12}H^7N, ZnCl) + HCl + HO$. (Dingl. polyt. Journ. CLXXV, 211).

Es war in diesen Salzen durchaus kein Wasserstoff eliminirt worden und Zink an seine Stelle getreten, weshalb denn diese Salze als einfache Doppelverbindungen anzusehen sind.

In demselben Jahre stellte R. Gräfinghoff die entsprechenden Chlorzinkverbindungen des Toluidins dar. (Journ. f. pract. Chemie XCV, 221).

Die wasserfreien Salze hatten nachfolgende Zusammensetzung:

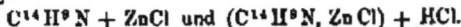

$$C^{14}H^9N + ZnCl \text{ und } (C^{14}H^9N, ZnCl) + HCl.$$

Auch Gräfinghoff bewies durch seine Untersuchungen die Grundlosigkeit und Unzulässigkeit der von H. Schiff angenommenen Constitution dieser Verbindungen. Der Analogie wegen liess sich schon a priori annehmen, dass das Anilin ganz ähnliche Verbindungen mit dem Jodzink, Jod kadmium und Jodquecksilber eingeben würde und habe ich zur Bestätigung dieser Ansicht die betreffenden Salze dargestellt und analysirt.

I. Jodzink-Anilin.

Versetzt man eine alkoholische Anilinlösung mit einer gleichen Lösung von Jodzink, so gesteht die Mischung zu einem aus feinen Nadeln bestehenden Krystallmagma.

Erhitzt man dieses Gemisch zum Sieden, so lösen sich die Krystalle auf und die Flüssigkeit giebt nach dem Filtriren beim Erkalten eine reichliche Krystallisation stark glänzender, farbloser Säulen und Nadeln von Jodzink-Anilin.

Dieses Salz ist in Weingeist, besonders beim Sieden leicht löslich; vom Wasser wird es nur unter Zersetzung theilweise gelöst.

Beim Erhitzen auf dem Platinblech entweicht zuerst Anilin, nachher treten Zersetzungsproducte neben Joddämpfen auf und Zinkoxyd bleibt als Rückstand.

0,54 Grm. trockenes Salz ergaben bei der Verbrennung mit chromsaurem Bleioxyd 0,564 Grm. Kohlensäure und 0,135 Grm. Wasser. Dieses entspricht 0,153 Kohlenstoff und 0,015 Wasserstoff.

0,67 Grm. ergaben an Jodsilber 0,622 Grm., welche einem Jodgehalt von 0,336 Grm. entsprechen. Dieselbe Menge Substanz ergab 0,107 Grm. Zinkoxyd, welche einem Zinkgehalt von 0,086 Grm. gleich sind.

0,58 Grm. des trockenen Salzes wurden mit Natronkalk verbrannt und ergaben an Platinsalmiak 0,509 Grm., welche 0,0319 Stickstoff entsprechen.

100 Gewichtstheile dieses Jodzink-Anilins enthalten demnach:

$$
\begin{array}{ll}
\text{Kohlenstoff} = 28,333 \\
\text{Wasserstoff} = 2,777 \\
\text{Stickstoff} = 5,500
\end{array} \Bigg\} = 36,610 \text{ Anilin.}
$$

$$
\begin{array}{ll}
\text{Zink} = 12,836 \\
\text{Jod} = 50,149
\end{array} \Bigg\} = 62,985 \text{ Jodzink.}
$$

$$
\begin{array}{l}
\phantom{\text{Jod}} \quad \underline{} \\
\phantom{\text{Jod} =} 99,595 \\
\text{Verlust} = 0,405 \\
\phantom{\text{Jod}} \quad \underline{} \\
\phantom{\text{Jod} =} 100,000.
\end{array}
$$

Diese procentische Zusammensetzung entspricht der Formel: $C^{18}H^7N + ZnJ$. Die Formel verlangt:

$$
\begin{array}{lll}
C^{18} = 72 \text{ oder} & 28,5114 \\
H^7 = 7 & 2,7719 \\
N = 14 & 5,5439
\end{array} \Bigg\} = 36,8272 \text{ Anilin.}
$$

$$
\begin{array}{lll}
Zn = 32,53 & 12,8818 \\
J = 127 & 50,2910
\end{array} \Bigg\} = 63,1728 \text{ Jodzink.}
$$

$$
 \underline{252,53 \quad 100,0000.}
$$

II. Jodkadmium-Anilin.

Giebt man zu einer weingeistigen Anilinlösung eine alkoholische Jodkadmiumlösung, so gesteht die Mischung zu einem Krystallbrei von äusserst glänzenden Nadeln, welche sich beim Erwärmen in der Flüssigkeit auflösen und sich bei dem Erkalten in prächtig glänzenden, langen Nadeln wieder ausscheiden. Das Kadmiumsalz hat ein viel grösseres Bestreben zu krystallisiren, wie das entsprechende Zinksalz. Die übrigen Eigenschaften des Jodkadmiumanilins sind dem des Zinksalzes gleich.

0,52 Grm. trockenes Salz ergaben bei der Verbrennung mit chromsaurem Bleioxyd an Kohlensäure 0,496 Grm., an Wasser 0,117 Grm.; dies entspricht 0,135 Kohlenstoff und 0,013 Grm. Wasserstoff.

. 0,75 Grm. ergaben an Jodsilber 0,638 Grm., welchen 0,345 Jod entspricht. Dieselbe Menge Substanz ergab 0,172 Kadmiumoxyd = 0,151 Grm. Kadmium.

0,65 Grm. ergaben, mit Natronkalk vorbrannt, 0,526 Grm. Platinsalmiak, welche 0,033 Grm. Stickstoff entsprechen.

100 Gewichtstheile Jodkadmium-Anilin enthalten demnach:

$$
\left.\begin{array}{ll}
\text{Kohlenstoff} & = 25,962 \\
\text{Wasserstoff} & = 2,500 \\
\text{Stickstoff} & = 5,076
\end{array}\right\} = 33,538 \text{ Anilin.}
$$

$$
\left.\begin{array}{ll}
\text{Kadmium} & = 20,133 \\
\text{Jod} & = 46,000
\end{array}\right\} = 66,133 \text{ Jodkadmium.}
$$

$$
\begin{array}{l}
 99,671 \\
\text{Verlust} = 0,329 \\
\hline
 100,000.
\end{array}
$$

Diese procentische Zusammensetzung entspricht der Formel: $C^{12}H^7N + CdJ$. Diese Formel verlangt in 100 Gewichtstheilen:

$$
\left.\begin{array}{ll}
\text{Kohlenstoff} & = 26,0869 \\
\text{Wasserstoff} & = 2,5362 \\
\text{Stickstoff} & = 5,0724
\end{array}\right\} = 33,6955 \text{ Anilin.}
$$

$$
\left.\begin{array}{ll}
\text{Cadmium} & = 20,2900 \\
\text{Jod} & = 46,0145
\end{array}\right\} = 66,3045 \text{ Jodcadmium.}
$$

$$
 100,0000.
$$

III. Jodquecksilber-Anilin.

Eine siedende weingeistige Anilinlösung löst Quecksilberjodid in reichlicher Menge auf. Nach dem Filtriren hat die Lösung eine hellgelbe Farbe und es schiessen aus dieser Flüssigkeit beim Erkalten schöne schwefelgelbe Tafeln und Säulen einer neuen Anilinverbindung an. Man kann das Salz nicht durch Umkrystallisiren aus Weingeist reinigen, weil es sich beim Auflösen sofort unter Abscheidung eines prächtig zinnoberrothen, krystallinischen Niederschlages zersetzt. Die von diesem Niederschlag siedendheiss abfiltrirte Flüssigkeit giebt beim Erkalten dieses rothe Salz in der Form von feinen Tafeln. (Die Zusammensetzung dieses Salzes werde ich später mittheilen.)

Das zuerst beschriebene, schwefelgelbe Salz ist unlöslich in Wasser, leicht löslich in Anilin und anilinhaltigem Weingeist. An der Luft verliert es Anilin und färbt sich zinnoberroth. Wird das Salz in einem Reagenzcylinder vorsichtig geschmolzen, so erstarrt es beim Erkalten strahlig krystallinisch und es bilden sich an einzelnen Stellen prächtig zinnoberrothe Krystallvegetationen. Es ist unter Zersetzung vollständig flüchtig.

0,68 Grm. dieses Salzes ergaben bei der Verbrennung mit chromsaurem Bleioxyd 0,561 Grm. Kohlensäure und 0,135 Grm. Wasser. Diese Mengen entsprechen 0,153 Grm. Kohlenstoff und 0,015 Grm. Wasserstoff.

0,95 Grm. ergaben Jodsilber = 0,6938 Grm. und 0,3476 Grm. Quecksilberchlorür. Dies entspricht einem Jodgehalt von 0,375 Grm. und einem Quecksilbergehalt von 0,295 Grm.

0,55 Grm. ergaben beim Verbrennen mit Natronkalk 0,383 Grm. Platinsalmiak. Das entspricht einem Stickstoffgehalt von 0,0244 Grm.

100 Gewichttheile Jodquecksilber - Anilin enthalten demnach:

$$\left.\begin{array}{ll}\text{Kohlenstoff} & = 22{,}647\\ \text{Wasserstoff} & = 2{,}205\\ \text{Stickstoff} & = 4{,}073\end{array}\right\} = 28{,}925 \text{ Anilin.}$$

$$\left.\begin{array}{ll}\text{Quecksilber} & = 31{,}053\\ \text{Jod} & = 39{,}473\end{array}\right\} = 70{,}526 \text{ Jodquecksilber.}$$

$$\begin{array}{ll}& \underline{99{,}451}\\ \text{Verlust} = & 0{,}549\\ & \overline{100{,}000.}\end{array}$$

Dieser procentischen Zusammensetzung entspricht die Formel $C^{12}H^7N + HgJ$. Die Formel verlangt:

$$\left.\begin{array}{ll}\text{Kohlenstoff} & = 22{,}5000\\ \text{Wasserstoff} & = 2{,}1875\\ \text{Stickstoff} & = 4{,}3750\end{array}\right\} = 29{,}0625 \text{ Anilin.}$$

$$\left.\begin{array}{ll}\text{Quecksilber} & = 31{,}2520\\ \text{Jod} & = 39{,}6855\end{array}\right\} = 70{,}9375 \text{ Jodquecksilber.}$$

$$\overline{100{,}0000.}$$

IV. Jodzink-Toluidin.

Giebt man zu einer siedenden, weingeistigen Toluidin-lösung Jodzink, so krystallisirt beim Erkalten das Doppelsalz in feinen, concentrisch wavellitähnlich gruppirten Nadeln. Das Salz ist sehr beständig, unlöslich in Wasser, leicht löslich in Alkohol. Beim Erhitzen auf dem Platinblech bleibt ein Theil des Zinks als Zinkoxyd zurück.

0,69 Grm. ergaben beim Verbrennen mit chromsaurem Bleioxyd: 0,7950 Grm. Kohlensäure und 0,2043 Grm. Wasser. Dieses entspricht 0,217 Grm. Kohlenstoff und 0,0227 Grm. Wasserstoff.

0,85 Grm. ergaben an Jodsilber 0,7474 Grm. und an Zinkoxyd 0,1284 Grm. oder 0,4045 Grm. Jod und 0,1031 Grm. Zink.

Mit Natronkalk verbrannt, ergaben 0,55 Grm. dieses Salzes an Platinsalmiak 0,4482 Grm., welches 0,0281 Grm. Stickstoff entspricht.

Das Jodzinktoluidin enthält demnach in 100 Gewichts-theilen:

$$
\left.\begin{array}{ll}
\text{Kohlenstoff} & = 31,449 \\
\text{Wasserstoff} & = 3,289 \\
\text{Stickstoff} & = 5,109
\end{array}\right\} = 39,847 \text{ Toluidin.}
$$

$$
\left.\begin{array}{ll}
\text{Zink} & = 12,129 \\
\text{Jod} & = 47,529
\end{array}\right\} = 59,658 \text{ Jodzink.}
$$

$$\underline{99,505}$$

$$\text{Verlust} = 0,405$$

$$\overline{100,000.}$$

Diese procentische Zusammensetzung entspricht der Formel $C^{14}H^9N + ZnJ$. Dieselbe verlangt in 100 Gewichts-theilen:

$$
\left.\begin{array}{ll}
\text{Kohlenstoff} & = 31,5161 \\
\text{Wasserstoff} & = 3,3763 \\
\text{Stickstoff} & = 5,2527
\end{array}\right\} = 40,1451 \text{ Toluidin.}
$$

$$
\left.\begin{array}{ll}
\text{Zink} & = 12,2050 \\
\text{Jod} & = 47,6499
\end{array}\right\} = 59,8549 \text{ Jodzink.}
$$

$$\overline{100,0000.}$$

Es war schon a priori anzunehmen, dass die oben beschriebenen Salze auch mit Jodwasserstoff sogenannte saure Salze bilden würden. Es haben vorläufige Versuche diese Annahme vollständig bestätigt und werde ich nicht ermangeln, seiner Zeit die Untersuchungsorgebnisse dieser Verbindungen mitzutheilen.

Cöln, im September 1871.

Bemerkungen zur Receptur.

Vom Apotheker Mylius in Soldin.

Fr. Mohr führt in seiner chemisch-analytischen Titrirmethode zwei Versuche an, welche er mit Chlorwasser anstellte, um zu zeigen, dass gefärbte Fruchtsäfte mehr freies Chlor binden, als Syrupus simplex und sagt mit Rücksicht darauf in seinem Commentar zur Pharmacopöe, dass sehr häufig die beste Darstellung des Chlorwassers durch die Art, dasselbe zu verschreiben, zunichte gemacht werde. Ein jeder Apotheker wird Mohr in Betreff letzter Behauptung Recht geben und noch hinzufügen, dass dieselbe sich auch auf viele andere Arzneimittel ausdehnen lasse. Wir sehen ja fast täglich, dass der Arzt Mischungen verschreibt, innerhalb welcher chemische Vorgänge stattfinden, an welche der Verfasser der Vorschrift augenscheinlich nicht gedacht hat und welche ihm als einem Manne, welcher die Chemie nicht practisch treibt, auch nicht bekannt sein konnten. Es wird dem Arzte aber nicht gleichgiltig sein, wenn die Substanzen, welche er zu einem bestimmten Zweck der Mischung zusetzt, gerade diejenigen Eigenschaften, die er zu benutzen gedenkt, einbüssen. Sicher ist es in solchen Fällen Pflicht des Apothekers, den Arzt auf solche Zersetzungen aufmerksam zu machen und ihm anzugeben, wie er mit geringer Abänderung der Zusammensetzung der Arznei die Wirksamkeit des betreffenden Arzneimittels erhalten, oder doch eine Zerstörung möglichst hinausschieben kann. Selbstverständlich darf aber der Pharmaceut auch in noch so guter Absicht eigenmächtig nicht die geringste Veränderung an der Vorschrift des Arztes vornehmen. Dies wäre ein Uebergriff, der ihm mit Recht die ernstesten Verlegenheiten bereiten würde. Leicht aber ist es, den Arzt durch Gründe und Versuche von der Zweckmässigkeit einer Aenderung zu überzeugen und den gethanen Vorschlägen geneigt zu machen.

Aber nicht nur dem Arzte und dem Patienten sind wir verpflichtet, unser Wissen in der angedeuteten Weise zu verwerthen, sondern auch die Ehre der Pharmacie selbst verlangt, dass sie ein zuverlässiges, aber nimmermehr ein blindes Werkzeug in der Hand der Medicin sei. Es scheint mir dies der einzige Weg, auf welchem wandelnd die Pharmacie ihr altes Ansehen zu wahren und die stets erstrebte Selbständigkeit anzubahnen vermag. Wenigstens wüsste ich keine andere Richtung, in welcher gegenwärtig die wissenschaftliche Pharmacie weiterstreben könnte, kein Reich, welches ihr zu cultiviren vergönnt ist, als das der Arzneiform. Denn die Zeiten, in welchen die Pharmacie in der Beschaffung der Arzneimittel und der Vervollkommnung ihrer Darstellungsmethoden etwas leisten konnte, ist, wie wir alle wissen, fast ganz vorüber. Nur wenige unserer Laboratorien stellen ja noch, aus bekannten Gründen, chemische Präparate dar, es sei denn, um den Lehrling damit bekannt zu machen. Die Vervollkommnung der Darstellung der chemischen Präparate lassen sich die Fabrikanten angelegen sein, während uns von der Defectur nur die pharmaceutischen Präparate bleiben. In Bezug auf Darstellung der letzteren aber Versuche anzustellen und zu forschen ist im Augenblicke wenig Reiz vorhanden, da das Gesetzbuch, welches die Vorschriften zu diesen Präparaten enthält, von welchen abzuweichen selbstverständlich nicht erlaubt ist, nicht ausschliesslich von Apothekern verfasst wird und weil Vorschläge, welche von Seiten der Apotheker gemacht werden, leider zu oft unbeachtet bleiben. Unter solchen Umständen bleibt also dem wissenschaftlich pharmaceutischen Streben kein anderes Feld, als das der Arzneiform und zwar darf dasselbe nicht auf Herstellung von Geheimmitteln und Specialitäten zielen, sondern es müsste sich in ganz legaler Weise auf die eben vorgeschlagene Art kund geben, indem die Pharmacie nicht nur Vollstreckerin, sondern auch Rathgeberin der verordnenden Medicin wird.

In Folgendem werde ich nun einige Beispiele, welche mir Gelegenheit zu der vorstehenden Betrachtung geben, anführen und den auf Versuche gestützten Nachweis liefern, wie die beobachteten Uebelstände vermieden werden können.

I. Ueber Chlor in Mixturen.

Wie bereits am Anfang bemerkt, hat Mohr die Wirkung von Syrupus simplex und Fruchtsäften (genau gesagt Syrupus Rubi Idaei) auf Chlor mit einander verglichen. Es kommen aber hier noch mehre Flüssigkeiten in Betracht, welche der Chlormixtur zur Versüssung oder, um dieselbe schleimig zu machen, häufig zugesetzt werden. Wir werden alle damit einverstanden sein und viele Aerzte sind es auch, dass, wenn freies Chlor im Organismus zur Wirkung gelangen soll, dasselbe am besten als sehr verdünnte wässrige Lösung, ohne irgend welchen Zusatz angewendet wird. Eine solche Lösung verliert aber ihr Chlor sehr schnell, wenn sie mit atmosphärischer Luft in Berührung ist und zwar schneller, als wenn die Lösung etwas schleimig ist, auch mögen viele Aerzte nicht gern auf eine Versüssung der Arznei verzichten. Es handelt sich nun darum, unter den gebräuchlichen hierzu dienenden Mitteln diejenigen zu finden, welche diesen Zweck bei dem möglichst geringen Aufwande an Chlor erfüllen. In dieser Absicht sind die jetzt anzuführenden Versuche veranstaltet worden.

Die zu den Versuchen dienenden Mixturen wurden in schwarzen Flaschen, welche davon gerade angefüllt wurden, mit der Vorsicht gemischt, dass das Chlorwasser mit möglichst wenig Zeitverlust hintereinander eingegossen wurde (selbstverständlich als bereits alle übrigen Bestandtheile in den Flaschen enthalten waren). Hierauf wurde sofort die Gehalts-

bestimmung des vor dem Mischen etwas verdünnten Chlorwassers durch Titriren mittels unterschwefligsaurem Natron
($^1/_{10}$ normal) und Jod ($^1/_{100}$ normal) ausgeführt. Nach 5 Stunden wurde in jeder der Mixturen von 40 zu 40 Grm. der
Gehalt an freiem Chlor bestimmt und zwar in der Reihen-
folge, wie dieselben aufgeführt werden, sodass also bei der
zuletzt genannten Mixtur die Einwirkung des Chlors am läng-
sten gedauert hat.

1) 30,0 Grm. Glycerin.   2) 30,0 Grm. Mel. depurat.
   120,0 Grm. Aq. dest.   120,0 Grm. Aq. dest.
   50,0 Grm. Chlor. solut.   50,0 Grm. Chlor. solut.

3) 30,0 Grm. Syr. Althaeae 4) 150,0 Grm. Aq. dest.
   120,0 Grm. Aq. dest.   50,0 Grm. Chlor. solut.
   50,0 Grm. Chlor. solut.

5) 30,0 Grm. Syr. simpl.
   120,0 Grm. Aq. dest.
   50,0 Grm. Chlor. solut.

Das angewendete Chlorwasser hatte einen Gehalt von
0,124% Cl., also enthielt jede Mixtur 0,062 Grm. Cl. und je
40,0 Grm. jeder Mixtur 0,0124 Grm. Cl.

1) Mixtur mit Glycerin.

40,0 Grm. Mixtur enthielten 0,01076 Grm. Chlor, also
Verlust 13,22%.

40,0 Grm. Mixtur enthielten 0,01072 Grm. Chlor, also
Verlust 13,54%.

40,0 Grm. Mixtur enthielten 0,01044 Grm. Chlor, also
Verlust 15,8%.

Nachdem die Flasche 10 Minuten offen gestanden hatte:

40,0 Grm. Mixtur enthielten 0,00991 Grm. Chlor, also
Verlust 21,7%.

40,0 Grm. Mixtur enthielten 0,00941 Grm. Chlor, also
Verlust 25,7%.

2) Mixtur mit Mel depuratum.

40,0 Grm. Mixtur enthielten 0,000666 Grm. Chlor, also
Verlust 94,6%.

3) Mixtur mit Syrup. Althaeae.

40,0 Grm. Mixtur enthielten 0,003929 Grm. Chlor, also Verlust 68,3%.

40,0 Grm. Mixtur onthielten 0,003858 Grm. Chlor, also Verlust 68,9%.

4) Mixtur mit Aq. destillat.

40,0 Grm. Mixtur enthielten 0,01002 Grm. Chlor, also Verlust 14,35%.

40,0 Grm. Mixtur enthielten 0,00956 Grm. Chlor, also Verlust 22,82%.

5) Mixtur mit Syrup. simplex.

40,0 Grm. Mixtur enthielten 0,009027 Grm. Clor, also Verlust 27,2%.

40,0 Grm. Mixtur onthielten 0,008602 Grm. Chlor, also Verlust 30,6%.

40,0 Grm. Mixtur enthielten 0,007955 Grm. Chlor, also Verlust 35,8%.

40,0 Grm. Mixtur enthielten 0,007894 Grm. Chlor, also Verlust 36,3%.

Aus den Resultaten der eben angeführten Versuche geht also hervor, dass Mel depuratum und Syrupus Althaeae das Chlor am schnellsten unwirksam machen, folglich sich als Versüssungsmittel am wenigsten eignen. Es ergiebt sich ferner, dass eine reine wässrige Lösung ihr Chlor am schnellsten an die Atmosphäre abgiebt, während dagegen für die Mixturen mit Syrupus simplex und Glycerin die Versuche nicht entscheidend sind, da zwischen beiden ein Zeitraum von einer Stunde lag, folglich der Syrupus simplex der Einwirkung des Chlors länger ausgesetzt gewesen ist, als das Glycerin. Bevor aber Versuche angestellt wurden, welches von beiden vorzuziehen sei, wurde eine Mixtur geprüft, welche wie die obigen zusammengesetzt war, nur, dass sie statt Syrup. simpl. u. s. w. Mucilago Gummi arabici enthielt. Das hierzu angewendete Chlorwasser war 0,0831 procentig, die ganze Mixtur enthielt also 0,04155 Grm. Chlor und 40,0 Grm. derselben 0,00831 Grm. Chlor.

c) Mixtur mit Mucilago Gummi arabic.

40,0 Grm. Mixtur enthielten 0,0070446 Grm. Chlor, also Verlust 15,2 %.

* 40,0 Grm. Mixtur enthielten 0,0066562 Grm. Chlor, also Verlust 19,91 %.

40,0 Grm. Mixtur enthielten 0,0066198 Grm. Chlor, also Verlust 20,35 %.

40,0 Grm. Mixtur enthielten 0,0065490 Grm. Chlor, also Verlust 21,19 %.

Der Verlust an Chlor ist also hier nicht bedeutender, als bei 4 und 1, die Flüssigkeit hält aber das Chlor weit fester, als 4, wie die aufeinander folgenden Versuchsergebnisse zeigen.

Da es, um die Concurrenz zwischen Syrupus simplex und Glycerin zum Austrag zu bringen, zwecklos war, ein Chlorwasser von bestimmter Stärke in Anwendung zu bringen, so wurden die beiderseitigen Mixturen mit Chlorwasser von unbekanntem Gehalt dargestellt, welches so schwach war, dass während des Ausgiessens nicht zuviel Chlor entwich und dadurch Ungenauigkeiten herbeigeführt wurden. Ich gebe daher auch nicht die Menge des gefundenen Chlors an, sondern, um das Resultat leicht übersehbar zu machen, einfach die Zahl der Cubikcentimeter $^1/_{10}$ normaler, unterschwefligsaurer Natronlösung, welche zur Sättigung des Chlors einer jeden Mixtur gebraucht wurden.

1 { 10,0 Grm. Glycerin, 50,0 Grm. Liq. Chlori sättigen nach 12 St. 1,5 C.C. unterschwefligsaures Natron.

10,0 Grm. Syr. spl., 50,0 Grm. Liq. Chlori sättigen nach 12 St. 2,26 C.C. unterschwefligsaures Natron.

2 { 10,0 Grm. Glycerin, 30,0 Grm. Liq. Chlori sättigen nach 5 St. 1,66 C.C. unterschweflige. Natr.

10,0 Grm. Syr. spl., 30,0 Grm. Liq. Chlori sättigen n ch 5 St. 2,96 C.C. unterschweflige. Natr.

3 { 10,0 Grm. Glycerin, 50,0 Grm. Liq. Chlori sättigen nach 12 St. 2,43 C.C. unterschweflige. Natr.

10,0 Grm. Syr. spl., 50,0 Grm. Liq. Chlori sättigen nach 12 St. 4,32 C.C. unterschweflige. Natr.

4 { 10,0 Grm. Glycerin, 30,0 Grm. Aq., 20,0 Grm. Chlor. solut.
    sättigen nach 12 St. 2,8 C.C.
    10,0 Grm. Syr. spl., 30,0 Grm. Aq., 20,0 Grm. Chlor.
    solut. sättigen nach 12 St. 3,8 C.C.

5 { 10,0 Grm. Glycerin, 30,0 Grm. Aq., 20,0 Grm. Chlor. solut.
    sättigen nach 12 St. 3,4 C.C.
    10,0 Grm. Syr. spl., 30,0 Grm. Aq., 20,0 Grm. Chlor. solut.
    sättigen nach 12 St. 4,26 C.C.

Aus den hier unter 1—5 mitgetheilten Versuchen ergiebt sich also auf das Unzweideutigste, dass der Syrupus
simplex dasjenige Versüssungsmittel ist, welches am wenigsten leicht durch freies Chlor angegriffen wird: Der Arzt
thut also am besten, wenn er für Chlormixturen
das einfachste Versüssungsmittel, den Syrupus
simplex wählt und, um die schnelle Verflüchtigung des Chlors beim Oeffnen des Stöpsels zu
vermindern, einen Zusatz von Mucilago anwendet,
im Fall ihm überhaupt damit gedient ist, die Mixtur ein wenig schleimig zu machen.

II. Glycerin als Mittel zum Anstossen von Pillen.

Häufig werden Pillen verschrieben, welche Substanzen
enthalten, die mit einander gelöst, einander zersetzen. In
solchen Fällen ist es angebracht, statt einer wässrigen Flüssigkeit Glycerin zum Anstossen der Pillen anzuwenden, welches den Pflanzenschleim und die Extracte löst, also eine
plastische Masse erzeugt, Salze dagegen nur schwierig aufnimmt. Eine Pillenmasse mit Argentum nitricum und Morphium, Opium oder Extractum Opii z. B. schwärzt sich fast
augenblicklich, wenn dieselbe mit Wasser oder Mucilago
Gummi arabici angestossen wird; sie bleibt aber lange Zeit
weiss, wenn man Glycerin angewendet hat. Was freilich
geschieht, wenn die Pillen sich im Magen lösen, das ist eine
andre Frage, welche zu entscheiden aber nicht unsre Aufgabe ist.

Vorzüglich empfiehlt sich auch die Anwendung des Glycerins bei der Bereitung der bekannten Pillen aus Ferrum
sulfuricum und Kali carbonicum. Gewöhnlich werden dieselben mit Wasser unter Zusatz von Traganth oder Radix Althaeae angestossen. Hier setzen sich die Salze unter Verflüssigung der Masse um. Später werden die Pillen hart
und durch Oxydation des kohlensauren Eisenoxyduls mehr
oder weniger braun. Anders verhält es sich bei der Anwendung von Glycerin und Tragacantha oder Althaea. Die
Salze setzen sich nicht um, die Masse behält ihre grünlich
weisse Farbe und die Pillen bleiben weich und also leicht
löslich. Die Pillen oxydiren sich auch nicht so leicht, da sie
nicht wie im vorigen Falle kohlensaures Eisenoxydul, sondern
schwefelsaures Salz enthalten. In der eben beschriebenen
Weise werden diese Pillen übrigens von sehr vielen Recep-
taren angefertigt.

III. Talcum pulveratum als Streupulver für Pillen.

Pillen aus Argentum nitricum und Bolus werden in der
Regel auch mit Bolus bestreut. Sie erhalten dadurch aber
ein unangenehmes Ansehen, werden eckig und rauh, wie mit
Moos bedeckt. Dieser Uebelstand wird vermieden, wenn man
statt des Thones Talcum pulv. zum Bestreuen verwendet.
Dasselbe verhält sich dem Argentum nitricum gegenüber
ebenso indifferent wie der Thon, entzieht aber den Pillen
nicht, wie dieser, die Feuchtigkeit. Er bildet einen trocknen,
gleichmässigen Ueberzug auf den Pillen, so schön wie man
denselben von einem Streupulver nur erwarten kann. Die
Aerzte, welche darauf aufmerksam gemacht wurden, haben
sich schnell für Anwendung dieses Streupulvers entschieden.

IV. Bereitung aromatischer Wässer.

Die durch obige Vorschrift angekündigten Vorschläge
gehören zwar nicht in den Bereich der Receptur, sie mögen
aber trotzdem bei dieser Gelegenheit Platz finden. Nach der

15*

sogenannten amerikanischen Methode bereitet man jetzt häufig
die aromatischen Wässer, indem man das ätherische
Oel mit kohlensaurer Magnesia anreibt, allmählig Wasser
zusetzt und filtrirt. Von dieser Darstellungsmethode wurde
aber neuerdings abgerathen, da das Wasser etwas Magnesia
löst und dadurch Alkaloïde aus ihren Salzen fällt. Gegen
diese Gefahr ist man vollständig gesichert, wenn man sich
statt der kohlensauren Magnesia des in Wasser gänzlich
unlöslichen Talkpulvers bedient. —

V. Vertheilter Phosphor.

Zur Darstellung der Phosphorpasta wird in vielen
Apotheken in Wasser vertheilter Phosphor vorräthig gehalten,
der bei jedesmaligem Gebrauche aufgeschüttelt und dem
Mehlbrei zugemischt wird. Man stellt diese Phosphormilch
dar, indem man Phosphor in einem wohlverschliessbaren Glase
unter Wasser schmilzt, welchem man eine gewisse Menge
kohlensaure Magnesia zugesetzt hat und hierauf die
Flüssigkeit bis zum Erkalten heftig schüttelt. Die alkalische
Magnesia hat aber das unangenehme, dass sie den Phosphor
veranlasst, viel schneller Sauerstoff zu absorbiren, als es ohne
ihre Anwesenheit geschehen würde. Schon während des
Schüttelns des geschmolzenen Phosphors entwickelt sich Kohlensäure (vielleicht auch etwas Phosphorwasserstoff) zumal
wenn noch ein Rest von der alten Mischung in der Flasche
war, und verursacht eine Gasspannung in der Flasche, die
leicht zum Abwerfen des Stöpsels und Herumschleudern des
geschmolzenen Phosphors führen kann, ein Fall, der natürlich
sehr unangenehme Folgen haben könnte. Diese Gefahr wird
vollständig umgangen, wenn man die kohlensaure Magnesia
durch weissen Thon, oder auch Asbest ersetzt. Man
erhält so eine zarte gleichmässige Milch, in welcher der
Phosphor, aufgeschüttelt, lange genug schweben bleibt, um
sein Abwägen in beliebiger Menge zu ermöglichen.

Ueber Extract - Ausbeuten.

Von F. Kostka, Apotheker in Ronsdorf.

Eine Mittheilung von College Schwabe in Erxleben im
Archiv v. J. über seine gemachten Erfahrungen in Bezug auf
Ausbeute an Extractum Opii und Aloës veranlasste mich,
meine seit nun sieben Jahren geführten Notizen über Ex-
tractausbeuten nachzusehen und zusammenzustellen und fand
sich dabei, dass die von mir erhaltenen Mengen von Extr.
Opii im Ganzen mit jenen übereinstimmten, indem ich aus
bestem Smyrnaer Opium 45, 48, 50 und 62,5% Extract
erhalten hatte, im Mittel also 51%, während das Mittel des
Collegen Schwabe 50% beträgt. Bei Extractum Aloës fand
sich jedoch ein ganz wesentlicher Unterschied zwischen seinen Angaben und meinen Notizen vor.

Ich erhielt nemlich aus Aloë soccotrina 40, 45, 55 und
63% Extract, im Mittel also stark 50%, während er nur
12,5 und 33% erhalten hat. Dieser bedeutende Unterschied
lässt sich gewiss nur dadurch erklären, dass, wie College
Schwabe auch selbst angiebt, die von ihm verarbeitete Aloë
schon ausgezogen war.

Bei dieser Gelegenheit erlaube ich mir, auch die Ausbeute von andern Extracten, wie solche sich mir im Laufe
der Jahre ergeben haben, hier zusammenzustellen.

Vorausschicken will ich noch, dass ich sämmtliche wässrigen Extracte, mit Ausnahme der kleineren Mengen, durch
die Verdrängungsmethode bereite. Die, nach Vorschrift der
Pharmacopöe zerkleinerte Substanz, wird in den Verdrängungsapparat (Zuckerhutform) gebracht, nachdem die Oeffnung desselben mit einem Colirtuche bedeckt worden, dann heisses
oder kaltes Wasser, je nachdem vorgeschrieben, aufgegossen,
so dass dasselbe etwas über der Substanz steht und die fest-
gesetzte Zeit stehen gelassen. Dann lasse ich die Flüssigkeit ablaufen und wiederhole diese Operation in der Regel
noch zweimal. Das vom dritten Auszuge zuletzt Ablaufende
ist immer nur sehr wenig mehr gefärbt und die Substanz
also vollständig erschöpft.

Auf diese Weise habe ich sehr wenig Arbeit und erhalte vollkommen klare Flüssigkeiten, die sofort eingedampft werden können.

Ich erhielt nun Ausbeuten im Mittel an:

Extractum Aloës 60 %.

      „   Cardui benedicti 34 %.

      „   Cascarillae 8,5 %.

      „   Catechu 64 %.

      „   Centaurii minoris 26 %.

      „   Chinae Calisayae frigide paratum 8,5 %.

      „   Chinae fuscae 14 %.

      „   Chinae fuscae frigide paratum 15 %.

      „   Colocynthidis 32 %.

(Drei Theile Koloquinten geben etwa 1 Theil Pulpa.)

Extractum Colombo 10 %.

      „   Conii maculati 3 %.

      „   Dulcamarae 16 %.

      „   Ferri pomatum 4,6 %.

      „   Gentianae 27 %.

      „   Helenii 31 %.

      „   Hellebori nigri 25 %.

      „   Hyoscyami 1,5 %.

      „   Ligni Campechiani 7 %.

      „   Ligni Quassiae 3 %.

      „   Myrrhae 50 %.

      „   Opii 51 %.

      „   Pimpinellae 20 %.

      „   Radicis Glycyrrhizae 20 %.

      „   Ratanhae 12 %.

      „   Rhei 33 %.

      „   Sambuci 8 %.

      „   Scillae 68 %.

      „   Secalis cornuti 14 %.

      „   Seminis Colchici acidum 25 %.

      „   Seminis Strychni spirituosum 10 %.

      „   Senegae 23 %.

Extractum Taraxaci, aus frischer Substanz 5 %.

   „ Taraxaci, aus trockner Substanz 22 %.

   „ Trifolii 34 %.

Ueber Verunreinigung von Gummi arabicum.

Von Demselben.

Ein, vor einiger Zeit von einem renommirten Handlungshause der Rheinprovinz bezogenes Gummi arabicum albissimum electum enthielt Bassorin.

Zur Klärung des Honigs.

Von Adelbert Geheeb, Apotheker in Geisa.

In Nr. 11 der „pharmaceutischen Zeitung" (vom 8. Februar 1871) findet sich folgende Notiz:

„Heugel in Tauroggen hat nach der russischen Zeitschrift für Pharmacie als Klärungsmittel des weissen Honigs das Magnesiacarbonat mit glücklichem Erfolge angewendet. Man löst den käuflichen weissen Honig in gleichen Theilen kalten Wassers, giesst in eine Flasche, setzt auf je zwei Pfund dieser Lösung eine Drachme kohlensaurer Magnesia zu, lässt unter öfterem Umschütteln eine Stunde lang stehen und filtrirt endlich. Man erhält so ein vollständig klares Filtrat, welches ohne Weiteres auf dem Dampfbade zur Syrupconsistenz eingedampft werden kann."

Im vorigen Frühling, als dieses Präparat gerade defect war, habe ich es nach der eben beschriebenen Methode dargestellt und bin in der That überrascht von der vorzüglichen Beschaffenheit des so gereinigten Honigs. Indessen hat dieses Verfahren, wie mir scheint, einen kleinen Uebelstand: die sehr langsame Filtration! Zwölf Zollpfund Landhonig, mit der gleichen Menge kalten Wassers und 45 Grm. Magnesia-

carbonat behandelt, wurden auf 4 grossen Trichtern durch
schwedisches Filtrirpapier filtrirt; am 2. Tage waren die Filter erneuert worden. — Die Flüssigkeit war erst nach
88 Stunden durchgelaufen! —

Dasselbe Quantum Honig würde, nach der Methode mit
w e i s s e m B o l u s geklärt (wie ich sie auf Seite 244 des
135. Bandes dieses Archivs beschrieben habe), in spätestens
3 Stunden filtrirt worden sein. —

Daher dürfte sich diese neue Reinigungsmethode (mit
kohlensaurer Magnesia) vorzugsweise für die kalte Jahreszeit
empfehlen; im Sommer dagegen, wo die Arbeit, der Belästigung von Bienen etc. wegen, möglichst rasch vollzogen werden muss, möchte ich der Schnellklärungsmethode (mit Bolus)
den Vorzug geben. Es hat aber ersteres Verfahren wieder
einige Vortheile für sich. Etwaige Säure im Honig wird
durch die kohlensaure Magnesia gleichzeitig abgestumpft, und
für sein Aroma dürfte die kalte Operation sicher günstiger
sein, als das Aufkochen bei der Bolus - Methode. —

Immerhin aber liefern beide Wege ein ganz vorzügli-
ches Präparat, und es wäre sehr zu wünschen, d a s s e i n e r
d e r s e l b e n a u c h i n d e r n e u e n d e u t s c h e n P h a r -
m a c o p ö e a n g e n o m m e n u n d d i e a l t e M e t h o d e m i t
K o h l e f ü r i m m e r v e r b a n n t w ü r d e.

Geisa, im September 1871.   *A. Geheeb.*

Die Reinigung des Honig's mittelst Magnesia car-
bonica ist schon 1845 vom Apotheker J o n a s in Eilen-
burg vorgeschlagen; man vergleiche meine Mittheilungen über
die verschiedenen Reinigungsmethoden des Honigs im Archiv
der Pharmacie 1865. II. R. 123. Bd. S. 18.

                                        H. Ludwig.

II. Geheimmittel; Toxikologie.

Ueber den Geheimmittelschwindel im Allgemeinen und das Euchlorin des Dr. Meltzen insbesondere.

Von Dr. Herm. Vohl in Cöln.

Zu allen Zeiten hat der Geheimmittelschwindel bestanden und kein Volk der alten Zeit und Jetztzeit ist demselben fremd geblieben. Alle sind mehr oder minder diesem höchst einträglichen, aber verabscheuungswürdigen Betruge in der einen oder der anderen Form ausgesetzt gewesen.

Die Gewinnsucht und die Unverschämtheit auf der einen, die Unwissenheit, der Aberglaube und die Leichtgläubigkeit auf der andern Seite waren von jeher die mächtigsten Stützen desselben.

Mit dem Fortschritt, welchen die medicinischen Wissenschaften, unterstützt von den wichtigen und weittragenden Entdeckungen der Naturwissenschaften, erfuhren, hätte man a priori annehmen sollen, dass diesem schamlosen, gefährlichen und betrügerischen Treiben des Geheimmittelschwindels ein Ziel gesetzt würde.

Die Erfahrung zwingt uns aber leider zu dem Bekenntnisse, dass der Aufschwung, den diese Wissenschaften im Allgemeinen und im Besondern die Chemie machten, diesem verderblichen Treiben nicht steuerte, sondern im Gegentheil demselben gleichsam in die Hände arbeitete und dass mit diesem Fortschritt sich die Zahl der Geheim- und Präservativmittel vermehrte, dass die Quacksalberei und die Charlatanerie in bedenklicher Weise zunahmen.

Jedes Licht verbreitet einen Schatten um sich her, welcher um so dunkeler sein wird, je heller sein Leuchten ist. So hat denn auch der Fortschritt, den die Natur- und medicinischen Wissenschaften erfuhren, neben dem vielen Guten manches Böse ins Leben gerufen.

Seitdem die Lehren der Naturwissenschaften und besonders die Chemie in weitern Kreisen Eingang gefunden haben, klagt man überall über die immer mehr und mehr überhandnehmenden Verfälschungen der nothwendigsten Lebensbedürfnisse und über das Auftreten unzählbarer Präservativ- und Geheimmittel.

Dass diese Klagen hinreichend begründet sind, unterliegt keinem Zweifel, man würde jedoch unrecht handeln, wollte man der Chemie allein die Schuld aufbürden.

Es ist die gleichsam krankhaft gesteigerte Gewinnsucht des Menschen, die, mit einer unbegrenzten Unverschämtheit gestählt, sich die Unwissenheit, den Aberglauben und die Leichtgläubigkeit des Publikums zu Nutzen macht, um ohne grosse Mühe und schnell in den Besitz von Reichthümern zu gelangen.

Die Chemie ist es aber auch, welche alle diese Missgeburten der Schlauheit brandmarkt und jeden Schlupfwinkel durchstöbert, um der geflissentlichen Täuschung und der Heuchelei die Maske zu entreissen, um sie dem Publikum in dem wahren Lichte zu zeigen, gerade so, wie sie dem Giftmörder zwar das Mittel zu seinem Verbrechen in die Hand giebt, ihn aber auch seines Verbrechens überführt und der gerechten Strafe zuführt.

Welchen Scharfsinn man auch immerhin anwenden möge, die Chemie versteht es meisterhaft, den Betrüger, wenn er auf Kosten der Chemie gesündigt hat, zu entlarven.

Wenn man die Geheim- und Präservativmittel, welche heutigen Tages feilgeboten werden, zusammenstellt, so findet man, dass es kein Land der Erde giebt, welches nicht gegen eine jede Krankheit, gegen ein jedes Leiden eine Unzahl sogenannter Heil- und Präservativmittel aufzuweisen hätte.

Besässe aber auch nur der hundertste Theil dieser angepriesenen Mittel nur die Hälfte der ihnen angedichteten und
nachgerühmten Heil- und Schutzkräfte, es dürften dann auf
unserer weiten Erde keine Krankheiten mehr existiren und
das Auftreten der Epidemien wäre zur reinen Unmöglichkeit
geworden; die Aerzte wären überflüssig und könnten die
Hände in den Schooss legen.

Aber abgesehen davon, dass die meisten dieser gepriesenen Mittel einer jeden Heil- oder Schutzkraft entbehren, giebt
es viele darunter, welche wirkliche Gifte oder Substanzen
enthalten, die einen nachtheiligen Einfluss auf die Gesundheit
des Menschen ausüben können und nicht allein das Uebel
nicht heben, sondern zu dem ursprünglichen Leiden oft neue
hinzufügen, welche den Organismus zerrütten und schliesslich
häufig den Tod zur Folge haben.

Die grosse, oft nicht im Entferntesten geahnte Gefahr, in
welche der Gebrauch dieser sogenannten Heil- und Präservativmittel den Menschen stürzt, macht es einem jeden
Kundigen und Sachverständigen zur Pflicht, derartige Schwindeleien aufzudecken und das Publikum vor diesen falschen
Propheten zu warnen, wodurch dann auch die betreffende Behörde in den Stand gesetzt wird, diesem unheilbringenden
Unfug zu steuern. —

Hier in Cöln sind in neuerer Zeit mehre sogenannte
Präservativ- und Heilmittel aufgetaucht, die eine besondere
Beachtung verdienen und welche ich einer gründlichen Untersuchung unterworfen habe.

Vor allen andern halte ich es für nothwendig, ein Geheimmittel, welches gleichsam ein Universal-Präservativ-
tiv-Mittel repräsentiren soll, einer tiefen einschneidenden
Besprechung, vom wissenschaftlichen Standpunkte aus, zu
unterwerfen, weil eben der Fabrikant sich mit seinem wissenschaftlichen Standpunkte brüstet und sich mit
einem Wissenschafts-Schwindel-Nimbus umgiebt,
durch welchen das Publikum irre geführt wird und grosses
Unheil angerichtet werden kann. Es ist der Euchlorin-
Toilette-Essig (Preservatif-Cosmetique), Schutz

gegen Ansteckung *aller* Art (?), von Dr. E. Meitzen, Chemiker (?!) in Cöln am Rhein.

Das Mittel besteht aus zwei verschiedenen Flüssigkeiten, welche sich in kleinen Glasflaschen befinden. Eines der beiden Gläschen ist schwachblau gefärbt und enthält eine farblose klare Flüssigkeit, welche mit Euchlorin signirt ist. Das andere ist von weissem Glase und enthält eine braungefärbte Flüssigkeit; es ist mit Toilette-Essig bezeichnet.

I. Bestandtheile der in dem blauen Glase mit Euchlorin bezeichneten Flüssigkeit.

Was die Benennung Euchlorin anbelangt, so ist dieselbe nicht neu, sondern wurde schon von H. Davy im Jahre 1811, also schon vor 60 Jahren, einem gasförmigen Körper gegeben, welcher entsteht, wenn man chlorsaures Kali mit verdünnter Chlorwasserstoffsäure in gelinder Wärme behandelt. Wegen der schönen, gelbgrünen Farbe nannte Davy dieses Gas Euchlorin, zusammengesetzt aus εὖ (schön, sehr) und χλωρός (gelbgrün). Nach Millon enthält das Davy'sche Euchlorin die sogenannte Chlorochlorsäure. Es wurde dadurch die Ansicht, dass das Euchlorin Chloroxydul oder chlorige Säure sei, widerlegt. — Mit welchem Rechte Meitzen der betreffenden Flüssigkeit diesen Namen beilegte, werden wir später sehen. Keineswegs ist derselbe durch die Farbe der Flüssigkeit, die bei der Etymologie ursprünglich doch maassgebend war, gerechtfertigt.

Das Meitzen'sche Euchlorin ist eine farblose, ziemlich klare Flüssigkeit, hat einen, dem der Bleichsalze zukommenden Geruch und entsprechenden Geschmack, reagirt stark alkalisch und bleicht zuletzt das blaue Lackmuspapier. Das spec. Gewicht ist bei + 15°C. = 1,0239 (Wapor = 1).

10 Cubikcentimeter dieser Flüssigkeit hinterlassen, im Wasserbade abgedampft und bei 100°C. getrocknet, 0,324 Grm. Rückstand. Dieser Rückstand entwickelt beim schwachen Glühen Sauerstoffgas. Der Glührückstand giebt, in wässeriger Lösung mit Salpetersäure angesäuert und mit

salpetersaurem Silberoxyd versetzt, einen starken, käsigen Niederschlag von Chlorsilber, wohingegen die ursprüngliche
Lösung einen viel geringeren Niederschlag mit diesem Reagens erzeugte.

Wird die ursprüngliche Flüssigkeit mit Essigsäure vorsichtig neutralisirt und alsdann mit salpetersaurem Quecksilberoxydul versetzt, so entsteht ein weisser, schwerer Niederschlag von Kalomel, welcher sich nach und nach in der
Flüssigkeit löst, indem er sich in Quecksilberchlorid verwandelt. Salpeters.- oder essigsaures Bleioxyd erzeugt in der
Flüssigkeit zuerst einen weissen Niederschlag, der jedoch
sofort durch Gelb, Orange und Braun in dunkel Rothbraun
übergeht und zwar durch Bildung von Bleihyperoxyd.
Mit Salz- oder Schwefelsäure versetzt, entwickelt diese Flüssigkeit neben einer geringen Menge von Kohlensäure Chlor.
Essigsäure bewirkt dieselbe Zersetzung, nur minder lebhaft.

An Basen enthielt die fragliche Flüssigkeit ausser Natron nur Spuren von Kalk und Magnesia. Schwefelsäure enthielt dieselbe nur in äusserst geringer Menge.

Das Ergebniss der chemischen Analyse lässt diese Flüssigkeit als eine schwache Auflösung von unterchlorig-
saurem Natron erkennen, welche mit Chlornatrium
und kohlensaurem Natron verunreinigt ist und ausserdem noch Spuren von Kalk, Magnesia und Schwefelsäure enthält.

Das Meitzen'sche Euchlorin ist also nichts anderes, als
die seit 46 Jahren bekannte Labarraque'sche Flüssigkeit. (Siehe: De l'emploi des chlorure d'oxyde de sodium
et de chaux, par A. G. Labarraque, Pharmacien de Paris
1825). Es wurde Labarraque für seine Erfindung von
der Société d'encouragement pour l'industrie nationale in Paris die Preismedaille zuerkannt und am 20. Juni 1825 wurde
ihm von der französischen Akademie der Wissenschaften der
Montyons'sche Preis von 3000 Francs ertheilt. Schon damals wurde von Labarraque diese Flüssigkeit zur Desinfection angewandt.

Die, dieser Natronverbindung entsprechende **Kaliver**-**bindung** (**unterchlorigsaures Kali**) wurde zuerst von dem Franzosen **Javelle** dargestellt und nach ihm auch **Ja**-**velle'sches Wasser** oder **Bleichwasser** genannt. Beide Verbindungen haben ganz gleiche Eigenschaften bezüglich ihrer bleichenden und desinficirenden Kraft, ebenso sind beide sowohl in Lösung, wie auch in fester Form unter gleichen Verhältnissen einer allmähligen Zersetzung unterworfen.

Man stellt diese beiden Salze am besten dar, indem man äquivalente Mengen von **Chlorkalk** mit den betreffenden kohlens. Alkalien in wässriger Lösung zusammenbringt. Unter Abscheidung von kohlens. Kalk bildet sich dann das entsprechende unterchlorigsaure Alkalisalz. Ein kleiner Ueberschuss des kohlensauren Alkalis e r h ö h t die Haltbarkeit der Verbindung, kann aber die allmählige Zersetzung n i c h t aufheben. Die Gegenwart von leichtoxydirbaren und organischen Substanzen, wie z. B. Staub, Harzen, ätherischen Oelen, Alkohol, Holzgeist, Pflanzenfasser, resp. Holzsubstanz bewirken s o f o r t eine Zersetzung dieser Verbindung, auch selbst dann, wenn ein bedeutender Ueberschuss an kohlensaurem Alkali vorhanden ist und die Flüssigkeit alkalisch reagirt. Die Gegenwart einer freien Säure beschleunigt die Zersetzung ungemein.

Was die desinficirende Kraft der unterchlorigsauren Alkalisalze anbetrifft, so haben sie vor dem Chlorkalk **k e i n e n** Vorzug. Im Gegentheile, sie sind kostspieliger und enthalten bei gleichen Gewichtstheilen weniger wirkendes Chlor, weil die Sättigungscapacität bei den Alkalien geringer, wie beim Kalk ist; der allmähligen Zersetzung sind alle gleich stark unterworfen.

Aus dieser Untersuchung geht zu Genüge hervor, dass das Meitzen'sche **Euchlorin** nichts Anderes als die längst bekannte **Labarraque'sche Flüssigkeit** und die von Meitzen gewählte Benennung durchaus n i c h t w i s s e n - s c h a f t l i c h b e g r ü n d e t und demnach unpassend ist. Der Zweck, warum Meitzen dieser Flüssigkeit den Namen **Euchlorin** gab, ist nicht zu verkennen. —

II. Bestandtheile der in dem weissen Glase mit
   Toilette-Essig bezeichneten Flüssigkeit.

Der Meitzen'sche Toilettenessig hat eine braune Farbe,
einen alkoholisch-aromatischen, säuerlichen Geruch, einen aromatischen, scharfen und sauren Geschmack und reagirt stark
sauer.

Mit Wasser gemischt, tritt sofort unter schwacher Er-
wärmung eine milchige Trübung unter Ausscheidung von
Harz und ätherischen Oelen ein. Das spec. Gewicht dieser
Flüssigkeit war bei + 15°R. = 0,889.

Um annähernd die Hauptbestandtheile dieser
Flüssigkeit kennen zu lernen, wurde in nachfolgender Weise
verfahren.

Einige Kubikcentimeter der fraglichen Flüssigkeit wurden in einem Platinschälchen erhitzt. Es entwickelten sich
leicht brennbare Dämpfe, welche zuerst mit einer wenig leuchtenden blauen, später mit leuchtender und zuletzt mit russen-
der Flamme verbrannten. Wurde die Flamme nach dem
ersten Stadium gelöscht, so traten essigsaure Dämpfe auf;
im letzten Stadium reizten die sich entbindenden Dämpfe zu
einem heftigen Husten, wie man solches bei der dampfförmi-
gen Benzoësäure beobachtet. Auch erinnerte der sich ver-
breitende Geruch an Benzoëharz.

Die zurückbleibende kohlige Masse verbrannte mit Hinterlassung einer sehr geringen Aschenmenge.

Nach dieser Vorprüfung wurden 50 Kubikcent. (ein ganzes Gläschen) mit einer concentrirten Auflösung von kohlensaurem Kali neutralisirt und alsdann bei guter Kühlung der
Destillation unterworfen.

Das Destillat hatte einen starken aromatischen Geruch,
dem des Kölnischen Wassers sehr ähnlich und war leicht
entzündlich.

Mit Wasser gemischt, erfolgte eine starke, milchige Trübung und Ausscheidung von ätherischen Oelen.

Zu dem Destillat wurde so lange Wasser zugesetzt, bis
keine Trübung mehr erfolgte und alsdann vermittelst eines

Scheidetrichtern das Oel von der wässerigen Flüssigkeit
getrennt.

Das abgeschiedene, ätherische Oel wurde keiner weiteren
chemischen Untersuchung mehr unterworfen, da sie zwecklos
gewesen wäre. Dem Geruch nach zu urtheilen, war es ein
Gemisch verschiedener Oele der Citrus-Arten, wie sie
zur Bereitung des Kölnischen Wassers in Anwendung
kommen.

Die wässrige Flüssigkeit wurde nun mit Kochsalz gesättigt und der Destillation unterworfen. Nach einer zweimali-
gen Rectification wurde das Destillat zuerst mit kohlensaurem
Kali entwässert und einer nochmaligen Destillation unterworfen. Das Destillat wurde nach einer vollständigen Entwässe-
rung mit Aetzkalk nochmals rectificirt. Dem Destillat haftete
noch immer ein schwacher Geruch nach den ätherischen Oelen
an; im Uebrigen war der Geruch geistig und erinnerte an
ein Gemisch von Alkohol und Holzgeist (Methyl-
oxydhydrat.) Eine partielle Trennung wurde durch eine
fractionirte Destillation mit eingesenktem Thermometer erzielt.
Die Flüssigkeit gerieth schon unter 60° C. ins Sieden; bei
+ 68° C. war der Siedepunkt ziemlich fest. Das Ueberge-
hende wurde separirt, ebenso das Destillat, welches bei + 73°
bis 79° C. erhalten wurde.

Ein Theil des letzten Destillates wurde in einer Retorte
unter Zusatz von saurem chromsauren Kali und Schwefelsäure
bei guter Kühlung (mit Eis) der Destillation unterworfen.
Unter Bildung von Chromoxyd ging eine saure, stark nach
Aldehyd riechende Flüssigkeit über, welche, mit Kreide
neutralisirt, der Rectification unterworfen wurde. Das erhaltene Destillat gab, mit Ammoniak und salpetersaurem Silberoxyd versetzt, beim Erwärmen im Wasserbade einen glänzenden Silberspiegel. Mit Aetzkali versetzt, bräunte sich das
Destillat stark und schied auf Zusatz einer Säure Aldehyd-
harz ab. Wurde das Destillat mit Ammoniak gesättigt und
alsdann mit Schwefelwasserstoff behandelt, so bildete sich das
von Liebig entdeckte Thialdin.

Diese Reactionen geben unzweifelhaft die Gegenwart von Alkohol (Aethyl-Alkohol) in dem Maitzen'schen Toilette-Essig zu erkennen; nichts destoweniger wurde auch noch durch Behandeln des Destillates mit Platinschwarz neben Ameisensäure auch Essigsäure erzeugt, wodurch denn wiederum die Anwesenheit des Aethyl-Alkohols im Destillate nachgewiesen wurde. Wurde ein Theil des Destillates, welches bei + 68°C. gewonnen worden war, mit Oxalsäure und Schwefelsäure der Destillation unterworfen, so resultirte eine Flüssigkeit, welche beim Verdunsten tafelförmige Krystalle lieferte. Eine Verbrennung dieser Krystalle mit chromsaurem Bleioxyd ergab die procentische Zusammensetzung des oxalsauren Methyloxyds. Auch die vorhinerwähnte Bildung von Ameisensäure bei der Behandlung des zweiten Destillates mit Platinschwarz spricht für die Anwesenheit von Holzgeist (Methylalkohol).

Da die Anwesenheit des Holzgeistes unzweifelhaft dargethan worden war und derselbe stets von Ketonen begleitet ist, so wurde zum Nachweis der letzteren das Destillat benutzt, welches zuerst, also vor + 68°C. übergegangen war.

Die Ketone der Fettreihe wurden als Colloïd-Körper nach der vortrefflichen Methode von J. E. Reynolds nachgewiesen. (Siehe: Bericht der deutschen chemischen Gesellschaft zu Berlin, Vierter Jahrgang Nr. 8 (1871) Seite 483.) Das muthmaasslich ketonhaltige Destillat wurde mit verdünnter wässriger Kalilauge versetzt und zu diesem Gemisch vorsichtig eine wässrige Quecksilberchloridlösung tropfenweise zugegeben. Das ausgeschiedene Quecksilberoxyd löste sich wieder vollständig zu einer klaren, farblosen Flüssigkeit. Bei fortgesetztem Zusatz entstand ein weisser Niederschlag. Durch Filtration wurde der Niederschlag von der alkalischen Flüssigkeit getrennt. Das Filtrat bildete eine schwach gelbliche, opalescirende Flüssigkeit. Dieselbe wurde nun der Dialyse unterworfen und die wässerige Lösung im Dialysator durch Abdampfen über Schwefelsäure concentrirt. Wurde die erhaltene Flüssigkeit bis + 50°C. erwärmt, so gelatinirte sie vollständig; durch Zusatz einer Spur von einer freien Säure wurde sie ebenso zum Gerinnen gebracht. Diese Reactionen geben die Anwesenheit von einem Keton aus der Reihe der fetten Säuren unzweifelhaft zu erkennen. Ich glaube nicht, dass dem Herrn Meitzen die Anwesenheit von Ketonen dieser Art in seinem Toilette-Essig bis jetzt bekannt war. Er würde sonst gewiss in irgend einer Weise daraus Kapital geschlagen haben, obgleich diese Körper in keiner Hinsicht eine desinficirende Kraft besitzen. —

Der Retorteninhalt, welcher bei der Destillation des mit kohlensaurem Kali versetzten Toilette-Essigs als Rückstand blieb, hatte eine erhebliche Menge eines dunkelbraunen Harzes abgeschieden. Die Flüssigkeit schied beim Erkalten ein Salz in kleinen Nadeln und Schüppchen aus. Dieses Salz wurde durch Filtration von der Flüssigkeit getrennt und zwischen Fliesspapier bis zum Trocknen ausgepresst. Ein Theil der Salzmasse wurde im Wasser gelöst und mit Salzsäure zersetzt. Es schied sich Benzoësäure aus. Zur weitern Bestätigung derselben wurde die gewonnene Säure der Sublimation zwischen Uhrgläsern unterworfen.

Die von der Salzmasse getrennte Mutterlauge, welche einen Ueberschuss von kohlensaurem Kali enthielt, wurde nun mit verdünnter Schwefelsäure zersetzt und der Destillation unterworfen. Es wurde eine sehr saure Flüssigkeit von starkem Essiggeruch erhalten. Ein Theil des Destillates, mit Alkohol und Schwefelsäure versetzt, zeigte beim Kochen den characteristischen Geruch nach Essigäther; ein anderer Theil, mit Bleioxyd im Ueberschuss versetzt, ergab beim Digeriren eine stark alkalisch reagirende Lösung von basisch essigsaurem Bleioxyd.

Der Meitzen'sche Toilette-Essig besteht demnach aus einer Auflösung von Benzoëharz und einem Gemisch ätherischer Oele verschiedener Citrus-Arten in einer Mischung von Alkohol, Holzgeist und concentrirter Essigsäure, die als Verunreinigung, resp. nur zufällig, Ketone der Reihe der fetten Säuren enthält.

Da Meitzen auch Kölnischwasser-Fabrikant ist, so wird er zur Darstellung seines Toilette-Essigs die verharzten Essenzrückstände, die wegen ihrer dunkeln Farbe sich zur Kölnischwasserbereitung nicht mehr eignen, benutzen. Es geht dieses aus der äusserst weichen Beschaffenheit des ausgeschiedenen Benzoëharzes hervor, die durch die Gegenwart der Weichharze der verharzten Essenzrückstände bedingt wird.

Dieses Meitzen'sche Geheimmittel wird in verschiedenen Quantitäten zu den beigefügten Preisen verkauft: '

1) Taschenformat (2 Flacons à 50 Cubikcent. Inhalt) zu 20 Sgr.;

2) Reiseformat (2 Flacons à 100 Cubikcent. Inhalt) zu 1 Thlr. und

3) Hausformat (2 Flacons à 200 Cubikcent. Inhalt) zu 1 1/2 Thlr.

Der eigentliche Werth dieser Substanzen, die Flacons mit einbegriffen ist beim:

1) Taschenformat circa (Euchlorin 1 Sgr. u. Toilette-Essig 3 Sgr.) 4 Sgr.;

2) Reiseformat circa (Euchlorin 1 1/2 Sgr. und Toilette-Essig 5 1/2 Sgr.) 7 Sgr. und

3) Hausformat circa (Euchlorin 2 1/2 Sgr. und Toilette-Essig 10 1/2 Sgr.) 13 Sgr.

Dass Herr Dr. Meitzen bei diesen exorbitant hohen Preisen keinen Schaden leidet, ist klar. Aber selbst die übertrieben hohen Preise würden sich in einer Hinsicht rechtfertigen lassen, wenn der von Meitzen angegebene und marktschreierisch ausposaunte Zweck einer Universaldesinfection damit erreicht würde.

In einem kleinen, dem Geheimmittel beigegebenen Schriftchen sagt Dr. Meitzen bezüglich der Anwendung Folgendes:

(Seite 8.) Man schüttet in ein Gläschen einen Theelöffel des Toilette-Essigs und nach dem Augenmaass 10 bis 20 (aber nicht mehr) Theelöffel Wasser, nimmt von dieser Milch etwas in die hohle Hand und bestreicht den Körper.

Dasselbe thut man gleich, ohne Wasser zuzusetzen, mit dem Euchlorin, indem man etwas davon wie es ist, auf die hohle Hand giesst und überreibt, ohne dass man nöthig hätte, es förmlich ein- oder trocken zu reiben. Es ist gleichgültig, ob die Stellen von der ersten Befeuchtung schon trocken oder noch feucht sind, denn auch die getrocknete Stelle hält zunächst noch so viel Säure fest, dass das Euchlorin darauf völlig wirksam wird. Irgend welche Vorsicht ist hierbei nicht nöthig.

1 Grm. Toilette-Essig, in circa 15 Grm. Wasser gegossen und 15 Grm. Euchlorin genügt für den gesammten Körper; die Anwendung einer einzelnen der beiden Substanzen bringt ersichtlich die gewünschte Wirkung nicht hervor (??!) auch darf man nicht zuerst mit Euchlorin befeuchten, indem dies die Wirkung abschwächen (?) und unzuverlässig machen würde; wohl aber vor und nach diesem mit Toilette-Essig."

Um die Frage „ist das Meitzen'sche gepriesene Geheimmittel ein wirkliches Präservativmittel, welches durch die Einwirkung der beiden Flüssigkeiten auf einander eine wirkliche Desinfection bewirkt?" zu beantworten, muss man zunächst den chemischen Vorgang, der bei der Vermischung der beiden Flüssigkeiten eintritt, sich vergegenwärtigen.

Auf der einen Seite ist ein unterchlorigsaures Salz (sog. Euchlorin), welches auf der andern Seite mit einer Mischung von Alkohol, Holzgeist, Harzen, ätherischen Oelen und Essigsäure zusammen kömmt und es wird auch dem Laien klar werden, dass sich hier die desinficirende Kraft des aus dem unterchlorigsauren Salze sich entbindenden Chlors nicht geltend machen kann, weil das durch die Essigsäure entbundene Chlor sofort mit einer ganzen Reihe organischer Körper zusammen kömmt, die sich augenblicklich mit ihm verbinden und dadurch eine Desinfection unmöglich machen.

Herr Dr. Meitzen müsste denn doch als gewesener Apotheker wissen, dass man vermittelst eines Schwammes, den man mit Weingeist getränkt hat und vor Mund und Nase bindet, den schädlichen Einfluss einer chlorhaltigen At-

mosphäre abwendet, weil eben der Alkohol sich sofort des
freien Chlors bemächtigt.

Das unterchlorigsaure Natron, allein angewandt, übt
bekanntlich eine desinficirende Kraft aus, mit einem Mixtum
wie der Meitzen'sche Toilette-Essig aber zusamm-
mengebracht, ist die Wirkung gleich Null. Selbst ohne die
Gegenwart einer freien Säure werden die unterchlorigsauren
Alkalisalze von Weingeist, Holzgeist, ätherischen Oelen und
Harzen zerstört. Dieses ist eine zu bekannte Thatsache, und
in jedem Lehrbuch der organischen Chemie kann sich Herr
Dr. Meitzen hierüber Aufklärung verschaffen.

Ferner ist noch zu betonen, dass der hohe Harzgehalt
des Meitzen'schen Toilette-Essigs den Körper mit einer
dünnen Harzschicht überzieht, die selbst in dem Falle, dass
wirklich Chlor frei würde, den Körper vor der desinficironden
Kraft des Chlors schützt, so dass auch bei einem massenhaf-
ten Auftreten von Chlor erst die Harzschicht überwunden
werden muss. Da nun die Einreibung mit dem Toilette-Essig
dem Euchlorin vorhergeht, so wird, wenn sich ein Ansteckungs-
stoff auf der Haut befindet, derselbe von dem Harze bedeckt
und der Einwirkung des Euchlorins entzogen. Mischt man
die beiden Meitzen'schen Flüssigkeiten zusammen, so entbin-
det sich auch keine Spur von Chlor, ein Beweis, dass,
auch auf den menschlichen Körper applicirt, eine Desinfection
nicht stattfinden kann. Das Meitzen'sche Geheimmittel
ist also trotz seines hohen Preises in dieser Hinsicht vollständig wirkungslos.

Welche Mittel Herr Dr. Meitzen anwendet, um sein
Fabrikat an den Mann zu bringen, erhellt aus nachfolgenden
Anzeigen, welche er in der Kölnischen Zeitung machte.

In der Kölnischen Zeitung vom 19. Februar 1871 sagt
Herr Meitzen:

„Da die Pocken noch Besorgniss erregen, so bringe ich
mein „Euchlorin" zur Bewahrung des eigenen Körpers in
Erinnerung. Warme Empfehlungen von hoher Stelle finden
sich bei mir zur vorherigen Einsicht."

Dr. Meitzen, Wallrafsplatz 10 in Cöln.

Was es mit den „warmen Empfehlungen von hoher Stelle" zu besagen hat, wird aus Nachfolgendem klar werden. Seinem Fabrikate hat Meitzen gedruckte Gutachten beigegeben, von denen ich das des Herrn Dr. W. Richter hervorhebe. Es lautet wörtlich:

„Die Komposition des Herrn Dr. Meitzen — „Euchlorin-Essig" — entspricht als Präservatif bei Krankheiten, die durch Miasmen übertragen werden, ganz dem gegenwärtigen Standpunkte der Wissenschaft und ist deswegen deren Verbreitung im Interesse der öffentlichen Gesundheitspflege sehr zu wünschen."

Cöln, im März 1870.

Dr. W. Richter, Mitglied d. Sanit.-Commiss., Vorstandsmitgl. d. Niederrh. Ver. für öffentliche Gesundheitspflege etc.

Der unterzeichnete Gutachter ist der Verwalter der Kölner Armenapotheke, welcher sich hier seines eigentlichen Standes zu schämen scheint und sich mit nichtssagenden hohlen Titeln brüstet, um dadurch dem Publikum zu imponiren. Welchen Standpunkt Herr Richter in wissenschaftlicher Beziehung einnimmt, bekundet dieses Gutachten vollständig. Er ist in dieser Hinsicht ein würdiger Genosse des Herrn Meitzen. Schon früher hatte ich Gelegenheit, die schwachen Kenntnisse des Herrn Richter in chemischer Beziehung darzulegen. (Siehe Archiv der Pharmacie. Bd. CXCIV, Seite 277 bis incl. 281 und Bd. CXCVI, Seite 203; Dingl. polyt. Journ. Bd. CXCIX. Heft 4. Seite 312 bis incl. 314 und an andern Orten.) Richter sollte doch wohl als Mitglied der Sanitäts-Commission einem jeden derartigen Geheimmittelschwindel zu steuern suchen; im Gegentheil befördert er aber hier geradezu dieses Treiben.

Am 22. Februar 1871 erschien nachfolgende Anzeige in der Kölnischen Zeitung:

„Derjenige, welcher ein Mittel anbietet, dessen Erfolg nicht durch Erfahrung oder sichere wissenschaftliche Gründe verbürgt ist, ist *unehrenhaft* und *gefährlich*. Die Prüfung und Erkennung ist nicht schwer. — Zur

Bewahrung vor Pocken müssen besonders Mund und Nase desinficirt werden; hierzu eignet sich a l l e i n das angenehme und dem Munde wohlthätige „E u c h l o r i n“ um so mehr, da es das Anstecken noch gesunder Zähne durch einzelne schlechte verhindert. Warme Empfehlungen v o n h o h e r Stelle finden sich bei mir zur vorherigen Einsicht.“

Dr. M e i t z e n, Wallrafsplatz 10.   Cöln.

Herr Dr. Meitzen hat durch diese Annonce sein eigenes Urtheil gesprochen und den Stab über sich gebrochen. Das, was ein Fremder nicht wagen durfte, öffentlich gegen ihn auszusprechen, hat Herr Meitzen selbst von sich gesagt und in einem Blatte veröffentlicht, welches circa 25000 Abonnenten zählt, welches in der ganzen civilisirten Welt verbreitet ist. Er hat sich selbst gebrandmarkt und an den Pranger der Oeffentlichkeit gestellt.

Am 8. April 1871 veröffentlichte Meitzen in demselben Blatte Nachfolgendes:

„G e g e n P o c k e n.“   (Für Sachverständige.)

„ Unzweifelhaft sind Chlor und Säuren die zuverlässigsten Mittel gegen j e d e s C o n t a g i u m (Pocken, Scharlach, Cholera, Syphilis) wie gegen die Verderbniss noch gesunder Zähne durch hohle. Zu allgemeiner Benutzung müssen aber beide vereint, kräftig wirksam, dabei unschädlich, angenehm und ohne Belästigung auf dem eigenen Körper, in Mund und Nase etc. anwendbar sein. Das Chlor muss sich in Verbindung mit Oxygen und Essigsäure auf beliebiger Stelle und nur in nöthigem Maasse sich selbst entwickeln.

Dies ist hergestellt und a m t l i c h e Empfehlungen (bei mir und in den Depots) bezeichnen als „v o r z ü g l i c h“ mein „E u c h l o r i n.“ Etuis in Haus-, Reise- und Taschenformat.“

Dr. E. M e i t z e n, Apotheker und Privatlehrer der Chemie. (?!!)
Cöln, Wallrafsplatz 10.

Es gehört eine gute Portion Dreistigkeit dazu, einen solchen Galimathias mit wissenschaftlichem Anstrich zu veröffentlichen und in einer solchen Weise dem gebildeten Publikum entgegen zu treten.

Abgesehen davon, dass dem Publikum in diesem Pseudo-Universal-Präservativ-Mittel für theures Gold auch nicht das Mindeste geboten wird, kann die Anwendung eines derartigen wirkungslosen Mittels grosses Unheil anrichten, indem diejenigen, welche, an die schützende Kraft dieses Mittels glaubend, dasselbe anwenden, sich nun vor Ansteckungen sicher halten und sich der Gefahr der Ansteckung sorglos aussetzen. Es sind mir Fälle bekannt, dass Personen, welche durch die Anwendung des Maitzen'schen Mittels sich vor Pockenansteckung gesichert glaubten und in ihrem christlich frommen Sinn die Pflege von Pockenkranken übernahmen, angesteckt wurden und als Opfer derselben fielen. Es würde dieses wahrscheinlich nicht geschehen sein, wenn sie nicht durch das Maitzen'sche Mittel sicher gemacht, d. h. irregeführt, sich in die Gefahr begeben hätten. — Pereant errores, vivant homines! —

Cöln, im Juni 1871.

Ueber eine bleihaltige Pommade.

Von Adelbert Geheeb, Apotheker in Geisa.

Im vorigen Sommer brachte mir eine Dame aus hiesiger Umgegend eine Pommade, mit dem Befragen, ob dieselbe der Gesundheit nachtheilige Bestandtheile enthalte oder nicht. Es sei, so erzählte die Dame, diese Salbe seit längerer Zeit von einer Freundin zum Färben ergrauter Haare mit ausgezeichnetem Erfolge angewendet und daher auch ihr zu gleichem Zwecke empfohlen worden; der „verdächtige" Geruch der Pommade aber habe sie misstrauisch gemacht, um so mehr, als ihre Freundin seit geraumer Zeit von einem räthselhaften Leiden befallen sei; dasselbe könne „vielleicht" in dem Gebrauche dieser Salbe seinen Grund haben. —

Dasaglas Präparat wird in Paris von Filliol und Andoque angefertigt, unter der Bezeichnung „pommade tannique pour la régénération des cheveux blancs" und in einer grösseren Stadt Süddeutschlands verkauft. In einem längeren Artikel werden in der beigegebenen Brochure die Wunderthaten des Fabrikats gepriesen, dieser Pommade, ... „qui est approuvée par plusieurs membres de la faculté de Paris!" —

Von hell bräunlichgelber Farbe, einer Chinapommade ähnlich, besitzt das Geheimmittel einen eigenthümlichen, nicht gerade angenehmen Geruch. Ein Pröbchen der Salbe, auf Kohle vor dem Löthrohr geglüht, hinterliess ein Metallkorn, das sich als Blei leicht zu erkennen gab! —

Der wässerige Auszug besagter Pommade ergab durch die Analyse eine ansehnliche Menge essigsaures Bleioxyd. Als in Wasser unlöslich, setzte sich in der geschmolzenen Salbe eine schmutzig gelbe Masse zu Boden, welche aus Schwefel bestand; der eigenthümliche Geruch, beim Schmelzen noch stärker hervortretend, liess Spuren von Perubalsam vermuthen. Dagegen konnte ein Gehalt an Tannin durchaus nicht ermittelt werden. —

Zur quantitativen Bestimmung des Blei's wurden 6 Grm. der Pommade mit heissem destillirten Wasser wiederholt ausgezogen und das Filtrat mit einem Uebermaass von verdünnter Schwefelsäure gefällt. Der ausgewaschene und getrocknete Niederschlag hinterliess nach schwachem Glühen 0,34 Grm. PbO, SO^3, welches, auf metallisches Blei berechnet, 0,232 Grm. ergab. Die Pommade enthält sonach 3,866 Procent metallisches Blei! —

Dass ein derartiger Schwindel aus Paris zu uns kommt, dürfte gerade nicht verwunderlich erscheinen; dass aber in einer Stadt unseres deutschen Vaterlandes, wo der Verkauf von Geheimmitteln polizeilich überwacht und streng controlirt wird, solche Heilmittel dem Publikum Jahre lang ungehindert feil geboten werden, das ist mir in der That ein Räthsel! —

Eine Probe dieser Pommade, sowie die betreffende Brochure, habe ich an Herrn Professor Dr. H. Ludwig in Jena eingesandt.[*) —

Geisa, im October 1871.

Arsenhaltige papierne Lampenschirme.

Im Handel kommen Schirme von starkem Papier vor, welches faltig zusammengelegt ist, so dass sich diese Schirme beliebig weiter und enger stellen lassen. Die innere Seite des Papiers ist weiss, die äussere lebhaft grün, die Farbe erinnert sofort an Schweinfurter Grün. Da die Oberfläche einen lebhaften Glanz besitzt, ist das Grün, wie es scheint, mit einem Lack vermischt, aufgetragen worden.

Beim Gebrauch liegen diese Schirme gewöhnlich auf der Milchglasglocke, namentlich an deren oberstem Theile sehr dicht auf und werden dann an jener Stelle stark erwärmt.

Ein sehr zuverlässiger Beobachter berichtet nun, dass in seinem Hause jüngst zwei Fälle vorkamen, in denen bald nach stattgehabter täglicher Anwendung solcher Schirme die Bewohner der betroffenen Zimmer acht Tage lang an einer

---

*) Stud. pharm. Herr Fr. Kessel hat auf meine Veranlassung die mir von Herrn Apoth. Geheeb freundlichst übersandte Pommade ebenfalls einer Untersuchung unterworfen und sowohl die Anwesenheit reichlicher Bleimengen, als auch die Abwesenheit des Tannin's bestätigt.

In einer Nachschrift vom 26. Novbr. meldet mir Herr Geheeb, dass auch in Weimar (Weimarische Zeitung von dems. Datum, letzte Seite sub 576. 1) eine Pommade tannique rosée von Filliol et Andoque in Paris bei A. Baudenbacher zu haben sei. Die von H. Geheeb analysirte bleihaltige Pommade von Filliol und Andoque wird in Augsburg verkauft; die Firma des betreffenden Parfumeurs war nicht zu ermitteln.

Jena, den 1. Decbr. 1871.

H. Ludwig.

schwachen Arsenvergiftung litten und dass die Krankheits-
Erscheinungen sich erst wieder verloren, als man, auf diese
Schirme aufmerksam geworden, sie nicht mehr in Gebrauch
nahm.

Obgleich nur verhältnismässig sehr kleine Mengen Ar
sen in diesem Falle sich fortgesetzt verflüchtigen werden, ist
es dennoch höchst wahrscheinlich, dass das eingetretene Uebel-
befinden der Zimmerbewohner nur dem verflüchtigten Arsen
zugeschrieben werden kann, um so mehr, da die Beobachtung
zwei Personen derselben Familie mit zwei Schirmen
und in zwei verschiedenen Wohnzimmern gemacht haben.

Jena, im Nov. 1871.

Dr. *R. Mirus.*

III. Botanik.

Ueber eine Monstrosität an Lilium Martagon L.

Von Adelbert Geheeb.

Durch die Güte des Herrn Pfarrers Hunnius in Frankenheim auf der hohen Rhön erhielt ich ein Exemplar von Lilium Martagon mit bandartig verbreitertem Stengel, welcher nicht weniger als 65 entwickelte Blüthen trug. Dieselben waren von den Blüthen der normalen Pflanze kaum verschieden, nur dass die 10—12 obersten eingeschlechtlich, und zwar männlich waren. An dem abgeschnittenen Ende zeigte der Stengel eine Breite von 20 Mm. und eine Dicke von 7 Mm., während er an der Spitze 33 Mm. breit und 4 Mm. dick erschien.

Diese Monstrosität, welche an Ort und Stelle zu beobachten mir leider nicht vergönnt war, ist an der Hecke eines Bauerngärtchens des genannten Dorfes gewachsen, in einer Höhe von circa 770 Meter über dem Meere.

Die Beschaffenheit der Stengelspitze dürfte zu der Annahme berechtigen, dass durch Vorwachsung von 5 Stengeln diese Missbildung entstanden ist.

Geisa, den 6. August 1871. (Separatabdruck aus Botan. Zeitung Nr. 40. 6. Oct. 1871).*)

---

*) Die beifolgende Zeichnung, von meinem Schwager Albert Calmberg nach der Natur aufgenommen, stellt a) den Blüthenstrauss, b) die Stengelspitze in natürlicher Grösse dar.

A. Geheeb.

B. Monatsbericht.

I. Physik und Chemie.

Zur Theorie der Körperfarben.

Von W. Stein.*)

Zur Aufstellung einer umfassenden Theorie der Körperfarben fehlen zwar zur Zeit noch die wichtigsten Unterlagen; eine theoretische Erklärung der wenigen von mir constatirten Thatsachen auf diesem Gebiete glaube ich dessenungeachtet versuchen zu dürfen. Ich gehe dabei von der mehr und mehr Boden gewinnenden Ansicht aus, dass das Licht, ähnlich der Wärme, nur eine besondere Art der Atombewegung ist. Wärme und Licht können nun, wie die Erfahrung lehrt, in einander übergehen unter Umständen, welche es wahrscheinlich machen, dass ihre Verschiedenheit in der grössern oder geringern Schnelligkeit und Regelmässigkeit der Bewegung beruht. Führt man z. B. einem festen Körper eine viel grössere Menge von Wärme zu, als zur Ausdehnung in Form von Kraft verbraucht wird, so dient der Ueberschuss dazu, die Atome in immer schnellere Bewegung zu versetzen, bis die sogenannte Weissgluth eingetreten ist, was unzweifelhaft in dem auf einander folgenden Auftreten von verschiedenfarbigem Lichte sich erkennen lässt. Dieser Uebergang von Wärme in Licht ist höchst wahrscheinlich die hauptsächlichste Ursache des Wärmeverlustes, der durch die sogenannte strahlende Wärme stattfindet. Es erscheint wenigstens a priori als nothwendig, dass die in Licht übergehende Wärme als solche ebenso verschwindet, wie diejenige, welche eine Umwandlung in Kraft erleidet. Wie in dem angeführten Beispiele Wärme in Licht, so geht umgekehrt Licht in Wärme

---

*) Als Separatabdruck aus d. Journ. f. pract. Chemie, Bd. 4. S. 276 (Jahrg. 1871) vom Herrn Verf. erhalten.   H. L.

über, wenn ein weissglühender Körper langsam erkaltet,
indem die schnelleren Schwingungen des weissen Lichtes in
die langsameren des gelben und rothen Lichtes übergehen,
bis zuletzt auch dieses verschwindet.

Die Ansicht, von der ich ausgegangen bin, nöthigt zu
der ganz naturgemässen Annahme, dass die Atmosphären der
Sonne und der Planeten im Zusammenhange stehen. Die
von der selbstleuchtenden Sonne ausgehenden Schwingungen
theilen sich den leicht beweglichen Atomen der Planetenat-
mosphären mit und treffen schliesslich auf Körper, deren Atome
schwerer beweglich sind. Von diesen werden sie in der
Hauptsache entweder unverändert oder mit verändertem Tempo
zurückgeworfen (undurchsichtige weisse oder farbige Körper),
oder sie werden aufgenommen und mit gleicher oder modifi-
cirter Bewegung fortgepflanzt (durchsichtige, farblose oder
farbige Körper). Einfacher dürfte man vielleicht sagen, die
Atome der von den genannten Schwingungen erregten Körper gerathen entweder in stehende oder fortschreitende Wel-
lenbewegung.

Dass die Atome der Luft und gasförmiger Körper überhaupt vorzugsweise geeignet sein müssen, in Lichtschwingungen versetzt zu werden, lässt sich aus der Natur der Gase
folgern. Damit scheint jedoch nicht im Einklang zu stehen,
dass ihnen die Fähigkeit, leuchtend zu werden, abgeht. Indessen ist der Widerspruch nur ein scheinbarer. Wenn es
nemlich keines Beweises bedarf, dass die Lichtschwingungen
eines einzelnen Atoms für uns unmerklar sind, da wir sonst
die Atome sehen würden, so folgt von selbst, dass zur Her-
vorbringung einer Lichtwirkung die vereinigten Schwingungen
von Atomenaggregaten erforderlich sind, welche auf einem
Raume zusammenwirken, der in einem bestimmten Verhältnisse zur lichtempfänglichen Oberfläche unseres Sehorganes
steht. Nur solche Aggregate sind mit blossem Auge sichtbar und mögen der Kürze wegen optische Moleküle
heissen. Ist nun der Abstand der einzelnen Atome eines
Körpers von einander so gross, dass die erforderliche Anzahl
derselben auf jenem Raume nicht zur Wirkung kommen kann,
so ist der Körper nicht fähig, optische Moleküle zu bilden,
er ist überhaupt nicht sichtbar. Diess ist der Fall mit der
Luft und den incoërcibeln Gasen überhaupt.

Die optischen Moleküle bilden die kleinsten Grössen,
welche bei Beurtheilung der Körperfarben in Betracht kommen können und man hat deren elementare und zusammengesetzte (gemischte) zu unterscheiden. Hervorzuheben ist

hierbei zugleich, dass die Molokularfarbe häufig verschieden ist von der Körperfarbe, doch soll darauf jetzt noch nicht näher eingegangen werden. Die gemischten Moleküle sind entweder atomistisch (chemisch verbunden) oder molekular gemischt. Nur mit den letzteren, welche der Forschung am zugänglichsten sind, habe ich mich bis jetzt beschäftigt. Dieselben sind entweder Gemische von farbigen mit andersfarbigen, oder von farbigen mit weissen Molekülen. Die Veränderungen, welche durch Mischung zweier einfacher Farben, oder einer einfachen, oder zweitheiligen Farbe mit Weiss entstehen, sind so leicht vorauszusehen und zu verstehen, dass es überflüssig sein würde, sich hier damit zu beschäftigen. Dagegen bieten die Mischungen dreitheiliger Farben mit Weiss ein um so grösseres Interesse dar, als die dabei vorgehenden Veränderungen bis jetzt unerklärlich waren.

Zu den dreitheiligen Farben gehören Braun und Schwarz, denn sie enthalten, wie das Weiss, die farbigen Elemente Blau, Gelb und Roth, nur in verschiedener quantitativer Mischung. Streng genommen, muss hiernach auch das Weiss als dreitheilige Farbe aufgefasst werden und zwar ist es die neutrale Mischung der genannten Elementarfarben, während im Braun das Roth oder Gelb, im Schwarz das Blau vorherrscht. Man ist zwar gewöhnt, das Schwarz nur als Mangel an Licht anzusehen und für das Interferenzschwarz mag dies zugegeben werden, für das Schwarz als Körperfarbe aber ist es nicht der Fall. Mangel an Licht ist dieses nur insofern, als ihm Etwas zur Ergänzung des weissen Lichtes fehlt, d. h. in demselben Sinne, wie jedes farbige Licht. Wie man mit Hülfe der Farbenscheibe Weiss durch innige Mischung seiner Elemente herstellen kann, so lässt sich auch das Schwarz mischen und wird thatsächlich schon längst in der Färberei durch eine Mischung seiner Elemente im richtigen Verhältnisse erzeugt. Noch direkter erhielt ich Schwarz mit Hülfe von Mineralfarben, indem ich u. a. 4,5 Grm. Ultramarinblau, 6,0 gelbes Uranoxyd und 1,0 Mennige mit Wasser oder Weingeist zu einem Brei anrührte. Jeder, dem ich diese Mischung im nassen Zustande zeigte, erkannte sie für Schwarz an; trocken jedoch hatte sie nur eine schmutzig violette Farbe. Die Erklärung dieser Erscheinung scheint darin zu liegen, dass von den Bestandtheilen der, nur körperlichen trockenen Mischung die Farbenschwingungen zum Theil einzeln zum Auge gelangen. Indem sie aber auf die Atome des Wassers oder Weingeistes übertragen werden, vereinigen sich die verschiedenen Bewegungen zu einer einzigen mittleren, die nun allein auf das Auge wirkt. Das Wasser vermittelt die molekulare Mischung.

Wie nun im Thonerdeultramarin das schwarze Schwefelaluminium mit dem weissen Silikate, oder im Kobaltultramarin das schwarze Kobaltoxyd mit der weissen Thonerde eine blaue Farbe liefert, so ging auch das obige Gemisch in Blau über, wenn ich einen weissen Körper, nemlich kohlensauren Baryt oder Schwerspath mit Wasser dazu mischte. Durch molekulare Mischung von Schwarz mit Weiss wird also, wie hieraus ersichtlich ist, estorem Gelb und Roth entzogen und dies erklärt sich, wie ich glaube, am einfachsten auf folgende Weise: Schwarz und Weiss stellen zwei verschiedene Arten der Bewegung dar, welche in dem Gemische mit einander in Wechselwirkung treten und von denen thatsächlich die dem Weiss entsprechende vorherrscht. Unterliegen diese Bewegungen, wie nicht zu bezweifeln ist, denselben Gesetzen, wie alle andern, so müssen sie sich zu einer Resultante vereinigen, welche nach der Seite der vorherrschenden Bewegung fällt. In Folge dessen treten die vorhandenen chromatischen Aequivalente (d. h. die zu Weiss sich ergänzenden relativen Mengen von Blau, Gelb und Roth) zu Weiss zusammen, neben' welchem nun nur das überschüssige Blau übrig bleibt.

Während also bei Mischung von Weiss mit einer einfachen oder zweitheiligen Farbe in jedem Falle, mit einer dreitheiligen bei nur körperlicher Mischung, nur eine Verdünnung, eine Erhöhung des Tones eintritt, findet im letzteren Falle bei molekularer Mischung zugleich eine Zerlegung der Farbe statt, indem die äquivalenten Mengen von Blau, Gelb und Roth sich zu Weiss ergänzen oder ausgelöscht worden. Daraus folgt, dass Braun unter diesen Umständen, je nach seiner Varianz, Roth, Orange oder Gelb wird liefern müssen. Es ist ferner klar, dass Mischfarben entstehen, wenn an Stelle des reinen Weiss ein Gemisch von Weiss mit Gelb oder Roth genommen wird. Auf diese Weise erklärt sich die Entstehung von Grün durch molekulare Mischung von schwarzem Kobaltoxyd mit Zinkoxyd, welches im geglühten Zustande eine aus Weiss und Gelb gemischte Farbe besitzt.

Ueber die Schwefelbestimmung im Thonerdeultramarin.

Von Demselben.*)

Der Schwefelgehalt des Thonerdeultramarins lässt sich, wie ich schon früher gezeigt habe, mittels arseniger Säure in der von mir angegebenen Weise**) quantitativ bestimmen und zwar leuchtet ein, dass dies mit demselben Grade von Genauigkeit möglich sein muss, der den Arsenbestimmungen in Form von Schwefelarsen zukommt. Es genügt dieser auch für eine derartige Analyse vollständig. Wenn ich dessen ungeachtet (a. a. O. S. 41) ganz besonders den Kupfervitriol oder an dessen Stelle das Kupferchlorid empfohlen habe, so geschah dies theils aus dem Grunde, weil diese Bestimmung in neutraler Lösung ausgeführt werden kann, theils weil ich fürchtete, es möchte bei Anwendung von Kupfervitriol etwas schweflige Säure mit dem Schwefel unlöslich gemacht werden, was durch Anwendung von Kupferchlorid verhindert werden könnte. Als ich jedoch mit Hülfe dieses Reagenzes die Bestimmung auszuführen versuchte, erhielt ich keine übereinstimmenden Resultate und fand den Grund davon darin, dass auch das Schwefelkupfer selbst vom Kupferchlorid in schwefelsaures Kupferoxyd verwandelt wird. Das Kupferchlorid eignet sich daher in der That nicht zu dem angegebenen Zwecke. Dagegen habe ich mich überzeugt, dass der Kupfervitriol unbedenklich benutzt werden kann, es müsste denn der Ultramarin einen ungewöhnlich hohen Gehalt an schwefliger Säure besitzen. Ein Ultramarin z. B., welcher mit arsenigsaurem Natron zersetzt wurde, lieferte 9,8 p.C. Schwefel, mit Kupfervitriol zersetzt 10,0 p.C.

Ueber das Verhalten der Arsensäure gegen Salzsäure

hat Joseph Mayrhofer Versuche im Laboratorium des Prof. Volhard in München angestellt. Rohe Salzsäure aus

---

*) Als Separatabdruck aus dem Journal für practische Chemie. Band 4. Seite 281. (Jahrgang 1871) vom Hrn. Verf. erhalten. H. L.
**) Journ. f. pract. Chem. [2] 3, 40.

einer Fabrik, in welcher Pyrite zur Darstellung der Schwefelsäure dienen, enthielt 0,056 Proc. arsenige Säure.

Wird eine mit arseniger Säure verunreinigte Salzsäure
der Destillation unterworfen, so geht die ganze Menge des
Arsens in das Destillat über; der Arsengehalt des letzteren
ist zu Anfang am grössten; er nimmt allmählig ab, ohne jedoch
ganz zu verschwinden, wenn eine irgend erhebliche Menge
von Arsen vorhanden ist.

Wird eine wässrige Salzsäure von 1,09 bis 1,10 spec.
Gew. mit etwas Braunstein digerirt, oder mit Chlor
behandelt und dann destillirt, so bleibt fast die ganze Menge
des Arsens zurück, aber Spuren von Arsen lassen sich immer
im Destillat sowohl durch den Marsh'schen Apparat, als auch
durch HS nachweisen, auch wenn man die Destillation in
einem Kolben oder einer Retorte, deren Hals in die Höhe
gerichtet ist, vornimmt; und zwar finden sich, wenn das Destillat in mehren Theilen gesondert aufgefangen wird, in
jedem Theile desselben Spuren von arseniger Säure oder
Arsensäure, kein Antheil des Destillates ist vollkommen
arsenfrei.

Diese Angaben stehen in Widerspruch mit H. Rose's
Angaben (Pogg. Ann. CV, 573): „wird eine conc. wässrige
Lösung der Arsenikäure, selbst mit rauchender Salzsäure
versetzt, der Destillation unterworfen, so entweicht keine
arsenichte Säure etc."

Mayrhofer versetzte reine rauchende Salzsäure (500 CC.)
mit einer conc. Lösung von reiner Arsensäure (2 CC.). Letztere war frei von arseniger Säure: ihre Lösung wurde nach
Zusatz von Wasser, KO, C⁴O⁴ und Stärkekleister durch den
ersten Tropfen einer Hundertstel - Normaljodkaliumlösung gebläut; auch von NO⁵ war dieselbe vollkommen frei befunden
worden.

Obige Mischung wurde in einer geräumigen Retorte der
Destillation unterworfen; zur Aufnahme der gasförmig ent-
weichenden HCl war etwas Wasser vorgeschlagen. Das
Destillat enthielt von Anfang bis zu Ende der
Destillation beträchtl. Mengen von Arsen. Das
bei Beginn des Erhitzens entwickelte Gas färbte Jodkalium-
Kleister blau, entfärbte Indigolösung und roch ganz deutlich
nach Chlor. Die Reaction wurde jedoch bei fortschreitender
Destillation schwächer und in den späteren Antheilen des
Destillats war Chlor nicht mehr nachweisbar.

Dass dennoch die Zersetzung der Arsensäure und dem-
gemäss die Chlor-Entwickelung fortdauerte, zeigte sich, als

der Hals der Retorte in die Höhe gerichtet und mit langem
aufsteigenden Rohr verbunden wurde: wässrige Salzsäure und
Arsenchlorür mussten so grösstentheils condensirt zurückfliessen, während etwa mit den Dämpfen gemengtes Chlor
übergehen konnte. Das entweichende Gas färbte sofort KJ-Stärkekleister blau und entfärbte Indigolösung. Es ist leicht erklärlich, dass sich Chlor in dem
bei Destillation ohne Dephlegmation erhaltenen Destillate nicht
nachweisen liess: es war ja gleichzeitig AsCl³, Wasser
und Cl² vorhanden.

Die Arsensäure wird um so leichter durch HCl zersetzt,
je weniger Wasser zugegen ist.

Verdünnte Salzsäure von 1,04 spec. Gew. giebt, wie
Fresenius und Souchay (Zeitschr. f. anal. Chem. 1862,
148) fanden, mit AsO⁵ destillirt, in dem zuerst Uebergehenden
keine Spur von Arsen; erst, wenn die Salzsäure bei fortge-
setzter Destillation concentrirter geworden ist, verflüchtigt sich
etwas Arsen.

Wie Mayrhofer fand, giebt Salzsäure von 1,10 spec.
Gew. bei der Destillation mit AsO⁵ Spuren, rauchende
Salzsäure mit AsO⁵lösung beträchtliche Mengen von
Arsen im Destillat; trockne Arsensäure endlich wird durch
rauchende Salzsäure schon in der Kälte zersetzt.

Als Arsensäureanhydrid mit rauchender Salzsäure
übergossen und durch die Mischung, ohne zu erwärmen,
trockne Kohlensäure geleitet wurde, die dann in Wasser ein-
strömte, zeigte letzteres nach kurzer Zeit den Geruch und die
Reactionen des Chlorwassers.

Leitet man über Arsensäureanhydrid bei gew.
Temp. trocknes HCl gas, so füllt sich nach kurzer Zeit der
ganze Apparat mit grüngelbem Chlorgas und die HCl wird
anfängl. in beträchtl. Menge, später sehr langsam von der
Arsensäure aufgenommen; doch wird allmählig die Arsensäure
vollständig zersetzt. Die völlige Zersetzung von 45 Grm.
AsO⁵ erforderte etwa 100 Stunden.

Das trockne, weisse Pulver wird zuerst feucht, dann
allmählig völlig flüssig; es bilden sich 2 gesonderte Flüssigkeitsschichten; eine untere ölige, die sich bei der Analyse als reines Arsenchlorür AsCl³, siedend bei 128°C.,
bei 716 M.M Barometerstand ergab, und eine obere, eine
Auflösung von Arsenchlorür in gesättigter, wässriger Salzsäure.
Letztere entwickelte auf Zusatz von HO, SO³ Ströme von
HCl gas, während sich ölige Tropfen von AsCl³ am Boden
ausschieden.

17*

Um zu sehen, ob bei dieser Zersetzung der Arsensäure nicht etwa AsCl^5 gebildet werden könne, wiederholte M a y r - h o f e r den Versuch und kühlte dabei das Gefäss, in welchem sich die AsO^5 befand, durch eine Kältemischung auf — 20° ab. Auch bei dieser niederen Temp. entwickelte sich sofort Chlorgas, überhaupt verlief die Zersetzung ganz wie bei gew. Temperatur.

Ebensowenig bildete sich AsCl^5, als bei niedriger Temp. durch AsCl^5 Chlorgas geleitet wurde. Arsenchlorür, in einem L i e b i g ' schen Kugelapparate bei — 20° längere Zeit mit Chlor behandelt, färbte sich grüngelb; nachdem jedoch durch trockne Luft das Chlor aus dem Apparate verdrängt worden, war die Färbung des Arsenchlorürs wieder verschwunden und das Gewicht desselben hatte nicht zu-, sondern um einige Milligrm. abgenommen.

Auch als M a y r h o f e r gleiche Volume conc. Arsensäure-lösung und rauchender Salzsäure der Destillation unterwarf, fand er, dass noch Arsen in nicht unbeträchtl. Menge ver-flüchtigt wurde.

Eine von A. B e t t e n d o r f (Zeitschr. für analyt. Chem. 1870, 105) angegebene Methode zur Befreiung der rohen Salzsäure von Arsen, welche darauf beruht, dass Arsen aus einer salz. Lösung von AsO^5 durch Z i n n c h l o r ü r als metallisches Arsen mit wenig Zinn verbunden, niedergeschlagen wird, hat M a y r h o f e r wiederholt ausgeführt. Die mit SnCl gefällte, filtrirte, danach mit Wasser bis zum spec. Gew. 1,12 verdünnte und sodann destillirte Salzsäure gab mit HS keinen Niederschlag und im Marsh'schen Appa-rate selbst bei 2$^1/_2$ stündigem Durchleiten des Gases durch die glühende Röhre nur einen so geringen Anflug, dass der-selbe nicht als Arsen identificirt werden konnte; doch giebt diese Methode, wie schon B e t t e n d o r f anführt, nur bei der stärksten rauchenden Säure befriedigende Resultate.

Auch Salzsäure, welche, mit etwas Wasser verdünnt, wiederholt und längere Zeit mit S c h w e f e l w a s s e r s t o f f-g a s behandelt und filtrirt worden war, lieferte bei mehr-stündiger Probe im M a r s h'schen Apparate einen so gerin-gen Anflug, dass eine Reaction auf Arsen damit nicht aus-zuführen war. (*Annalen d. Chem. und Pharm. Juni 1871, Bd. 158, S. 326 — 332.*).

H. L.

Arsenikhaltiges Briefpapier.

Dasselbe kömmt von rosarother Farbe neuerdings viel in den Handel. Die angewandte Farbe ist nach D o h l e ein sehr mit Arsenik verunreinigtes Fuchsin. (*Dingl. polyt. Journ. aus denselben Industrieblätt. 1871. Nr. 44. pag. 351.*).

C. Schulze.

Neue Darstellungsmethode von Antimonchlorür und Gewinnung eines arsenfreien Antimonoxyds.

Dr. R i c k h e r in M a r b a c h weist die verschiedenen Schattenseiten der mannigfachen Vorschriften zu Antimonchlorür nach. Er empfiehlt die Vorschrift v. W. Lindner — Auflösen von Stib. sulfur. nigr. in Ferr. sesquichlorat. und etwas Salzsäure — , welche er jedoch aus öconomischen Gründen änderte. Er empfiehlt 2 Pfd. Lap. haematitis ppt, 1 Pfd. fein gepulvertes Antimonmetall mit ebensoviel G r a n a t e n und 10 Pfd. roher Salzsäure zu nehmen. Die Mischung wird in einer Retorte, deren Schnabel oder Vorstoss in ein mit Wasser gefülltes Schälchen taucht, welches sich in der Vorlage befindet, von der Seite her bei gelindem Feuer in ruhiges Kochen gebracht. Nach 3 — 4 stündigem Kochen lässt man erkalten und entleert die Retorte in ein passendes steinzeugenes Gefäss. Es wird etwas von Oxyd ausgefällt und auf As geprüft. Ist dieses gegenwärtig, so leitet man in die filtrirte Lösung, bevor man mit HO verdünnt, Schwefelwasserstoff. Etwa vorhandenes Eisenchlorid wird reducirt und Schwefel abgeschieden, welchem der Rest von Schwefelarsen anhängt. Mit dem Einleiten von HS darf man nicht zu ängstlich sein. Es lässt sich die Fällung von Antimonchlorür nicht ganz verhindern, der Verlust ist jedoch kein nennenswerther. Die helle Lösung wird abgegossen, der Rest durch Asbest filtrirt, mit verdünnter Salzsäure ausgewaschen und das ganze Product endlich durch HO gefällt. Sobald die Flüssigkeit sich anfgehellt, wird die Eisenchlorürlauge abgegossen, durch Decantation der Niederschlag abgewaschen und auf einem Tuche gesammelt. — Die leichte Umwandlung des weissen amorphen Oxydes in die missfarbige crystallinische, welche sich bei der Anwendung von Stib. sulfurat. nigr. immer zeigt, wurde nur dann bemerkt, wenn der Niederschlag länger, als nöthig, mit der überstehenden Flüssigkeit in Berührung blieb. Zur Gewinnung des reinen Oxydes wird dann mit Natr. carb. behandelt.

Das Arsen destillirt mit der Salzsäure, welche wenigstens einen Wärmegrad von 125°C. haben muss, über.

Riokber behauptet auf Grund seiner Arbeit, dass die Gewinnung eines arsenfreien Antimonoxyds ohne Entwicklung schädlicher Gase gelingt durch die Behandlung von Antimonmetall mit dem doppelten Gewichte von Eisenoxyd und dem Zehnfachen roher Salzsäure unter den angegebenen Cautelen.

Die Verbindung des Retortenhalses mit dem Vorstoss durch ein entsprechendes Stück eines Kautschuckrohres gestattet die Ausschliessung jedes andern, durch salzsaure Dämpfe corrodirbaren Lutums. — Ein mehrstündiges, anhaltendes Kochen dient nicht nur zur Lösung des Metalls, sondern auch zur Entfernung des As gehaltes. — Das Eintauchen des Vorstosses in eine Schale mit HO genügt zur Condensation der entwickelten Dämpfe. — Sollte eine Probe nach Stromeyer eine Spur As in der Antimonlösung anzeigen, so genügt ein kurzes Einleiten von HS, um diese Spur völlig zu entfernen. (*Jahrbuch für Pharmacie. Juli 1871; Bd. XXXVI, Heft 1, S. 1—12.*). *C. Schulze.*

Uebermangansaures Kali, ein Mittel, um Alkohol von riechenden Stoffen zu befreien.

Um in Alkohol, den man bei der Bereitung spirituöser Extracte gewonnen hat, riechende Stoffe zu zerstören, destillire man denselben über eine Quantität übermangansauren Kalis. (*Apothek.-Zeitung, daraus im Jahrb. f. Pharm. Bd. XXXVI, Heft 3. Sept. 1871*).

Die Angabe verdient alle Beachtung des practischen Apothekers und Prüfung; wenn zumal auch dem bei der Bereitung des Extr. Conii und Hyoscyami wieder gewonnenen Alkohol der Geruch auf die angegebene Weise genommen werden sollte, würde damit der Praxis ein wesentlicher Dienst geschehen sein.

Dr. *R. M.*

Gehaltsprüfung des Glycerins durch das spec. Gew.

Bei dem zunehmenden Verbrauche von Glycerin zu Wein-
und Bierbereitung ist es wünschenswerth, eine rasche Controle für den Werth des Glycerins zu haben. A. Motz hat
desshalb das spec. Gew. verschiedener Mischungen von reinem
Glycerin und Wasser bestimmt, was auch schon Fabian im
Jahre 1860 und H. Schweickert gethan haben. Folgendes
sind die Resultate bei 14° R.:

Spec. Gewicht.		Procente	In 1 Liter finden sich
Fabian.	Motz.	Glycerin.	wasserfreies Glycerin.
—	1,261	100	1,2612 Kil.
1,232	1,232	90	1,1088
1,202	1,206	80	0,9648
1,179	1,179	70	0,8255
1,159	1,153	60	0,6918
1,127	1,125	50	0,5625
1,105	1,099	40	0,4396
1,075	1,073	30	0,3219
1,051	1,048	20	0,2096
1,024	1,024	10	0,1024

H. Schweickert giebt folgende Zusammenstellung:

Spec. Gewicht.	Wasser in °/₀.	Spec. Gewicht.	Wasser in °/₀.	Spec. Gewicht.	Wasser in °/₀.	Spec. Gewicht.	Wasser in °/₀.
1,267	0	1,224	13	1,185	26	1,147	39
1,264	1	1,221	14	1,182	27	1,145	40
1,260	2	1,218	15	1,179	28	1,142	41
1,257	3	1,215	16	1,176	29	1,139	42
1,256	4	1,212	17	1,173	30	1,136	43
1,254	5	1,209	18	1,170	31	1,134	44
1,247	6	1,206	19	1,167	32	1,131	45
1,244	7	1,203	20	1,164	33	1,128	46
1,240	8	1,200	21	1,161	34	1,126	47
1,237	9	1,197	22	1,159	35	1,123	48
1,234	10	1,194	23	1,156	36	1,120	49
1,231	11	1,191	24	1,153	37	1,119	50
1,228	12	1,188	25	1,150	38		

(*Jacobson*, *Chem. techn. Repert. 1870, 2. Halbjahr.*). *C. Sch.*

Ueber salpetersauren Campher, Camphoronsäure und Oxycamphoronsäure.

Die Einwirkung der Salpetersäure auf den Campher hat, so lehren die bisherigen Untersuchungen, vornehmlich die Entstehung zweier Säuren zur Folge: der krystallisirbaren Camphersäure und der von Schwanert gefundenen nicht krystallisirbaren Camphresinsäure.

J. Kachler beobachtete nun bei dieser Einwirkung auch die Bildung von salpetersaurem Campher und erhielt aus den zum Syrup abgedampften Mutterlaugen von der Gewinnung der Camphersäure, die die amorphe Camphresinsäure Schwanert's hätten enthalten sollen, nach monatelangem Stehen feine, perlglänzende Kryställchen einer neuen Säure, die er Camphoronsäure nennt. Durch Einwirkung von Brom auf die lufttrockne, hydratische Camphoronsäure bei 130° in verschlossener Röhre entsteht daraus Oxycamphoronsäure.

Es gelang Kachler, alle jene Säuren, die nach Schwanert hätten reine Camphresinsäure sein sollen, in Camphoronsäure und Camphersäure zu zerlegen.

Salpetersaurer Campher $= 2(C^{10}H^{16}O), N^2O^5$.

Erhitzt man Campher mit Salpetersäure von 1,37 spec. Gew., so bemerkt man, dass sich in der Vorlage ausser der grünblau gefärbten Säure noch eine zweite darauf schwimmende Flüssigkeit ansammelt; diese besteht aus salpetersaurem Campher, den man durch einen Scheidetrichter von der Säure trennt. Der salpetersaure Campher ist ausserordentlich zersetzlich und liefert unter allen den Umständen Campher, wo das Salpetersäurehydrat Wasser verliert, indem es Verbindungen eingeht.

Da diese Verbindung weder gewaschen, noch ohne Zersetzung für sich destillirt werden kann, so lassen sich die sauren Dämpfe, die sie absorbirt enthält, nur dadurch entfernen, dass man einen Strom trockner Luft oder Kohlensäure hindurchleitet. Dadurch verliert sie die gelbe bis grüne Farbe und erscheint völlig farblos, von camphorartigem, etwas säuerlichen Geruch und von der Consistenz eines fetten Oeles. Mit Wasser gesteht dasselbe sofort zu einem Brei von Campher. Starker Weingeist und Aether lösen die Verbindung unverändert. Das Oel vermag auch Campher aufzulösen und verdickt sich damit. Rauchende Salpetersäure löst das Oel in

der Hitze auf und giebt weiterhin die übrigen Oxydations-
producte des Camphers.

Eine analoge Verbindung ist der salpetersaure
Zimmtaldehyd von Dumas und Peligot, von der For-
mel $2(C^9H^8O)$, N^2O^5. Während dasselbe, aus einer flüssigen
Verbindung hervorgegangen, fest und krystallinisch ist, erscheint das aus dem festen Campher entstandene Campher-
nitrat als ein Oel.

Die Leichtigkeit der Zersetzung theilen beide Verbindungen.

Camphoronsäure.

Bei $100°$ getrocknet $= C^9H^{14}O^6$; geschmolzen oder
destillirt $C^9H^{12}O^5$. Zur Gewinnung aus den syrupartigen,
schwer oder gar nicht zum Krystallisiren zu bringenden Mutterlaugen von der Oxydation des Camphers durch NO^5 versetzt man die mit Ammoniak abgesättigte Lösung mit Chlorbaryum, wobei die Mischung zunächst klar und unverändert bleibt. So wie man sie aber erhitzt, so trübt sie sich,
und während die Flüssigkeit siedet, fällt der allergrösste Theil
der Säure als Barytsalz in Form eines unlöslichen, sandigen,
weissen, kryst. Pulvers nieder, das man nun mit kaltem Wasser waschen kann. Um aus ihm die Säure abzuscheiden, zersetzt man das Salz unter warmem Wasser durch verdünnte
Schwefelsäure, filtrirt von BaO,SO^3 ab und schüttelt das Filtrat mit Aether aus.

Weder die Camphersäure, noch die Isopimolin-
säure (das Zersetzungsproduct der Camphersäure mit schmel-
zendem Kali) geben in solcher Weise unlösliche Barytsalze.

Die Camphoronsäure giebt nur mit Bleisalzen weisse
Fällungen, die Lösungen der übrigen Metallsalze geben keine
Niederschläge.

Sie reducirt beim Erwärmen weder AgO, NO^5, noch
Kupferoxyd zu Oxydul bei Trommer's Probe. Versetzt man
Camphoronsäurelösung mit essigs. Kupferoxyd und erwärmt
die anfangs klare Lösung, so scheidet sich ein copiöser Niederschlag des lichtgrünen Kupfersalzes aus, der beim Abkühlen der Flüssigkeit sich vollständig wieder löst. Die Camphoronsäure bildet weisse Säulchen, ist sehr löslich in Wasser,
Weingeist und Aether, schmeckt etwas ranzig, hinterher sauer.
Die beginnende Verflüssigung der Säure tritt bei $110°C.$ ein.
Verjagt man nun das Wasser völlig, so erstarrt die Säure
beim Abkühlen krystallinisch und schmilzt nun bei $115°C.$

Sie lässt sich destilliren. Sie bildet mit Ammoniak, Baryt und Zinkoxyd zweibasische Salze, so das Barytsalz $C^9H^{10}Ba^2O^5$; mit Kalk, Kupferoxyd und Baryt auch dreibasische Salze, so das Barytsalz $C^9H^9Ba^2O^5 + H^2O$.

Der Camphoronsäure-Aethyläther $= C^9H^{11}(C^2H^5)O^5$ ist ein farbloses Oel von 302° C. Siedepunkt und von einem, an den Bernsteinsäureäther erinnernden Geruch.

Mit ihrem dreifachen Gewicht Aetzkali geschmolzen, zerlegt sich die Camphoronsäure in Buttersäure und Kohlensäure

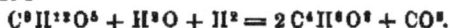

$$C^9H^{12}O^5 + H^2O + H^2 = 2 C^4H^8O^2 + CO^2.$$

Oxycamphoronsäure $C^9H^{12}O^6$.

Schliesst man ein Molecul der lufttrocknen Camphoronsäure $C^9H^{12}O^5 + H^2O$ mit 2 Atomen Brom in einer Röhre ein und erhitzt auf 130°, so findet man, dass nach längstens 2 Stunden das Brom verschwunden ist und der Inhalt sich in einen gelben Syrup verwandelt hat. Beim Oeffnen der Röhre entweicht H Br mit Heftigkeit. Behandelt man die Masse mit warmem Wasser, so löst sie sich zum grössten Theil, nur ein ganz kleiner Rest bleibt als schweres, gelbliches, beim Erkalten harzartigwerdendes Oel von scharfem Geruch zurück. Davon abfiltrirt, giebt die nun wasserklare Lösung, auf dem Wasserbade concentrirt, sehr bald eine reichliche Krystallisation ziemlich voluminöser glasglänzender Krystalle von sehr rein ausgebildeten Formen. Diese erste Krystallisation ist gelblich gefärbt, und wird an der Luft röthlich, verliert aber diese Farbe wieder beim Lösen in Wasser und Behandlung mit Kohle, welche auch die ziemlich dunkeln Mutterlaugen entfärbt, aus denen noch fast bis zum letzten Tropfen weitere Mengen der Oxycamphoronsäure erhalten werden können. Von ausgezeichneter Schönheit werden die Krystalle, wenn man die Lösungen der entfärbten Säure über HO, SO³ langsam verdunsten lässt. Die Säure ist bromfrei.

Nach Prof. Ditscheiner ist die Krystallform der Oxycamphoronsäure schiefprismatisch. Sie besitzt einen rein und angenehm sauren Geschmack, ist in Wasser, Weingeist und Aether leicht löslich; ihrer wässrigen Lösung kann sie durch Schütteln mit Aether entzogen werden. Die krystallisirte Säure $= C^9H^{12}O^6 + H^2O$; das H^2O entweicht bei 100° C. Die entwässerte Säure beginnt bei 210° C. zu schmelzen und erstarrt beim Erkalten krystallinisch. Sie ist unverändert destillirbar. Ihre Bildung aus der Camphoronsäure erhellt aus der Gleichung

$$C^9H^{12}O^5 + H^2O + Br^2 = C^9H^{12}O^6 + 2\,HBr.$$

Die Oxycamphoronsäure besitzt die Natur einer zweibasischen und dreiatomigen Säure. Sie wird ebenso wenig wie die Camphoronsäure von Metallsalzen, mit Ausnahme des basisch essigs. Bleioxyds gefällt. Sie zeigt auch nicht das Verhalten jener gegen eine Lösung von essigs. Kupferoxyd; dagegen entsteht in derselben Weise, wie dort, ein nur 2 basisches Barytsalz, wenn man die mit H^3N gesättigte Lösung mit BaCl erhitzt:

das saure Kalisalz $= C^9H^{11}KO^6 + H^2O$, das neutrale $C^9H^{10}K^2O^6$;

das Barytsalz $= C^9H^{10}Ba^2O^6 + H^2O$;

das Bleisalz $= C^9H^9Pb^3O^6 + H^2O$.

Die Oxycamphoronsäure entsteht nur aus der krystallwasserhaltigen Camphoronsäure, nicht aus der wasserfreien.

Die Camphoronsäure und die Oxycamphoronsäure schalten sich in die Reihe der Campherabkömmlinge mit 9 Atomen Kohlenstoff in folgender Weise ein:

C^9H^{16}, Kohlenwasserstoff aus Camphersäure und HJ von Weyl dargestellt. (Berichte d. deutsch-chem. Gesellsch. 1868, 94.)

C^9H^{14}, Campholen.

C^9H^{14}, Kohlenwasserstoff aus Campher und HJ von Weyl dargestellt (a. a. O.).

$C^9H^{14}O$, Phoron.

$C^9H^{14}O$, Camphren.

C^9H^{12}, Kohlenwasserstoff aus Camphren und Phosphorsäureanhydrid. (Schwanert, Ann. Chem. Pharm. 133, 305.)

$C^9H^{12}O^5$, Camphoronsäure   } J. Kachler.
$C^9H^{12}O^6$, Oxycamphoronsäure }

$C^9H^8O^4$, Camphrensäure.

$C^9H^8O^4$, Uvitinsäure (von Weyl bei der Oxydation seines Kohlenwasserstoffs C^9H^{16} erhalten). (*Annalen der Chem. u. Pharm. Sept. 1871, Bd. 159, S. 281—304.*)

H. L.

Ueber die Einwirkung der Schwefelsäure auf die natürlichen Alkaloïde

hat H. E. Armstrong Versuche angestellt und beschrieben, welche einen Theil der in Gemeinschaft mit dem verstorbenen Dr. Matthiessen begonnenen Reihe von Untersuchungen darstellen.

Wird Narkotin mit einem Ueberschuss von Schwefelsäure (Gemisch aus gleichen Volumen gew. conc. Schwefelsäure und Wasser) in einer offenen Porzellanschale auf dem Wasserbade erhitzt, so nimmt die Masse allmählig eine dunklere Farbe an und wird nach einiger Zeit fast plötzlich dunkelroth. Man giesst sie jetzt in eine beträchtliche Menge warmen Wassers, in welchem sie sich völlig auflöst und fügt einen gelinden Ueberschuss von H³N zu, wodurch die durch Spaltung entstandene Base als ein amorpher, fast weisser Niederschlag gefällt wird. Dieser wird mit warmem Wasser auf einem Filter gewaschen; er ist leicht löslich in Alkohol und in Kalilauge, unlöslich in kohlens. Natron.

Unter Wasser erhitzt, backt er zu einer zähen, halbflüssigen Masse zusammen. Die weitere Untersuchung zeigte, dass diese Base aus Dimethylnornarkotin besteht. Sie wurde gereinigt durch Auflösen in HCl, Zusatz von Soda im Ueberschuss, um etwa vorhandenes Monomethylnornarkotin zu entfernen, welches in Soda löslich ist; nach Wiederauflösen in HCl wurde ein Ueberschuss von Kalilauge zugesetzt, welcher Dimethylnornarkotin auflöst, etwaigen Nornarkotin oder Narkotin aber ungelöst lässt. Die alkal. Lösung wurde nun durch HCl neutralisirt und mit H³N versetzt, die so erhaltene Base wieder in HCl gelöst, durch Soda gefällt, mit Aether ausgezogen und die äth. Lösung mit HCl ausgeschüttelt. Aus dieser salzs. Lösung wurde die Base mit Ammoniak gefällt, gewaschen und bei 100° C. getrocknet. Ihre Formel = C²¹H²¹NO⁷. Sie ist also mit Dimethylnornarkotin identisch

$$C^{22}H^{23}NO^7 + H^2SO^4 = CH^3HSO^4 + C^{21}H^{21}NO^7$$

Gemein. Narkotin + Schwe- = Methyläther-   Dimethylnornar-
(= Trimethylnor- felsäure.   schwefelsäure.   kotin.
narkotin.)

Die Umwandlung des Narkotins ist vollständig und wenn man die Reaction unmittelbar beim Auftreten der rothen Farbe durch die ganze Masse unterbricht, so wird ein fast reines Product erhalten.

Die gebildete Methylätherschwefelsäure wird wieder zersetzt in Schwefelsäure und Methylalkohol. Zur vollständigen Umwandlung von 50 Grm. Narkotin ist es nötbig, 2 bis 3 Stunden zu erbitzen. Durch Fortsetzung des Erbitzens über den erwähnten Punkt kann ein 2. Atom Methyl und wahrscheinlich noch ein 3. eliminirt werden, aber man erhält ein sehr unreines Product, indem SO^3 entwickelt wird und theilweise Verkohlung stattfindet. —

Wenn man Kodeïn in ähnlicher Weise behandelt und so lange erhitzt, bis der durch NaO,CO^3 erzeugte Niederschlag nicht merklich mehr zunimmt, dann in Wasser aufnimmt, mit NaO,CO^3 ausfällt, wieder in HCl löst und wieder mit NaO,CO^3 fällt, dann mit Aether auszieht und den Aether mit HCl ausschüttelt, so erhält man ein krystallinisches Hydrochlorat, dessen Analyse Zahlen giebt, die sehr gut mit den, für salza. Kodeïn berechneten übereinstimmen $= C^{18}H^{21}NO^6Cl$; das Platinsalz $= 2(C^{18}H^{21}NO^3, HCl), PtCl^4$.

Es ist also eine mit Kodeïn isomere Base. Sie wird durch NaO,CO^3 als schneeweisser, amorpher Niederschlag gefällt. (Kodeïn fällt selbst aus concentrirten Lösungen erst nach einiger Zeit und immer krystallinisch.) Das salzsaure Salz kryst. in Gruppen von hexagonalen Pyramiden, strahlig von einem gemeinsamen Centrum ausgehend; es verliert seine beiden Molecule Krystallwasser bei 100°, während das gewöhnl. salza. Kodeïn bei 100° nur ³/₄ des Wassers und das letzte ¹/₄ erst bei 120° abgiebt.

Das Platinsalz ist gänzl. amorph, enthält 1 Molecul H^2O und wird bei 100° wasserfrei, während das Kodeïnchloroplatinat kryst. ist und nicht sein ganzes Krystallwasser unter 100° entweichen lässt.

Durch weitere Einwirkung der SO^3 wird aus 2 Molekulen Kodeïn zuerst 1 Molekul H^2O abgespalten, indem eine zwischen Kodeïn und Apokodeïn intermediäre Verbindung entsteht, eine Art Anhydrid; weiter tritt 1 Mol. H^2O aus 1 Mol. Kodeïn aus, und Armstrong vermuthet, dass durch fortgesetzte Einwirkung der SO^3 auf dieses Apokodeïn Apomorphin gebildet (d. b. CH^3 entfernt) werde.

Mattbiessen und Wright zeigten, dass die aus Morphin durch Einwirkung verdünnter SO^3 in zugeschmolzenen Röhren bei 100° entstandene Basis Apomorphin ist.

Weder Papaverin noch Strychnin werden selbst bei vielstündiger Digestion von SO^3 verändert. (*Ann. Chem. Pharm. Sept. 1871, H. 159, S. 387 — 392.*) *H. L.*

Ueber das Carnin,

eine neue Basis aus dem Fleischextract, berichtet der
Entdecker derselben, Dr. H. Weidel in den Am. d. Chem.
und Pharm. Juni 1871. S. 353—369. Zu ihrer Gewinnung
diente ächtamerikanisches Fleischextract, theils von einer
renommirten Wiener Firma bezogen, theils von Freiherrn J.
v. Liebig zur Verfügung gestellt.

Die Lösung des Fleischextracts in 6 bis 7 Theilen warmen Wassers wird zunächst mit conc. HaO-Wasser vorsichtig ausgefüllt, so dass man einen Ueberschuss dess. hinzuzu-
bringen vermeidet. Entsteht in kleinen abfiltrirten Proben
kein Niederschlag mehr, so trennt man den Niederschlag
durch ein leinenes Tuch von der Flüssigkeit, die man hierauf
nach dem Abkühlen mit basisch essigs. Bleioxyd völlig
ausfüllt.

Der entstandene Niederschlag ist lichtbraun gefärbt und
enthält neben anderen Bestandtheilen fast die ganze Menge
des vorhandenen Carnins in der Form einer Bleioxydverbin-
dung, die sich durch ihre Löslichkeit in siedendem
Wasser von den anderen mitgefallenen Bleisalzen unterscheidet, was zur Isolirung des Carnins benutzt wird. Nur
eine gewisse Menge PbCl geht mit in die Lösung, wenn man
diesen Niederschlag, nachdem er abfiltrirt und zwischen Lein-
wand in einer Schraubenpresse ausgepresst wurde, wieder mit
violem Wasser zu einem Schlamme zerreibt und diesen in
einem grossen, emaillirten, eisernen Topfe zum Kochen erhitzt.
Man filtrirt die Flüssigkeit ab und kocht den Rückstand noch
mehre Male aus.

Das beim Abkühlen schon sich trübende Filtrat wird nun
wieder bis zum Sieden erhitzt und mit einem starken Strome
HS gas behandelt; man trennt vom gebildeten PbS und dampft
die nunmehr schon sehr entfärbte Flüssigkeit bis auf ein kleines Volumen ein.

Manchmal scheidet sich nun bei einigem Stehen schon
ein Theil des Carnins in Form eines krümlichen, noch
sehr gefärbten Krystallschlammes ab, den man sammelt. Die
übrige Flüssigkeit versetzt man mit einer ziemlich conc. Lösung von salpeters. Silberoxyd, wodurch ein sehr
volum. Niederschlag fällt, der aus AgCl und aus Carnin-
Silberoxyd besteht. Man filtrirt, wäscht den Niederschlag
mit kaltem Wasser aus, rührt ihn mit Wasser zu Brei an
und behandelt ihn mit Aetzammoniak, dem man ein gleiches Vol. Wasser zugesetzt hat.

Das $AgCl$ geht in Lösung und das Carnin-Silberoxyd bleibt ungelöst; man zersetzt es nach dem Auswaschen unter Wasser mittels HS gas. Die vom AgS getrennte Flüssigkeit giebt nun beim Eindampfen eine krümliche krystallinische Ausscheidung von Roh-Carnin, welches dann mit Thierkohle entfärbt wird. Die letztere hält etwas Carnin zurück, entfärbt aber leicht, und aus der fast wasserhellen Flüssigkeit scheidet sich das Carnin beim Abkühlen in kreideweissen Drusen und krümlichen Gruppen mikroskopischer, unregelmässig begrenzter Kryställchen aus. Der Gehalt des Fleischextractes an Carnin lässt sich auf etwa 1 Proc. schätzen. Getrocknet, erscheint es als glanzlose, kreidig lockere Masse. In kaltem Wasser ist es sehr schwer löslich, in siedendem leicht und völlig und fällt beim Abkühlen schnell wieder heraus. Selbst aus verd. Lösungen kann es nicht in grösseren Krystallen erhalten werden. Alkohol und 'Aether lösen es nicht auf. Die lufttrockene Substanz verliert bei $100°C$. noch Wasser (bis $8,92°/_0$). Eine Anzahl Analysen führt zur Formel $C^7H^6N^4O^3 + H^2O$; für das bei $100-110°C$. getrocknete Carnin $C^7H^8N^4O^3$. Diese Formel unterscheidet sich von der des Theobromins ($C^7H^8O^4O^2$) nur durch einen Mehrgehalt eines Atomes Sauerstoff.

Der Geschmack des Carnins ist anfänglich kaum wahrzunehmen, hinterher jedoch, besonders wenn man ihn mittels einer Lösung prüft, entschieden bitterlich. Die Reaction ist neutral. Eine Carninlösung wird von Bleizuckerlösung nicht verändert, von Bleiessig aber weiss gefällt, der flockige Niederschlag ist in heissem Wasser völlig löslich. War die Carninlösung vorher mit Bleizucker versetzt, so bewirkt darin Bleiessig keine Fällung mehr. Es wird in der Hitze zerstört, giebt Kohle und in der Röhre nur unbedeutendes Sublimat. Der Geruch bei der Erhitzung auf Platinblech erinnert keineswegs an den bekannten Geruch versengter Thiersubstanzen.

Salzsaures Carnin $= C^7H^8N^4O^3$, HCl bildet glasglänzende Nadeln, die beim Wiederauflösen und Hinstellen der Lösung anfangs eine schlammige Ausscheidung geben, die erst bei längerem Stehen sich in nadelförmige Krystalle verwandelt. Die Lösung des Carnins, mit starker Salzsäure gekocht, färbt sich bald intensiver braun und wird endlich unter Ausscheidung dunkelbrauner Flocken ganz zersetzt. *)

*) Diese Reaction deutet darauf hin, dass das Carnin ein Glykosid sein könnte; mit dieser Ansicht stimmt die weiter unten anzuführende

Salzsaur. Carnin-Platinchlorid $= C^7H^8N^4O^3, HCl$ + PtCl^4 erscheint als ein feines, sandiges, goldgelbes Krystallpulver. Salpeters. Carnin-Silberoxyd $= 2(C^7H^7AgN^4O^3)$ + AgNO^3 wird als weisse Flocken durch AgNO^3 aus einer Carninlösung gefällt; der Niederschlag löst sich weder in N^{2}O^5 noch in H^{3}N bemerklich auf. Ziemlich lichtbeständig.

Es gelang nicht, durch Erhitzen des Carnins mit conc. HJ Theobromin zu erhalten. Auch kochendes Barytwasser ist ohne zersetzende Wirkung auf dasselbe.

Charakteristische Zersetzungen erfährt das Carnin durch Chlor oder Brom oder Salpetersäure.

Fügt man zu einer nicht zu verdünnten, heissen Lösung des Carnins gesättigtes Bromwasser, so tritt bald eine geringe Gasentwickelung ein, während die Farbe des Broms verschwindet. Hat man zuletzt einen kleinen Ueberschuss von diesem zugebracht und concentrirt das Ganze auf dem Wasserbade, so beginnt bald nach dem Erkalten die Bildung von farblosen, glänzenden, nadelförmigen Krystallen der HBr-Verbindung eines Körpers, der sich aus der conc. Lösung dieser Verbindung sofort als blendend weisses Krystallmehl ausscheidet, wenn man sie vorsichtig mit verdünnter Aetzlauge neutralisirt. Ein Ueberschuss von Alkali löst den Körper wieder auf, der sich mit kaltem Wasser ohne grossen Verlust waschen lässt. Dieser Körper ist identisch mit dem von Strecker entdeckten Sarkin. Weidel's Analysen desselben führten zu der Sarkinformel C^{5}H^{4}N^{4}O; die HBr-Verbindungen $= C^5H^4N^4O, HBr$. Nur darin fand sich eine Differenz, dass Weidel's Präparat von neutralem, essigs. PbO nicht, wohl aber von basischem voluminös weiss gefällt wurde, während nach Strecker das Sarkin auch durch Bleiessig nicht fällbar sein soll. Auch bei Weidel's Sarkin trat diese Fällung nicht ein, wenn der Flüssigkeit zuvor Bleizucker zugefügt worden war: die Fällung durch Bleiessig löste sich in Bleizuckerlösung auf. Der Angabe Strecker's widerspricht auch, dass Städeler (Ann. Ch. Pharm. 116, 102) aus den basischen Bleiniederschlägen, die er aus den Auszügen des Fleisches, der Leber, Milz, Drüsen und des Hirns erhielt, Sarkin gewinnen konnte.

Spaltung in Sarkin und einen Körper von der Formel der Essigsäure, ohne dass diese nachweisbar wäre. Die Elemente der Essigsäure C^{4}H^{4}O^4 haben aber dieselben Verhältnisse, wie die des Traubenzuckers C^{6}H^{6}O^6.

H. Ludwig.

Mit Salpetersäure erhitzt, liefert Carnin, an der Luft opak werdend, Krystalle von salpetersaurem Sarkin, dessen Formel Weidel = $C^5H^4N^4O$, NHO^5 fand. In den Mutterlaugen befanden sich etwas Oxalsäure und kleine Mengen eines undeutl. kryst. gelben Körpers. Empirisch genommen, unterscheidet sich Carnin von Sarkin durch den Betrag von $C^2H^4O^2$ (Essigsäure), denn $C^7H^8N^4O^3 — C^5H^4N^4O = C^2H^4O^2$, Carnin minus Sarkin gleich Essigsäure. Aber weder Essigsäure noch Monobromessigsäure war nachweisbar.

Erwärmt man kleine Mengen von Sarkin mit frischem Chlorwasser und einer Spur Salpetersäure, so lange, bis die schwache Gasentwickelung, die sich einstellt, aufgehört hat, verdampft dann im Wasserbade vorsichtig zur Trockne und setzt den weissen Rückstand unter einer Glocke einer H^3N- Atmosphäre aus, so färbt sich derselbe in kurzer Zeit dunkelroth. Dieselbe Reaction giebt das Carnin; sie ist hier auf Rechnung des Sarkins zu setzen, welches sich bei der Behandlung mit Chlor und NO^5 erst bildet.

Im Fleischextracte fand Dr. H. Weidel auch Bernsteinsäure, die bis jetzt darin noch nicht aufgefunden war. Die auf die physiologische Wirkung des Carnins bezügl. Versuche von Brücke sind noch nicht zahlreich genug, um aus ihnen die letzten Schlüsse zu ziehen. Hlasiwetz theilt dieselben an a. O. mit. *H. L.*

Ueber die Proteïnstoffe

haben H. Hlasiwetz und J. Habermann Untersuchungen veröffentlicht, welche die nahen Beziehungen dieser Substanzen zu den Kohlehydraten darthun. Schon Hunt hat (1847) ausgesprochen, dass man das Fibrin als das Nitril der Cellulose, Albumin und Caseïn als Nitrile des Dextrins und Gummi's und den Leim als das Nitril des Krümelzuckers betrachten könne. Später (1860) hat Schoonbrodt Versuche angekündigt, die es möglich erscheinen lassen sollten, Zucker zu eiweissartiger Substanz umzuwandeln.

Es hat indess weder Hunt seine Ansicht experimentell begründet, noch ist Schoonbrodt's versprochene Arbeit seither erschienen. Ohne thatsächliche Beweise können aber Ansichten dieser Art nicht zu Ueberzeugungen werden. Was in dieser Richtung etwa verwerthbar wäre, beschränkt sich auf einige Versuche Schützenberger's über die Einwirkung des H^3N auf Kohlehydrate bei höherem Druck in der Hitze, wodurch er amorphe Substanzen erhielt, die einen Stickstoffgehalt von 2 bis 4 pr. C. zeigten und beim Erhitzen den Geruch nach verbranntem Horn verbreiteten.

Nach Hlasiwetz und Habermann gewähren die bei gewissen Einwirkungen constant auftretenden Zersetzungsproducte der Proteïnstoffe ziemlich bestimmte Andeutungen über die Natur der an der Bildung derselben betheiligten Verbindungen, Andeutungen, die es wahrscheinlich machen, dass sie auf die vorausgehende oder mindestens gleichzeitige Entstehung einiger anderer Verbindungen angewiesen sind; diese anderen sind offenbar nur die Kohlohydrate.

Beide Körpergruppen, Kohlehydrate und Proteïnstoffe umschliessen eine Anzahl unter einander isomerer und polymerer Substanzen. Einige derselben sind löslich und nicht organisirt, andere derselben sind unlöslich und organisirt.

Den löslichen (Dextrin, Eiweiss u. s. w.) wohnt eine „virtuelle Plasticität" oder „Organisationsfähigkeit" inne, die in dem Spiele vitaler Processe zur Erscheinung kommt.

Die organisirten unlöslichen (Cellulose, thierisches Zellgewebe, Hornsubstanz u. s. w.) entstehen, wie man annehmen muss, aus den löslichen nicht organisirten; dabei scheint sich das Molekul zu verdichten.

Die intermediäre Modification dieser Zustände scheint das Protoplasma, die werdende rudimentäre Zelle zu sein.

Alles weist darauf hin, dass ein bestimmtes Abhängigkeitsverhältniss dieser beiden Körpergruppen besteht, dass die Proteïnstoffe nicht verstanden werden können, wenn man nicht die Verhältnisse der Kohlehydrate mit in Rechnung bringt. Unter der Annahme aber, die Kohlohydrate seien das Primäre und die Proteïnstoffe Derivate derselben, bieten sich eine Reihe unverkennbarer Parallelen.

Schon die äussere Beschaffenheit beider Arten von Verbindungen bietet Analogieen. Sie ist am Aehnlichsten zwischen den Schleime bildenden Kohlehydraten und den thierischen Schleimen. *)

---

*) Man vergleiche in der von mir bearbeiteten 3. Auflage von Marquart's Lehrbuch der Pharmacie. III. Bd. Organ. Chem. Präparate, Siebente Gruppe: Schleimstoffe oder organische Colloïdsubstanzen.   *H. Ludwig.*

Eingetrocknetes Eiweiss, löslich gemachtes und dann getrocknetes Fibrin und Caseïn gleichen dem Gummi und Dextrin. Kohlehydrate organisiren sich zu einzelnen unzusammenhängenden Gebilden in den Amylonarten, die Proteïnkörper in den verschiedenen Arten von Blutzellen (und Dotterkörperchen. Ludwig).

Dem Protoplasma der Pflanzen entspricht die Granulose der Thiere, der pflanzlichen Cellulose das thierische Zellgewebe, der in den Schalen und Kernen der Pflanzen verdichteten Cellulose entspricht die Hornsubstanz, den krystallisirten Proteïnkörpern der Pflanzen (z. B. in Lathraea Squamaria, nach Radlkofer, in den Kartoffeln, nach Cohn) das Hämatokrystallin der Thiere.

Die Erscheinung des Quellen's ohne Lösung mancher Proteïnstoffe (bei Caseïn, Fibrin u. a.) scheint im Zusammenhange zu stehen mit derselben Erscheinung bei einigen Varietäten der Gummiarten (Bassorin, Traganth u. a.).

Die Löslichkeit mancher Gummiarten ist bedingt durch kleine Mengen alkalischer Basen; jene werden aus solcher Lösung gefällt durch Zusatz von Säuren. Auch das Eiweiss verdankt, wenn es löslich ist, diese Löslichkeit vornehmlich kleinen Mengen alkalischer Verbindungen. Lösliches Serumeiweiss lässt sich frei von Alkalien oder Salzen gar nicht erhalten. Nimmt man durch Säuren oder andere Reagentien diese hinweg, so coagulirt das Eiweiss, wie etwa in gleichem Falle eine Arabinlösung.

Unlösliche Kohlehydrate, Amylon z. B. gehen, ohne ihre procent. Zusammensetzung zu ändern, durch anhaltendes Kochen mit Wasser, $ZnCl$, Eisessig u. drgl. in lösliche Modificationen über; in derselben Weise können unlösliche Proteïnstoffe, wie Fibrin, löslich gemacht werden.

Auch der umgekehrte Fall ist bekannt: man kann das sonst lösliche Dextrin in einer unlöslichen Modification erhalten (vergl. Musculus, Zeitschr. für Chem. 1869, 446 und 1870, 346) und es dann dem unlöslichen Fibrin vergleichen, welches aus löslichem Albumin hervorgegangen ist.

Die Fähigkeit, durch Gährung zersetzt zu werden, zeichnet vor allen übrigen organ. Verbindungen gewisse Kohlehydrate und die Proteïnstoffe aus.

Die hauptsächlichsten Gährungsproducte beider Körpergruppen stehen in einer unverkennbar sehr einfachen

Beziehung zu einander. Man hat unter ihnen vornehmlich
gefunden:

Aus Kohlehydraten:	Aus Proteïnstoffen:	
Kohlensäure, Wasserstoff,	Kohlensäure, Wasserstoff, HS, H^3N,	
Aethylalkohol,	Aethylammin,	
Propylalkohol,	Trimethylammin,	
Butylalkohol,		
Amylalkohol,	Amylammin,	
	Caproylammin*), (?)	
Glycerin,		
Essigsäure,	Essigsäure,	
Propionsäure,	Propionsäure (?),	
Buttersäure,	Buttersäure,	
Valeriansäure,	Valeriansäure,	
Milchsäure,	Milchsäure,	
Bernsteinsäure.	Leucin.	Tyrosin.

Hier finden wir also entweder identische Producte,
Glieder der Fettsäuren-Reihe, oder es sind bei den
Kohlehydraten Alkohole, bei den Proteïnstoffen die den
Alkoholen entsprechenden Ammine.

Vielleicht wird man bei näherer Untersuchung auch die
der Essigsäure entsprechende Oxysäure (die Glykolsäure)
auffinden, da die Oxysäure der Propionsäure (die Milchsäure) in beiden Fällen vorkommt. (Im Traubensafte wurde
durch Erlenmeyer das Vorkommen der Glykolsäure
schon constatirt). Nur für das Tyrosin der Proteïnstoffe, eine
der aromatischen Reihe angehörige Verbindung lässt sich
keine correspondirende stickstofffreie Verbindung unter den
Gährungsproducten der Kohlehydrate finden.

Auch bei den übrigen Zersetzungsweisen der Proteïnstoffe treten immer gewisse Producte auf, die der aromatischen Reihe und andere, die auch den Kohlehydraten
eigen sind.

---

*) Alex. Müller und O. Hesse fanden diese Base in gefaulter
Hefe, Sullivan in gefaultem Mehl. (Jahresb. f. Chem. 1857, 402 und
für 1868, 230.)

Die Behandlung mit Salpetersäure hat geliefert:

aus Kohlehydraten:	aus Proteïnstoffen:	
Oxalsäure,	Oxalsäure,	Nitr. Derivate (Xanthoproteïns.); dann mit NO^5 und HCl Substitutionsproducte mit NO^2 u. Cl, wahrscheinlich Derivate der Oxy- und Paraoxybenzoësäure, die ein Spaltungsproduct des Tyrosins ist.*)
Aepfelsäure,	Fumarsäure,	
Weinsäure,		
Zuckersäure,	Zuckersäure.	
Schleimsäure.	(Berzelius).	

Die Oxydation mit MnO^2 und SO^3 gab:

aus Kohlehydraten:	aus Proteïnstoffen:	
Ameisensäure,	Ameisensäure,	
Essigsäure,	Essigsäure und deren Homologe bis hinauf zur Caprylsäure,	Benzoësäure, (Fröhde's, aus Leim erhalt. Collinsäure war unreine Benzoës.);
Aldehyd,	Aldehyde dieser Säuren,	
Acroleïn.	Acetonitril,	Benzaldehyd.
	Propionitril,	
	Valeronitril.	

Durch Behandlung mit Schwefelsäure wurden erhalten:

aus Kohlehydraten:	aus Proteïnstoffen:	
Ameisensäure,	Asparaginsäure und die ihr homologe Glutaminsäure; daraus die der Aepfelsäure homologe Glutansäure.	
Glycinsäure,		
		Tyrosin.
Gepaarte Säuren,	Gepaarte Säur. (Proteïnschwefelsäur.).	
(Sulfosäuren).	Die Hexanitroalbuminsulfonsäure.**)	
	Leucin.	

*) Vergl. Mühlhäuser, Ann. Ch. Pharm, 150, 171.
**) Nach Löw — $C^{12}H^{101}(NO^4)^4(SO^3OH)N^{12}SO^N$. (Journ. f. pract. Chem. 1871, 160.).

Mit Kalihydrat geschmolzen gaben:

die Kohlehydrate:	die Proteïnstoffe.	
Oxalsäure,	Oxalsäure,	
Essigsäure,	Essigsäure,	
Propionsäure,	Buttersäure,	
Aceton (Ketone),	Valeriansäure,	
Bernsteinsäure,	Leucin,	Tyrosin.
	sauerstofffreie	
	Amminbasen,	
Humussubstanzen.	Humussubstanzen.	

Mit Kalihydrat gekocht, liefern die Proteïnsubstanzen auch Glykokoll.

Jod und doppeltkohlensaures Kali gaben:

mit Kohlehydraten:	mit Proteïnsubstanzen:
Jodoform.	Jodoform.

Die trockene Destillation liefert:

aus Kohlehydraten:	aus Proteïnstoffen:
CO_2, gasförmige Kohlenwasserstoffe,	CO_2, gasförmige Kohlenwasserstoffe, H_3N.
Methylalkohol,	Methylamin und Homologe,
Essigsäure,	Essigsäure,
Ketone,	Ketone,
Phenol,	Phenol und Homologe,
Guajacol, Kresol,	Kohlenwasserstoffe der aromatischen Reihe.
Brenzcatechin,	
Kohlenwasserstoff der aromatischen Reihe,	Anilin und Homologe, Pyrrol, Picolin, Pyridin,
Naphthalin, Chrysen,	Lutidin, Collidin.
Paraffin.	

Die vorstehende Zusammenstellung zeigt, wie scharf begrenzt die aus den Kohlehydraten und den Proteïnstoffen gewinnbaren Zersetzungsproducte sind, was sie Gemeinsames und was sie Verschiedenes haben und wie die eine Reihe der von den Proteïnstoffen abstammenden Producte immer, wo nicht identisch, so doch aufs Nächste verwandt mit der der Kohlehydrate ist.

Rechnet man dazu, dass thierische Stoffe, wie das Mucin und Hyalin, mit verdünnten Säuren gekocht neben Proteïnstoffen Traubenzucker liefern, dass das Chitin und Cerebrin als Glykoside betrachtet werden können; erwägt man, dass Proteïnstoffe in Pflanzen und Thieren fast immer mit Kohlehydraten zusammen vorkommen; berücksichtigt man endlich, dass, wie die Physiologie in der letzten Zeit aus den Ernährungs- und Fütterungs-Versuchen schliesst, die Proteïnstoffe ebensowohl zur Fettbildung dienen, als sie zum Ersatz des abgenutzten Muskels und der Gewebe verwendet werden; so wird es mehr als wahrscheinlich, dass die Proteïnstoffe und Kohlehydrate in einer genetischen Beziehung zu einanderstehen.

Diese Anschauung wird nun auch durch die neuen Versuche von Hlasiwetz und Habermann unterstützt, bei denen sie eine Reihe von Proteïnstoffen (Hühnereiweiss, Caseïn, Fibrin, Pflanzeneiweiss, Legumin, Pflanzenfibrin und Gliadin aus Kleber) mit Brom und Wasser im verschlossenen Glasgefässen erhitzten und die entstandenen Producte analysirten. Sie konnten so die Proteïnsubstanzen total, ohne Rest, zersetzen.

In den beim Oeffnen der Flaschen entweichenden Gasen fand sich vornehmlich Kohlensäure, unter den nicht flüchtigen Producten fand sich Phosphorsäure. Als organische Zersetzungsproducte der Proteïnstoffe erhielten sie:

Bromessigsäure,	Asparaginsäure,	Leucin,	Tribromamido-bonzoësäure,
Bromoform.	Malaminsäure,	Leucimid,	
	?	Capronsäure,	
	Oxalsäure.	?	Bromanil.

Auch war etwas Ammoniak und humöse Substanz gebildet worden. Niemals fanden sie Tyrosin. Da nach Städeler durch Chlor das Tyrosin völlig in Chloranil und Chloraceton verwandelt wird, so ist kein Zweifel, dass das Brom in ähnlicher Weise wirke und dass das erhaltene Bromanil und die Tribromamidobenzoësäure aus derselben Quelle stammt, aus welcher sonst Tyrosin hervorgeht. (Nach Barth liefert Tyrosin, mit KO, HO geschmolzen, Paraoxybenzoësäure.)

Von 100 Theilen trockner Proteïnsubstanz wurden erhalten:

	aus Eieralbumin.	Pflanzenalbumin.	Caseïn.	Legumin.	
Bromoform	29,9	39,1	37,0	44,9	Theile.
Bromessigsäure	22,0	16,9	22,1	26,2	„
Oxalsäure	12,0	18,5	11,2	12,5	„
Asparaginsäure u. als Malaminsäure angenomm. Säure	23,6	23,1	9,3	14,5	„
Leucin (rohes)	22,6	17,3	19,1	17,9	„
Bromanil	1,5	1,4	0,3	1,4	„

Dass bei dieser Behandlung keine Glykonsäure erhalten wird (die man unter ähnl. Umständen aus verschiedenen Zuckerarten bekommt), hat darin seinen Grund, dass durch weitere Behandlung mit Brom, Wasser etc. die Glykonsäure fast gerade auf in CO^2, Bromoform, Bromessigsäure und Oxalsäure zerlegt wird.

Die Zersetzung der Proteïnstoffe durch Brom und Wasser hat demnach in Uebereinstimmung mit den anderen Zersetzungsweisen wieder zu Producten geführt, die sich in die fette und in die aromatische Gruppe einreihen lassen. Betrachtet man die gefundenen Glieder der Gruppe näher, so erkennt man, dass die höchsten nicht mehr als sechs Atome Kohlenstoff ($C = 12$) im Kerne oder in der Hauptkette enthalten, so dass man sie auf die beiden Kohlenwasserstoffe C^6H^{14} und C^6ll^6 zurückführen kann.

Characteristisch für die Proteïnstoffe sind nur die höchsten Glieder: Leucin, Tyrosin, Asparaginsäure, und Glutaminsäure; alle übrigen sind nur Abkömmlinge dieser, sie sind secundäre Producte.

Uebersichtliche Zusammenstellung der Zersetzungsproducte:

A. Von $C^6H^{14} = (CH^3\_CH^2\_CH^2\_CH^2\_CH^2\_CH^3)$ lassen sich ableiten:

I. Caprylamin $C^6H^{13}(H^2N)$; Amylamin $C^5H^{11}(H^2N)$; Butylamin $C^4H^9(H^2N)$; Propylamin $C^3H^7(H^2N)$; Aethylamin $C^2H^5(H^2N)$ und Methylamin $CH^3(H^2N)$.

II. Capronsäure $C^5H^{11}(COOH)$; Valerians. ($C^4H^9(COOH)$; Buttersäure $C^3H^7(COOH)$; Propionsäure $C^2H^5(COOH)$; Essigsäure $CH^3(COOH)$.

III. Leucin $C^5H^{10} \begin{cases} H^2N \\ COOH \end{cases}$; Glykokoll $CH^2 \begin{cases} H^2N \\ COOH \end{cases}$.

IV. Milchsäure $C^2H^4 \begin{cases} OH \\ COOH \end{cases}$.

V. Glutaminsäure $C^3H^6H^2N \begin{cases} COOH \\ COOH \end{cases}$.

Asparaginsäure $C^2H^3H^2N \begin{cases} COOH \\ COOH \end{cases}$.

VI. Fumarsäure $C^2H^2 \begin{cases} COOH \\ COOH \end{cases}$.

VII. Oxalsäure $\begin{cases} COOH \\ COOH \end{cases}$.

VIII. Kohlensäure $= CO^2$.

II. Von $C^6H^6 = ($ ↑$CH\!\supset\!CH\;CH\!\supset\!CH\;CH\!\supset\!CH$ ↓$)$ lassen sich ableiten:

I. Tyrosin $C^6H^3 \begin{cases} HN,C^2H^5 \\ OH \\ COOH \end{cases}$?

II. Benzoësäure C^6H^5 (COOH); Parauxybenzoësäure $=$ $C^6H^4 \begin{cases} COOH \\ OH \end{cases}$ (daraus Substitutionsproducte mit Cl und NO^2).

III. Benzaldehyd C^6H^5 (COH).

IV. Chinon $C^6H^4O^2$ (daraus Bromanil).
(*Annalen d. Chem. u. Pharm. Sept. 1871, Bd. 159, S. 304—333.*). H. L.

Roggenmehl auf Gehalt an Mutterkorn zu prüfen.

Nach Prof. Böttger überschüttet man eine Probe des fraglichen Mehles mit seinem gleichen Volumen Essigäther, fügt einige Krystallfragmente Oxalsäure hinzu und erhitzt das Gemisch einige Minuten lang zum Kochen. Erscheint die Flüssigkeit nach dem Erkalten röthlich gefärbt, so ist Mutterkorn vorhanden. (*Zeitschr. d. allgem. österreich. Apoth.-Vereins. 1. Sept. 1871. Nr. 25, S. 638.*). H. L.

Prüfung des Brodes auf Alaun.

Sie geschieht nach Carter Moffat durch Befeuchtung desselben mit einer aus Campecheholz bereiteten Tinctur, welche das Vorhandensein von Alaun durch eine dunkelrothe Färbung verräth, während unverfälschtes Brod sich mit dieser Tinctur nur strohgelb färbt. (*The Pharmacist and Chemic. Record, Chicago, Jul. 1871. P. 157.*). Wp.

II. Botanik und Pharmacognosie.

Ueber die Keimung von Pflanzensamen in Eis.

Als die niedrigste Temperatur, bei welcher Pflanzensamen keimen, nahm man bis jetzt im Allgemeinen + 4° bis 5°C. an; Sachs bemerkt hierzu allerdings in seinem Handbuche der Experimentalphysiologie der Pflanzen p. 54, dass es seinen Schülern gelungen sei, auch bei niedrigeren Temperaturen Samen zum Keimen zu bringen, bezeichnet dieselben jedoch nicht genau. De Candolle, welcher ebenfalls zahlreiche Versuche über diesen Gegenstand anstellte (De Candolle, de la germination sur les degrés divers de la temperature constante) fand, dass alle von ihm der Untersuchung unterworfenen Samen erst bei und über + 4°, und dass nur die Samen von Lepidium sativum und Linum usitatissimum bei + 3°, die von Sinapis alba bei 0° keimten, wobei jedoch zu bemerken ist, dass von 30 Senfsamen erst 5 keimten. Neuerdings hat Dr. Uloth im Bad Nauheim constatirt, dass auch die Samen zweier anderer Pflanzen bei 0° keimen. Derselbe fand bei dem Ausräumen eines Eiskellers vollständig entwickelte Keimpflanzen von Acer platanoides und von Triticum vulgare, welche sich in der Eisdecke festgewurzelt hatten. Das Eis hatte beim Einbringen auf einem mit Ahorn bestandenen Hof gelegen, wo die Samen angefroren und so in den Eisraum gelangt waren. Die Weizenkörner waren aus dem Weizenstroh, was zum Bedecken diente, ausgefallen. Der Keller war vollkommen dunkel und die Temperatur betrug an den Stellen, wo die Pflänzchen gefunden wurden, genau == 0°.

Die Würzelchen der Ahornpflänzchen waren da, wo die Samen zwischen zwei übereinanderliegenden Schollen steckten und so einen Stützpunkt fanden, oft 2—3 Zoll tief senkrecht eingedrungen. Würzelchen und Cotyledonen waren ebenso entwickelt, wie bei in der Erde gewachsenen Keimpflanzen, nur war die Farbe der Blätter, wegen Lichtmangel, mehr

hellgrün. — Auch die Keimpflanzen vom Weizen hatten sich
gleich denen unter normalen Zuständen gekeimten entwickelt
und waren die Nebenwurzeln meistens ausserordentlich lang. —
Selbst wo die Samen in Eisstücke eingefroren waren,
war die Keimung erfolgt und hatten die Würzelchen das Eis
durchbohrt.

Aus diesen Wahrnehmungen scheint deutlich hervorzu-
gehen, dass die Samen von Acer platanoides und Triticum vulgare schon bei 0° keimen und zwar nicht etwa
ausnahmsweise, sondern dass die Keimung unter sonst günstigen Verhältnissen ebenso leicht bei niederen wie bei höheren Temperaturen erfolgt.

Nicht allein die Keimung bei so niederer Temperatur,
sondern auch das Eindringen der zarten Würzelchen in das
Eis, muss unsere Aufmerksamkeit erregen. Es vereinigen
sich hier die Wirkungen eines bedeutenden Druckes und einer
grossen Wärmeentwickelung. Ist die Keimung eingeleitet, so
wird durch die dabei vor sich gehenden chemischen Processe
eine relativ grosse Wärmemenge frei, welche hinreicht, um
das, den Samen zunächst umschliessende Eis auf 0° zu erwärmen und zu schmelzen, wo auch immer die muldenförmigen
Vertiefungen nachgewiesen wurden. Dem aus dem Samen
austretenden Würzelchen bieten sich jedoch solche Schwierigkeiten dar, dass es nur dann eindringen kann, wenn es längere Zeit hindurch mit seiner Spitze einen Punkt fixiren kann.
Durch die beim Wachsen entwickelte Wärme schmelzen die
Eistheilchen an der Wurzelspitze, das Wasser wird von der
Pflanze aufgesogen und diese ist nun im Stande, das Würzelchen in die entstandene Höhlung nachzuschieben.

Zur weiteren Entwickelung kamen die Pflänzchen wegen
Luft- und Lichtmangel nicht. Der ganze Entwickelungspro-
cess ging überhaupt weit langsamer vor sich, als bei höherer
Temperatur, so dass, obgleich die Samen schon vom December an zwischen den Eislagen waren, die Entwickelung
der Keimpflänzchen doch erst Mitte Juli zu Ende war. (*Flora
1871, Nr. 13, pag. 185 — 188; aus derselben im Jahrb. für
Pharmac. Bd. XXXVI. Heft 4, pag. 235 — 237.*).   *C. Schulze.*

Ostindische Surrogate für Rad. Ipecacuanhas.

Nach E. Cooke enthält die Familie Asclepiadeae
verschied. Pflanzen, denen brechenerregende Wirkung zukommt,

die derjenigen der Ipecacuanha gleicht. So die Wurzel des
Mudar, Calotropis gigantea, die jedoch zu gewissen
Jahreszeiten unwirksam zu sein scheint. Dasselbe gilt vielleicht von Secamone emetica R. Br. Die in Indien ein-
geführte Asclepias currassavica L., Bastard-Ipeca-
cuanha genannt, liefert eine in Westindien als Emeticum
geschätzte Wurzel, der jedoch eine zu energische Wirkung
auf die Eingeweide zukommt, die gegen ihren regelmässigen
Gebrauch spricht. Ausser diesen stehen Daemia extensa
R. Br. und die Blätter von Hoya viridiflora R. Br.
in Ruf.

Vor allen aber sind Wurzel und Blätter von Ty-
lophora asthmatica W. et A. sehr nachdrücklich empfohlen worden und bilden wahrscheinlich die besten und sicher-
sten von allen ostind. Ipecacuanha-Surrogaten. Die Blätter
sind in der neuen indischen Pharmakopöe aufgenommen. Die
Pflanze ist die Asclepias asthmatica Roxburgh und
das Cynanchum anderer Autoren, heisst in Bengalen Un to-
mool, in anderen Theilen Ostindiens Kaka-pulla und
Codegam oder Coringa und ist in Mauritius als Ipéca
du pays oder Ipéca sauvage bekannt. Ihr Stengel ist
klimmend, 6 bis 12 Fuss hoch, mit gegenüberstehenden, 2
bis 3 Zoll langen, ganzrandigen, ovalrunden und zugespitzten
Blättern, welche herzförmig an der Basis, oben glatt und
unten flaumig sind. Die blüthentragenden Stiele sind kurz
und tragen 2 oder 3 wenigblüthige Dolden; die Blumen sind
ziemlich gross, auf langen Blüthenstielchen, aussen blassgrün,
mit einem schwachen Anstrich von Purpur, inwendig hellpur-
purn. Die Pflanze ist sehr häufig und weit verbreitet und
findet sich überall in Indien und zu jeder Jahreszeit in Blüthe.
Sie neigt sehr zur Bildung von Varietäten, ist jedoch von
einer verwandten Art durch die röthlichen oder dunkelrothen
Blumen und die gezähnten Blumenkronenblätter zu unterscheiden. Die Wurzel wird in den Bazaren in dicken Bün-
deln verkauft, ist von blasser Farbe und von bitterm, ekelerregenden Geschmack. Die Blätter wurden schon beschrieben; die älteren oder unteren sind kaum zugespitzt und an
der Basis mehr rund als herzförmig. Sie haben ein grau-
grünes Ansehen, starken, unangenehmen Geruch, wenn sie
zerquetscht sind, und einen ekelerregenden Geschmack.

Kirkpatrick hat die Pflanze, deren gepulverte Wurzel
und Saft von dem Volke in Mysore als Emeticum benutzt
wird, in mehr als tausend Fällen dargereicht und bei Asthma
und Katarrhen, bei Dysenterie und als einfaches Emeticum in

jeder Hinsicht der Ipecacuanha gleich gefunden. Er giebt die Blätter zu 20—30 Gran als Brechmittel und bezeichnet die Wurzel als weniger sicher wirkend.

Andere Aerzte bestätigen diese Angaben. Nach Modeen Sheriff besteht die beste Behandlung von Schlangenbiss im Hervorbringen ausgiebigen Erbrechens durch den ausgepressten Saft und darauf folgende flüchtige Stimulanzen.

Auch Roxburgh rühmt die an der Küste Koromandel gebrauchten Wurzeln als Substitut für Ipecacuanha und in kleineren oft wiederholten Dosen als Catharticum. Die Eingeborenen benutzen die Wurzel als Emeticum in der Weise, dass sie auf einem Steine 3 bis 4 Zoll lange Stücken der frischen Wurzeln reiben und das Geriebene mit etwas Wasser mischen. Die Wurzel wirkt meistens gleichzeitig purgirend. Die Blätter scheinen Vorzüge zu besitzen.

Nach der indischen Pharmacopöe dienen sie als Emeticum von 25 bis 30 Gran, meist mit Tartar. stibiat. verbunden, als Diaphoreticum und Expectorans zu 3 bis 5 Gran. Versuche mit der leicht in Europa zu beziehenden Pflanze wäre erwünscht. (*The Pharm. Journ. and Transact. Aug. 1870, p. 104., N. Journ. f. Pharm. 35, 165; Zeitschr. d. allg. österreich. Apoth.-Vereins. 20. Mai 1871, Nr. 15. S. 391.*).

H. L.

Gummiliefernde Eucalyptusarten nach Bentham und Ferd. Müller.

1) Tropfendes Gummi (dropping gum) liefern: Eucalyptus Risdoni Hook., E. viminalis Labill.

2) Graues Gummi (grey gum): E. saligna Sm., E. resinifera Sm.

3) Lead Gum: E. stellulata Sieb.

4) Rothes Gummi (red. gum): E. amygdalina Labill., E. molliodora A. Cunn., E. odorata Behr, E. rostrata Schlecht., E. tereticornis Sm., E. resinifera Sm., E. stuartiana Müll., E. calophylla R. Br.

5) Risdon-Gum: E. Risdoni Hook.

6) Rostfarbenes Gummi (rusty gum): E. eximia Schau.

7) Flockiges Gummi (spottod gum) E. hac-matosa Sm., E. goniocalyx Ferd. Müll., E. maculata Hooker.

8) Terpenthin-Gummi (turpentin gum): E. Stuartiana F. Müller.

9) Thränen-Gummi (weeping gum): E. coriacea A. Cunn., E. viminalis Labill.

10) Blaues Gummi (blue gum): E. haematosa Sm., E. globulus Labill., E. botryoïdes Sm., mega-carpa Müll, E. viminalis Labill., E. tereticornis Sm., E. diversicolor Müller.

11) Weisses Gummi (white gum): E. stellulata Sieb., E. coriacea A. Cunn., E. amygdalina Labill., E. paniculata Sm., E. haematosa Sm., E. albens Miq., E. saligna Sm., E. goniocalyx F. Müll., E. rostrata Schlecht., E. Stuartiana F. Müll., E. redunca Scham.

12) York-Gummi (York gum): E. loxophleba Benth.

13) Gum top: E. virgata Sieb.

14) Black butl gum: E. pilularis Sm., E. hac-matosa Sm., E. patens Benth. u. E. ficifolia Müller.

Alle mit gesperrter Schrift gedruckten Eucalyptusarten liefern entweder Kino, oder scheinen wenigstens solches zu liefern. (*Julius Wiesner a. a. O. S. 501 und 502.*). *H. L.*

Folia Boldo aus Chile.

Der Boldo ist ein sehr schöner, dickknorriger, im-mergrüner Baum, dessen Blätter als Infusum bei Lebor-krankheiten angewendet werden. Auch eine Essentia de Boldo wird aus ihnen bereitet. Die erbsengrossen Früchte sind grün, süss, aromatisch, etwas terpenthinartig, essbar. Sie geben mit gutem Weinbranntwein digerirt, einen braunen, süssen Liqueur, welcher dem Tokayer ähnlich riecht und schmeckt. (*Zeitschr. d. allg. österreich. Apoth.-Vereins, 10. Mai 1871, Nr. 15, S. 372.*). Der Geruch dieser Blätter erinnert an den der Folia Bucco (Diosmeen). *H. L.*

Jenequen oder Sisal-Hanf.

Der Jenequen wird in Yukatan seit den ältesten Zei-ten hauptsächlich aus den Blättern der Agave angustifo-lia und aus A. vivipara, A. Antillarum, so wie aus denen der Fourcroya cubensis gewonnen; es werden dort sieben

Species oder Varietäten dieser Textilfaser unterschieden und mit besonderen, aus der Sprache der Ureinwohner des Landes hergenommenen Namen benannt. Der Name Jenequen überhaupt wird aber nicht sowohl der Pflanze als der aus derselben dargestellten Rohfaser beigelegt, und sind die Bodenbeschaffenheit, so wie das trockne Klima des Landes für die z. Z. schon nicht unbedeutende Cultur derselben besonders geeignet. Als man während des Secessionskrieges sich dort mehr der Cultur der Baumwolle zuwandte, ergab sich, dass dieselbe für den Boden von Yucatan weniger passend sei. Die Faser wird aus den frischgeernteten Blättern der Pflanzen meist durch Handarbeit mit sehr primitiven, bereits in der Indianerzeit gebrauchten Geräthen gewonnen, doch ist hiezu, bei der steigenden Bedeutung der Faser als Ausfuhrartikel in neuerer Zeit auch die Dampfkraft in Anwendung gekommen und hat mit dieser der Anbau der die Faser liefernden Pflanzen zugenommen. Die aus den Blättern gesonderte Faser ist sofort rein und nur wenig gefärbt und wird, nachdem dieselbe ein oder zwei Tage an der Sonne gebleicht worden, verkäuflich. In diesem Zustande stellt dieselbe lange, weisse, biegsame Fäden dar. Der Distrikt Merida producirt die grösste Menge der Faser, deren Ausfuhr nach den Vereinigten Staaten von Nordamerika im Jahre 1860 sich auf 5630 Hundretweight (à 112 Pfd.) im Werthe von 33780 Doll. gegen 9250 Hdrctw. im Jahre 1854 bezifferte. Die Abnahme der Ausfuhr wurde durch die in dem Erzeugungslande chronischen bürgerlichen Unruhen veranlasst.

Der Anbau des Sisal-Hanfes in den Golf-Staaten von Nordamerika steht in Aussicht.

Als weitere Textilpflanzen Yukatan's sind zu verzeichnen: Bromelia Karatas und B. pinguin, deren feine, biegsame und feste Faser dort unter dem Namen Pita bekannt ist. Die Fasern von Musa sapientium und M. paradisiaca können, da ihre Gewinnung zu viel Arbeit erfordert, mit dem Sisal-Hanf sich nicht messen, auch der Manila-Hanf von Musa textilis steht demselben an Güte nach. Melochia pyramidata, Chichiben in der Landessprache, liefert ebenfalls eine feste, glänzende und weiche Faser; die der Palmarten Thrinax humilis und Th. argentea, Chit und Nagaez, dient zu Seilerwaaren. (*Nach dem Report of the Commissioner of Agriculture for The Year 1869. Washington 1870. S. 257 ff.*). Hbg.

III. Medicin und Pharmacie.

Ueber das Latschenöl (Ol. Pini Pumilionis).

Reich empfiehlt dasselbe bei gewissen Formen von Asthma, chronischem Bronchialcatarrh, Emphysem und ulceröser Phthise statt des Terpenthinöls zu Einathmungen. Die Anwendung geschieht in der Weise, dass man einige Tropfen des Oels in einer Wasserschale im Zimmer verdampfen lässt oder in die mit Kochsalzlösung gefüllte Inhalationsschale giesst und inhalirt.

Das Mittel ist weit angenehmer, als das für Manche widerliche Terpenthinöl und brachte den Kranken grosse Erleichterung. Auch zu Einreibungen bei Asthma, bei Rheumatismus und Neurosen wird es angewendet. (*Aerztl. Mitth. aus Baden, daraus im Neuen Jahrb. f. Pharm. Bd. XXXVI, Heft 4. Octbr. 1871.*).

Dr. R. M.

Verfälschung des Schweineschmalzes.

Nach Shuttleworth ist es bei den amerikanischen Schmalzfabrikanten durchgehends Sitte, 2—5% Kalkmilch mit dem geschmolzenen Fett zu mengen, um demselben eine weisse Farbe zu geben. (*Amer. Journ. Pharm. Aug. p. 371; daraus im Neuen Jahrb. f. Pharmacie. Bd. XXXVI. Heft 4. Octbr. 1871.*).

Dr. R. M.

IV. Ausstellung von Droguen, Chemicalien u. s. w.

Die Droguen-Approturanstalt und die chemischen Laboratorien von *Gehe und Co. in Dresden* und ihre Ausstellung am 16. September 1871 zur 50jährigen Jubelfeier der Gründung des Norddeutschen Apotheker-Vereins.

Den Theilnehmern an der diesjährigen Versammlung in Dresden wird der Besuch der Gehe'schen Anstalten und Laboratorien und ihrer Ausstellung einen hohen Genuss gewährt haben, sei es nun durch die schöngeordneten, sinnreich vor Augen geführten, reichen Sammlungen von Droguen und eignen Präparaten, sei es durch die Anschauung der in Bewegung und Thätigkeit befindlichen Maschinen und Apparate, deren Grossartigkeit, Sauberkeit und vorzügliche Einrichtung allgemeine Anerkennung fand. Um ihnen eine bleibende Erinnerung an jenen genussreichen Besuch zu verschaffen und auch denjenigen Lesern unseres Archivs, denen es nicht vergönnt war, die Dresdner Versammlung zu besuchen, ein Bild jener Anstalten und ihrer Ausstellung zu geben, habe ich das hochverdiente Haupt derselben, Herrn Gehe, gebeten, mir für diese Skizze das Thatsächliche in den wesentlichsten Punkten mitzutheilen; ich habe die Freude gehabt, meine Bitte durch Denselben freundlichst erfüllt zu sehen, wofür ich Ihm hiermit meinen besten Dank abstatte.

Der Eingang zu den Gehe'schen Anstalten war mit Gewinden und Fahnen geschmückt, den Besuchern schon von Weitem erkenntlich durch die Aufschriften: „Zur 50jährigen Jubelfeier des Norddeutschen Apotheker-Vereins" und Willkommen!

In der Empfangshalle, zwischen Fabrikgebäude und Magazin befand sich das Büreau und die Garderobe. Hier wurde der gedruckte Wegweiser ausgegeben. 12 grosse Kisten, jede zu 36 Kubikfuss und doch nur jede 50 Pfd. Tanninum leve in Packeten à 5 Pfd. enthaltend, waren hier ausgestellt, um eine Anschauung des grossen Volumens dieses Präparats zu geben.

Im Flügel A, Parterre, 4 Laboratorien:

Nr. 1) 2 grosse Vacua jedes zu 2000 Liter, je 400 Pfd. Sabadillsamen auf Veratrin verarbeitend, mit thätigem Luftpumpenbetrieb; dabei grosser mechanischer Rührapparat.

Nr. 2) Verschiedene Vacua von 1200, 600 bis herab auf 150 Liter Inhalt. Im grösseren wurde Tannin zur Trockniss eingedampft, in den anderen Succus liquiritiae purus, in dem mittleren Morphin, im kleinsten Morphinmutterlaugen.

Nr. 3) Eine Anzahl grosser, mit Zinn plattirter und mit zinnernem Helm und Kühler versehener Destillationsblasen von 1100 — 1800 Liter Inhalt, hauptsächlich auf Kümmelöl arbeitend (à 400 Pfd. pro

blase) und auf Scammonin, nemlich den Spiritus aus der mit Kohle
gereinigten Lösung abdestillirend.

Die Rectificationsblasen mit innerer Oberfläche von Zinn recti-
ficirten Oleum Carvi und Oleum Juniperi.

Der Spirituswiedergewinnungsapparat cohobirte die schwachen Spiritusfractionen der Voratrinarbeit von 25 auf 68 Proc. in einem
Arbeitsgange.

Die wohlverzinnten Dampfextractoren, bis zu 700 Liter Inhalt,
ruhten wegen der zumal unvermeidlichen Belästigung durch die dabei auftretende starke Dampfentwickelung für die Beamther.

Aus gleichem Grunde ruhten hier die grossen Dampffilterpres-
sen mit Kammern, Dampf-Montejus und Pumpwerken.

An Zinnplattirung eines auseinandergenommenen Extractors
wurde gearbeitet.

Die theils einfachen, theils doppelten, selbst während Abnahme oder
Neufüllung fortarbeitenden Dampf-Aether-Extractions-Apparate
ziehen Veratriaflüssigkeit, ein anderer mit Kohle behandelte Scammoninlösung ab. Ein fernerer solcher Apparat ist zur grösseren Deut-
lichkeit auseinandergenommen aufgestellt.

Im Annex I, dem Factorhause, sind die Parterreräume mit
Extractionsbottichen und Presstischen, auch mit Filterpres-
sen angefüllt. Dabei sind auch kupferne, zinnplattirte Filter von 5 Ellen Höhe, in welchen Scammoninlösung über Kohle filtrirt wurde.

Im Flügel C befinden sich 3 Dampfkessel mit innerer Feue-
rung, deren Leistung zusammen 65 Pferdekraft, 2 Dampfkessel
à 20 Pferdekraft und einer à 25. Mit letzterem communiciren durch eine
Thür (im Flügel B) die Dampfmaschinen, 2 Mitteldruck-
Condensationsmaschinen Woolf'scher Construction mit Ba-
lanciers.

Im Parterre, Mühlraum Nr. 1) Hydraulische Pressen mit
zugehörigen Pumpen unter besonderen Glasverschlüssen; die Arbeit war,
einen Centnerballen Flores Arnicae in dem Kasten der einen Presse auf
den 6. Theil seines Volumens zu comprimiren, zur Frachter-
sparniss beim Seetransport. Dann mittelst besonderer Topfeinsätze Ab-
pressung des fetten Senföls vom Senfpulver.

Die Hauptkaltwasserpumpe in 6 Ellen tiefer Versenkung,
welche p. Minute 20 Kubikfuss Wasser in die im 4. Stock befindlichen
Bottiche schafft, so wie die Dampf-Reservepumpen und besondere
Hochdruckdampfmaschinen.

Der Kollergang, in Stillstand, zur Vermeidung der Belästigung
für die Passanten, ebenso das Stampfwerk. Nur die, um ihre Achse
sich drehenden, eisernen und hölzernen Mörser waren in Thätigkeit zu weiterer Zerkleinerung von Surinam-Quassiaholz.

Nr. 2) Zwei Raspelmaschinen von verschiedener Grösse, auf
Quassiaholz arbeitend.

Nr. 3) Die Quecksilbersalbe-Reibmaschine; sie hatte 20 Pfd.
Quecksilbersalbe in Arbeit, der Vollendung nahe.

Unter besonderem Glasverschluss 2 Präparirmörser von polir-
tem Hartstein, 2 dergl. von Porcellan, in denen Quecksilberoxyd mit Mithülfe von Wasser fein gerieben wurde.

Nr. 4) Nassmühlen mit permanenter Aufschüttung; die eine arbeitend auf Dimstein, die andere zur Besichtigung der Construction
geöffnet. Ferner Schraubenpressen zum Abpressen des nassen Mahl-
und Schlämmgutes, nachdem es die 3 Fass-Etagen-Schlämmvor-

richtungen, welche auf der anderen Seite der Strasse frei im Hofe
stehen, passirt hat.

Nr. 5) Das Walzwerk quetschte Senf, wovon es bei richtiger
Beschüttung in 11 Stunden nahe 50 Centner liefert.

Die Flachmühle Nr. III mit Siebvorrichtung zerkleinerte Flores
Pyrethri rosei. —

Im Verbindungsgange zwischen Laboratorien und Mühlen befindet sich
Nr. 6) die Kupferschmiede-Werkstatt, wo an der Verzinnung
der kupfernen Apparate gearbeitet wurde.

3 Wasserheizungsöfen, nebst liegenden Rohrschlangen zu den
3 Hochdruck-Wasserheizungen der Trockensäle in der
3. Etage, mit Vorrichtung zur Regulirung der Hitze daselbst im Maximum von 50° Cels.

Erste Etage, Mühlenraum Nr. 1.

Cycloïdalverstäubungsmühlen ohne Siebvorrichtung, in welchen das zu Staub gewordene Mahlgut durch die Geschwindigkeit der
Steine centrifugal über die in verschiedener Höhe stellbaren Mühlkränze
getrieben wird; im Gange auf Sacharum Lactis und auf Radix Rhei.

Die Flachmühlen mit Steinen von verschiedener Härte arbeiten
auf Lap. Pumicis und Cinnamom. sinense. Beide Mühlen haben
die Aufschüttung in der 2. Etage und die Abnahme der fertigen Waare
im Parterre.

Nr. 2 u. 3) Räume mit Cycloïdalmühlen mit der besonderen
Bestimmung, abgetrennt von den übrigen Gegenständen, giftige, gefärbte oder starkriechende Substanzen zu mahlen, damals alle mit
dem Verstäuben von Pulvis Pyrethri rosei in Thätigkeit.

Eine Pulverisirtrommel ist besonders zum Lösen der Rinden-
schicht von der Holzschicht der Ipecacuanhawurzel in Thätigkeit.

Nr. 4) Saal mit verschiedenen Schneidemaschinen, welche
insgesammt Lichen islandicus electr. schnitten.

Zweite Etage, Saal Nr. 1.

Drechsler-, Tischler- und Buchbinderwerkstätten. Die Drechselbank
dreht Quassiabecher und Rhabarberpillen. Der Buchbinder mit
seinen Gehülfinnen fertigt Pappcartons zur Verpackung von Alkaloïden etc. nach amerikanischem Gebrauch.

Saal Nr. 2) Würfelschneidemaschine und Kreissäge mit
Lignum Guajaci in cubulis in Thätigkeit.

Nr. 3) Remanenzenkammer; sie enthält sowohl die Rückstände
vom Pulverisiren, als auch die Reste der chemischen Arbeiten, alphabe-
tisch, unter Trennung der giftigen von den nichtgiftigen geordnet.

Nr. 4) Reinigungsmaschine, eben zum Aussondern der Hülsen
aus 15 Centner doppeltgereinigten Sennesblättern im Gange.

Nr. 5) Die Pflasterstreichmaschine arbeitet nicht und hatte
wegen des grossen Verkehrs und des Staubes während des Besuches ausgesetzt werden müssen.

Nr. 6) Dampfmaschinenbetrieb, Kraftvertheilungswelle.

Dritte Etage, Saal Nr. 1.

Grosser Arbeitssaal, mit Vorraum zur Aufstapelung der durch
den Elevator auf 10 Centner Tragkraft im Treppenhause auf- und ab-
steigenden Güter. (Die Elevatoren in den Treppenhäusern sind zur Sicherheit durch starke Drahtgitter abgesperrt.)

Nr. 2 u. 3) Trockenanstalten, deren Erwärmung vermittelst
der im Parterre des Verbindungsganges befindlichen Hochdruckwasser-
heizung geschieht. Es trockneten darin verschiedene sogenannte Blät-

19*

terpräparate, wie z. D. Tartarus boraxatus und Ferrum pyrophosphoricum cum Ammonio citrico, auf Glasplatten gestrichen.

Nr. 4) Archiv der Handlung Gehe und Co. von 1834 bis 1861, soweit die Schriftstücke wegen eingetretener Verjährung minderen Werth haben.

Dach-Etage: Trockenböden auf Luftzug.

Ausgebreitet lagen grosse Mengen Flores Rosar. rubr., Handelswaare, Kümmel zur Destillation, Süssholz zu Vorarbeiten durch Menschenhände zur Pulveration.

Ein Verbindungsgang führt vom Flügel A nach Flügel B. 2. Etage und birgt zugleich die grossen Hauptwasserbehälter für die Fabrik. (Ueber die in diesem Verbindungsgange ausgestellten Droguen weiter unten.)

Flügel A., I. Etage. Von den Ausstellungssälen (darüber weiter unten) traten die Besucher in die Laboratorien für feinere Arbeiten. Daselbst kleine Filtrirpressen mit Luftpumpenbetrieb à 8 Kammern, je ⅜ Quadratfuss Fläche, für Alkaloïde.

Daneben eine Centrifuge, im Betrieb mit Gallussäure. Im Hauptraume eine Anzahl mit gespanntem Dampf arbeitende Kessel mit Bromkalium, ferner verschiedene Kolben mit Kodeïn und Morphin.

Auf einem Bleischlangenkühler findet Abdestilliren von Spiritus statt.

Eine Reihe Abdampfvorrichtungen für Zinnkessel und Porzellanschalen sind mit Jodkalium, Chinoïd. puriss. und Acid. gallic. beschäftigt.

Regale enthalten Krystallisationsschalen mit Chinium valerianicum; Krystallsammler für dasselbe, so wie für Chin. citric. u. Kal. jodat. umgeben die Pfeiler und Arbeitstafeln.

In einem Seitenraume befindet sich das besondere Laboratorium des Vorstandes dieser Abtheilung mit einer Anzahl kleinerer Abdampftische; auf diesen Morphin- und auch Chinium-Alkaloïden-Arbeiten im Gange.

Darauf folgt der Raum mit den Kapellenöfen mit liegenden Kühlern, darin Retorten mit Oxalsäure und Glycerin zur Erzeugung von Ameisensäure.

Daneben Trockenschrank mit Dampfheizung und Vorrichtung zur Regulirung der Temperatur. Auf 2 Arbeitstischen wurde Rohveratrin in saurer Lösung gereinigt.

Ein Tisch für analytische Arbeiten, Waagen und feine chemische Apparate.

In dem angrenzenden Saale grosse Abdampftische, die mit Kesseldampf und auch mit freiem Feuer geheizt werden können. Darauf grosse Steingutschalen mit Weinsäure, weinsaurem Kali zu deren Reinigung beschickt. Daneben dergl. mit Ferr. pyrophosph. c. ammon. citr. und Tart. boraxat. Daselbst auch ein durch Glaswand abgeschlossener Raum für Feinarbeiten von Argentum nitricum und ähnl. Chemikalien und mit verschiedenen Gasheizungen versehen. In diesem Raume auch die Titrirvorrichtungen.

Im Verbindungsgange Schmelzöfen und eiserne Pfannen mit Lösungen von Ferr. pyrophosph. c. ammon. citric., Natr. formicic. und Tart. boraxat.

Die Schmelzöfen für Rothglühhitze, auch einer für Weissglühhitze waren wegen der damit verbundenen Belästigung für die Besucher ausser Thätigkeit.

Annex II, Raum Nr. 1) Destillations-Cylinder für Chloroform und Salmiakgeist, deren zwei gerade mit je 3 Centner schwefels. Ammoniak und 5 Centner Kalk gefüllt waren und arbeiteten.

Raum Nr. 2) Die zugehörigen Kühler und Auffangegefässe, ferner eine grosse Bleiblase für Destillation von Valeriansäure.

Raum Nr. 3) Zahlreiche Sandbäder zum Abdampfen von salpetersaurer Wismuthoxyd-Lauge.

Nr. 4) Chloralhydrat in Arbeit und in Rekrystallisation. Zwölf bedeutend grosse Dampfkochgefässe mit Santonin und Veratrin. Für letzteres waren 4 solcher Gefässe mit je 1 Centner Sabadilla im Gange.

Nr. 5) Grosse schmiedeeiserne Abdampfpfannen für Neutralsalze, mit Baryta nitrica.

Nr. 6) Eine grosse Anzahl emaillirte und eiserne Kessel auf Dampf und auf freiem Feuer mit Ammon. sulfuric, und Baryta nitrica.

Annex III, Hofraum, Nr. 1) Langer Schuppen mit abgeschlossenen Lagerräumen, an dem einen Ende für Alkohol, Aether, an dem anderen Ende für Säuren, Brom etc.

Nr. 2) Das obenerwähnte Schlämmfässer-Doppelgestell.

Nr. 3) Dampfkochfässer, hölzerne mit Zinnrohrschlangen, mit Bleieinsätzen.

Nr. 4) Eine Reihe von Feuerstellen längs der Umfassungsmauer für Bleikessel mit Chromalaun- und Chlormangan-Lauge, Kessel mit Ammon. nitric.; 10 Sandbäder mit Natr. monosulfural und Ferr. sulfuric. oxydatum; 4 Kapellen mit Acid. nitric. par. —

Alter Wasserbahnhof. Mit dem Kohlenlager, der Böttcherwerkstelle, dem Fässer-, Kisten- und Ballonlager; eine versenkte Niederlage für leichtentzündliche Flüssigkeiten und einige leichte Barracken für Böttcherwaaren und Rohproducte.

Flügel D, Magazin und Droguenlager:

In geschlossenen Packungen in 6 Etagen und 2 Kellern nebst 3 Privattransitolagern.

Aufmerksamkeit erregten unter anderen:

Sabadilla (200 Centner), Pinghawar Yambi (25 Ctr.);
Folia Matico (15 Ctr.), Anthophylli majores (10 Ctr.),
Honduras sassaparille in kleinen Rollen (30 Ballen),
Galläpfel (mehre 100 Ctr.), Cubeben (100 Ctr.),
Süssholz (Hunderte von Ctrn.), Semen Cinae (100 Ctr.),
Ratanhiawurzel und Jalappe (je 80 Seronen),
Faces amylaceus (50 Ctr.), Rad. Scammon. (50 Colli).
Cort. Quillaya (300 Ctr.), Fabae Calabar (800 Pfd.) etc. etc.

Keller im Flügel A.

Eine besondere Abtheilung desselben enthält nur Olivenöl im Transito in mehren 40 Fässern.

5 Arbeits- und Lagerkeller: im ersten wurde Oleum Cacao gemacht, Lactucarium gallicum faconnirt und verschiedene Oele filtrirt.

Im 2. standen 5 Dialysatoren-Glocken mit Ferrum oxydat. dialysat.

Im 8. lagen an 80 Ballons à 1 Ctr. Himbeersyrup und Kirsch-syrup.

Im 4. und 5. fettes Senföl etc. in Ballons; 5000 Pfd. Ferrum sesquichloratum in Flaschen und Töpfen.

Im Verbindungsgange,

mit lebenden Pflanzen und Blumen decorirt, waren aufgestellt:

Colla piscium in foliis, russische ächte Salianski, 1 Kiste circa 200 Pfd.

Colla piscium in filis concis., 1 Kiste ca. 130 Pfd.

Colla piscium Beluga.

Im Arbeitssaale, vor den Ausstellungssälen

waren decorativ aufgestellt auf Postamenten pyramidal, theils auf dem Boden unmittelbar Originalpackungen:

Balsamum de Peru, 8 Canister, ca. 300 Pfd. Inhalt.

    „   „   Tolu, 20 Dosen ca. 350 Pfd. Inhalt.

Sumatra-Benzoë, 1 Block ca. 40 Pfd.

Siam-Benzoë in grossen losen Thränen, 1 Kiste ca. 60 Pfd.

Myrrha natur. I., 2 Ballen à ca. 150 Pfd.

Tragacantha electa in fol, besondere Auswahl grosser, ganz weisser Blätter, 1 Kiste ca. 200 Pfd.

Ammoniac. in granis, 1 Kiste ca. 132 Pfd.

Gutti elect., 1 Kiste 142 Pfd.

Rad. Rhei chinensis, 1 Kiste 130 Pfd.

     „   Ratanh. elect. Payta, 1 Ballon 120 Pfd.

     Sassaparillae Honduras in small rolls, von der besten sogen. Schlangenmarke, 1 Serone zu 100 Pfd.

Rad. Jalappae, schware, grosse mexicanische von Veracruz, 2 Ballen zusammen ca. 300 Pfd.

Rad. Ipecacuanh. dep. ver., 2 Seronen, zus. ca. 130 Pfd.

Flores Arnicae natur., 1 ☐ Ballen, 100 Pfd., verhältnissmässig kleines Volumen, Pressung d. hydraul. Presse f. Export nach Amerika.

Flores Chamomill. roman. 1 ☐ Ballen, 100 Pfd., wie vorhergeh.

Herba Violae tricolorie, 1 ☐ Ballen 25 Pfd.

Herba Theae Souchong, 3 Kisten ca. 150 Pfd., Congo, 1 Kiste ca. 50 Pfd.

Congo Assam, neue Cultur, 1 Kiste ca. 50 Pfd., Pecco Assam, 1 Kiste ca. 90 Pfd.

Glykose.

Lactucarium germanicum, 1871ger Ernte, 1 Fässel ca. 70 Pfd.

Lignum suberinum, Sortiment der verschiedenen Länder (Spanien, Frankreich, Algier etc.), Stammrinde, Zweige etc.

Subera, 3 Kisten.

Acid. benzoïc. ex urina, blendendweiss, 1 Decantir-Topf mit ca. 100 Pfd.

Acid. benzoïc. e resina, 1 Kiste ca. 120 Pfd.

Regal.

Gutta Balata von Ostindien (neu): Surrogat für Gutta percha, 1 Platte natürlicher Guss.

Gutta Percha, verschiedene Original-Colli.

Resina elastica Para.

Lapid. cancrorum, offenes Gefäss, 60 Pfd.

Cetaceum albiss., Paraffin. I. albiss.

Boletus Laricis, grosse Exemplare von Archangel.

Gelatine in fol., alba et rosea; Gelatine in tabulis.

Atramentum, Sortiment der chines. Marken.

Arrow-root Dr. Lindstr.

Sanguis Draconis in Mass., grosse hochrothe Kuchen und Brode in Baströhren.

Succus liquiritiae Gallic.; E B.

Resina Guajaci, extrafein, in losen Körnern und Tropfen, grün und durchscheinend.

Gummi Acaroides, ein grosser Block (Botanybaygummi, Xanthorrhoea-Harz (über dasselbe vergl. Julius Wiesner's Gummi-Arten, Harze und Balsame. Erlangen 1869, S. 190.).

Saal mit Naturalien, Rohproducten und Droguen.
(Man vergl. den Plan auf folgender Seite).

A, B u. C enthalten in 24 Glasschankkästen und 96 Schiebekästen eine permanente, nach Berg's pharmaceutischer Waarenkunde geordnete Droguensammlung und zwar so, dass A die Kryptogamen, Wurzeln, Hölzer und Rinden, B die Kräuter, Blätter, Blüthen und Samen, C Amylum, Milchsäfte, Harze, Farbstoffe, Pasten, Extracte und thierische Droguen enthalten.

Die Glasschränke auf A, B u. C enthalten ohne systemat. Anordnung Schaustücke von Aloë, Opium, Elemi. Benzoë, Originalflaschen fremd. äth. Oele, Rad. Rhei, Jalapae, Vanille, Milchzucker in grosstraubiger Krystallisation, Originalverpackung in Büffelhörnern mit Zibeth, Moschusbeutel, verschiedene Hausenblasen, Stipit. Guaco, Grindelia robusta, Folia Boldo peruvian.

D enthält in 6 Schaukästen und 24 Schiebekästen eine Reihefolge technischer Producte; der aufgesetzte Glasschrank eine Sammlung von Salzen der Alkalien, Erden und Metalle.

E Mineraliensammlung. Der dazu gehörige Glasschrank enthält ca. 12 Pfd. Rosenöl in 2 Originalblechen, Ylang-Ylang, Curare, Indische und chines. Vogelnester u. v. A.

F Muschelsammlung.

G Seitentischchen mit Vanilla, so wie mit japanesischen Bronzeornamenten.

H Fabae de Tonko, Früchte von Theobroma Cacao und Artocarpus philippensis in Spiritus.

I Etageren enthalten verschiedene Flaschen Soya, Originaltöpfe mit Rad. Zingiberis condita, Mannit-Zuckerhüte, Alaunkrystallisationen und einen Riesenschwamm.

K Tisch mit Opium thebaïcum, Salonichl, Smyrna, ostindic., persicum u. Opium-Fälschungen; Crocus naturale, Cr. elect. unter Glasglocke; ca. 6 Pfd. Elaterium album, ein Stückchen Condurangoholz; Lukan (chinesischer Seidenfarbstoff); Sem. Myrospermi (aus Süd-America) nebst dem daraus gewonnenen ätherischen Oele Ol. Myrospermi. äther. (neu, zum ersten Male hier ausgestellt).

L Chinarinden, käufliche Sorten, sowie die von Howard in London geschenkte Muster-Copie der Pavon'schen im British Museum enthaltenen Sammlung.

Thüre.

Mineralien-handlung.

E.

L.

Quassien. (Mandel-rinde.)

*) Ergieb Massum Feragli, Chinarindensammlung in Kisthen, zusammengestellt von Herrn Apoth. Kreher J.S. Nyb=xrD in London gegen obigen Probekasten. Z. To. Unter K. befindet sich die Sammlung der Professor Frerichs gezeichneten Herrn A. v. Newski(?), Kisten A beschlossen, jetzt ausserordentlich theuer.

Sem. Krysogoni. Lobin. Confragen.

G.

Crocin. Rhizodon.

K.

Opium.

F.

A.
Kryptogamen: Wurzeln, Hölzer, Reuden.

B.
Kräuter, Blätter, Blüthen, Samen.

C.
Jhannes Bronze-messor(?).
Vanille.

Casiosquip.
Flora.

N.
Moschusthier.

C.
Amylon, Milchsäfte, Harzo, Karbohol, Pasteli, Extracte.

Thüre.

Perfumerie auf Porzellanure.
Gummi.

H.
Fake Behalter.

D.
Technische Producte.

Salze der Alkalien, Erden u. Metalle.

I.
Metall.

Feuster. Feuster. Feuster. Feuster.

M Castoreum, Moschusbeutel (mehre Pfunde), ein junges Moschusthier; Puree (ein arabisches Färbemittel, auch Arzneimittel gleich Castoreum), Mumia vera.

Sämmtliche Schränke waren mit chinesischen und japanesischen Bronze-, Holz- und Porcellangegenständen geschmückt, die Porcellanvasen mit Blumen gefüllt. Auch zahlreiche, kostbare japanische, lackirte, kleine Möbeln, Schaalen, Kästchen u. dergl. waren ausgestellt.

Haupt-Saal.

Ausstellung der eigenen Erzeugnisse, in weissen Glasstöpsel-Handgefässen von resp. 20, 10 und 5 Pfd. Inhalt. Auf langen Tafeln, Stellagen, Regalen, in Reihenfolgen theils nach den Grössen und dem Alphabete, theils auch in Pyramiden und unter Blumenschmuck, auch mit Decorationen von chines. u. japan. Porcellan- und Bronzevasen und Gefässen.

Aus dem über 800 Nummern zählenden Verzeichniss mögen nur die folgenden hervorgehoben werden.

A. Chemikalien, Pulver, Extracte, Tincturen und Salben.

Acid. copaivicum; A. gallicum leve crystall.

A. uricum pur.

Aesculinum, Aloïnum.

Alumen, Aetzstifte in Etuis.

Ammonium benzoïcum, A. bromatum, A. nitricum.

Amygdalinum.

Argent. nitr. Aetzstifte in Gaze und Glas, feinen Holzetuis und in Federposen.

Argent. nitr.-Aetzstifte cum Nitro, in Gaze und Glas.

Asparaginum; Atropinum purum.

Bebeerinum (aus Cort. Bebeeru).

Berberinum muriaticum.

Cadmium sulf. cryst. pur.

Cantharidinum, farblose Kryställchen.

Cardol vesicans (occid.), Cardol pruriens (orient.).

Chininm ferro-citricum viride in lamellis.

Chininm valerianicum. Die Darstellung findet aus natürlicher Valeriansäure und, weil diese nicht ausreicht, auch aus künstlicher, selbstdargestellter Säure im grossen Maassstabe statt. Die vorzügl. liebte Farbe wird zugleich durch die grossen Krystalle gehoben, welche in Porcellanschalen im Laboratorium im ersten Etage anstehen.

Chloralhydrat cryst et in massa.

Cocaïnum; Coffeïnum purum.

Collodium duplex.

Colocynthidinum und Colocynthinum; Columbinum.

Convolvulinum in weisser Pulverform.

Cumarinum cryst. (aus Fab. de Tonco).

Cupr. sulfur. Aetzstifte in 1 Dtzd. Schachteln.

Extr. Calabar. semin.

„ Coffeae, zur starken Honigconsistens eingedickt, eingefasst in Ulkser à ³/₄ u. 1 Pfd. 3 Grm. = 1 Tasse, folglich 40 Tassen im Volumen eines ¹/₄ Pfd. Glases. War ein bedeutender Artikel im Kriege und ist nun für Reisezwecke sehr zu empfehlen.

Extractum Malthi siccum granulat. in Dosen von 3 bis 5 Pfd. Trocken, schaumig flockig, sehr leicht und äusserst voluminös.

Ist wirkliches, trocknes, im Vacuum erzeugtes Gerstenmalz-Extract, das
die Gefahr anschliesst, durch Gährung, Säure- und Pilzbildung im Magen des Patienten Störungen zu erzeugen, wie bei dem als „Malzex-
tract" verkauften Malzbieren oft der Fall ist. Ist dabei billiger;
dessenungeachtet blieb es in Folge der colossalen Reclame für letztere,
bis jetzt vom grossen Consum so gut wie ausgeschlossen. (Gehe).

Das Gehe'sche Präparat schmilzt auf der Zunge, besitzt den feinsten
Malzgeschmack und verdient die allgemeinste Verbreitung. (H. L.)

Extractum Orleanae. Unseres Wissens zum erstenmale dargestellt und ausgestellt.

Extr. Ratanh. frig. in vacuo par. VII.

Die Lamellen-Praeparate:

Ferro-Ammonium und Ferrid-Ammonium citricum,

Ferro-Kali tartaric., Ferr. oxyd. dialys. sicc.,

Ferr. pyrophosphor. c. ammon. citric.,

Ferr. pyrophosphor. c. natr. citric. und

Ferr. tartar. oxydat. in lamellis.

Glycyrrhizinum in lamellis;

Haematoxylinum, schöne Krystalle von schwach gelber Färbung. (H. L.)

Hygrin. Diese Basis wurde gleichzeitig mit dem Cocaïn aus der
Verarbeitung von 800 Pfd. Cocablättern gewonnen und zum erstenmale
ausgestellt.

Hyoscyamin; Inulin (schön weiss).

Jalapin. Neu in der Massendarstellung und in solcher Weisse und
Schönheit, dass es Resina Jalapae verdrängen sollte.

Jodoformium.

Kalium bromatum puriss. albissim. Die Massendarstellung
(ca. mehre 1000 Pfd.) producirte eine reine Qualität, schön weiss, doch
nicht so schön krystallisirt, als das käufliche englische und amerikan. Fabrikat, welche Jod und viele Unreinigkeiten führen.

Kalium jodatum germanicum puriss. albiss. Kleinere Krystalle zwar von minderem Ansehen, als das französ. und englische Präparat, aus denen es zum Theil raffinirt worden, neben gleichzeitiger
directer Erzeugung, aber rein.

Kalium rhodanat. cryst.

Kussin.

Lactucarium gallicum. Selbstgefertigtes Extr. Lactuc. sativae,
wobei aus ca. 8000 Pfd. frischen Stengeln und Wurzeln gegen 75 Pfd.
des Präparates gewonnen wurden; soll das französische Tridace entbehrlich machen.

Liquor Ammoniaci caustici von 0,880 und 0,890 sp. G. Grosser
Export-Artikel nach Indien und dort massenhaft zur Herstellung des
künstl. Eises gebraucht. Hierzu in eiserne Cylinder gepackt und ver-
bleit à 20 Pfd.; auch in verzinnte Blechgefässe.

Magnesia boro-citrica in lamellis; M. ricinica.

Natr. choleïnicum, bedeutender Exportartikel nach Holland und
Japan.

Oleum Nuc. moschat. Ein Aufbau von Riegeln in Form von
Seifenriegel; Imitation der bekannten ostind. Waare, die, in Pisangblät-
ter gewickelt, fast gleiches Ansehen bietet. Bemerkenswerth ist der um
33½ Proc. niedrigere Preis.

Pulv. Fabar. Tonco c. Sach. lactis.

P. fumalis superf. aus mit Anilinfarben tingirter Rad. Iridis als
Corpus dargestellt.

Pulv. Radic. Jalapae subt. Erscheint wegen besonderer Feinheit des Pulvers heller von Farbe als gewöhnlich.

Pulv. Rad. Ipecacuanhae, desgl.

Pulv. Sacchari Lactis praec. Nr. OO und O. (Aus mit Thierkohle gereinigtem, rekrystallisirten Milchzucker).

Pulv. Secalis cornut. sine oleo pingui. (Neu! Ungemein
lebhaft für den Export begehrt.).

Pulv. subts. Sem. Sinapis, sine oleo pingui. Ist ein Haupt-
arzneistoff geworden zur Darstellung des Senfpapiers. Es findet Massendarstellung u. grosser Export davon statt für die lokalen Senfpapierfabrikanten.

Resina Mamalae.

Sacharo-Chirettinum oder Chirettine. Wird nach Kemp's
Vorschrift centnerweise für Ostindien aus dazu von dort geschicktem Ma-
teriale (Herba Chirettae) dargestellt, dient dort als Fiebermit-
tel, wo Chinin nicht hilft und ist bei einem Preise von 3 Thlr. pro
Pfund dort auch Chinin-Surrogat.

Scammoninum puriss. albissi. pur. Neu in der Massener-
zeugung und neu in solcher Reinheit und Schönheit; ganz weiss. Haupt-
verwendung für die elegante Medicin, insbesondere zu den Bisquits
purgatifs der Franzosen.

Tartas. boratas. in lamellis.

Thymol. Es gelang, gelegentlich der Destillation von Ol. Thymi
ein Quantum von über 100 Pfd. Thymol herzustellen, in schönster, weisser,
krystall. Waare von einem ganz vorzüglich feinen Geruch. Ein kost-
bares Material für die Parfümeriefabrikation.

Unguentum Hydrargyri cinereum, 50 procentig. Product
der (Parterre im Mühlenraum Nr. 3 aufgestellten) mit Dampfkraft getrie-
benen und mit Manteldampf gewärmten, mit doppelten Reibern arbeitenden
Salbenmaschine, die Jahr aus Jahr ein im Gange ist und auch während der Ausstellung arbeitete.

Unguat. Hydrarg. ciner., 33½ procentig.

Cranium aceticum. Veratrium purissimum. Ein Haupt-
artikel der Fabrik, die jährlich mehre 100 Centner Sabadillsamen
von Carracas auf ganz weisses und reines Veratrin, besonders zum
Verbrauch in Russland verarbeitet.

Zincum sulfo-carbolicum.

B. Einfache Droguen in Mustern und äther. Oele.

Colocynthides elect. Dieser Handelsartikel war ornamentirt
durch eine lebende Pflanze von Cucumis Colocynthis L., welche
aus dem Abfall im Hofe, begünstigt durch die Wärme der Kohlenschlacke,
aufgegangen war und sich zufällig entwickelte.

Colocynthides in fragmentis sine semine. Die Herstellung
der depurirten Coloquinten, befreit von allen Kernen und sonstigem Ballast, sichert dem Käufer die mit dem Ballast unmöglich richtige Calcula-
tion; weil bei diesem Artikel der Ballast sehr bedeutend (⅖ bis ⁴/₅) und
veränderlicher Art ist, so wendet sich nun der Verbrauch dieser gereinigten Waare als einem Fortschritte zu.

Crocus electus, die rein ausgezupften Narben, ohne gelbe Grif-
felreste oder gar weisse Filamente.

Kamala depurata.

Laminaria digitata. Laminaria-Dougles, Etui mit 6 Stück
nach Stärke und Länge verschieden. Laminaria-Kegel 1 und 2mal
durchbohrt.

Ligna in cubul. concisa: Anacahuita, Guajaci depurat. et
Quassiae jamaicae eta.

Quassiabecher und Quassiakugeln

Olea aetherea; z. B.

Ol. Cajeputi viride et alb.

Oleum Carvi e semin. bis rectifical. Von besonderer Feinheit des Geruchs, aus holländischen Samen. Die massenhafte Destillation geschieht in Apparaten von Zinn oder mit Zinn plattirtem
Kupfer mit zinnernen Helmen und Zinnkühlern (wie bei allen diesen äth.
Oelen), was allerdings sehr kostspielig ist, aber auch viel feinere bessere Qualität bringt, als die gewöhnl. Destillation aus Kupfergefässen. Oleum
Citri rectif. alb., Ol. Culilaban l.

Oleum Foeniculi alb. genuin. e semin. alb. Hat die Eigenschaft, schon bei gewöhnl. Temper. zu krystallisiren und zeigt dabei eine,
dem Anisölgeruch nahekommende Feinheit.

Oleum Humuli Lupuli. Bedarf der englischen Brauer für Ex-
port-Ale (bis 35 Pfd. Einer).

Oleum Myrospermi. (Zum 1. Male dargestellt und ausgestellt.
Ein ganz besonders feines Parfüm; soeben erst frisch destillirt aus den
mit ausgestellten Früchten, Sem. Myrospermi aus Südamerika).

Oleum Origani cretici. gen. la, ächt und aus wirkl. cret. Kraut
in Gehe's Anstalt destillirt.

Oleum Patchuli, extrafein.

Olea pingula:

Oleum Cacao pur. tabul. à $\frac{1}{10}$, $\frac{1}{5}$ und 1 Pfd.

Oleum Crotonis Tiglii, hell. Die Darstellung dess. findet in
besonders grossem Maassstabe statt durch Expression (des ganz
lichten) und durch Extraction des dunkleren Oeles. Der Debit
besonders nach dem Süden von Frankreich.

Zum Schluss noch einige Worte über den Gesammteindruck der Gehe'-
schen Ausstellung. Der erste Eindruck derselben war ein imponirender;
bei näherem Eingehen in die Einzelnheiten erwachte und wuchs das Gefühl des Respects für den, dieses Ganze leitenden Geist und es befestigte
sich die Ueberzeugung, dass man sich hier in einer soliden deutschen Anstalt befinde, die durch eine Reihe von Jahren sich das Zutrauen in weiten
Kreisen erworben habe durch Lieferung ächter, schöner und preiswürdiger
Droguen und Präparate. Dieser Anstalt wünsche ich ein weiteres kräftiges
Bestehen und Gedeihen unter ihrem Gründer und Leiter.

Jena, den 26. Novbr. 1871. *H. Ludwig.*

Register

über die Bände 145, 146, 147 und 148 der zweiten Reihe
des Archivs der Pharmacie.

Jahrgang 1871.

(Die erste Zahl zeigt den Band, die zweite die Seite an.)

I. Sachregister.

II. Literatur und Kritik.

III. Autorenregister.

A.

Instruction

für die

Verwaltung der Kasse des Gehülfen-Unterstützungs- und Pensions-Fonds des Norddeutschen Apotheker-Vereins.

⚶⚶⚶

I. Zweck der Kasse ist, würdige, durch Alter, Krankheit oder Unglücksfälle dienstunfähig gewordene unbemittelte Apothekergehülfen zu unterstützen. Die Unterstützungen erfolgen entweder zeitweise oder fortlaufend als Pension.

II. In die Kasse fliessen: 1) der statutenmässige (§. 12 d. Statut.) Antheil des Jahresbeitrages der Mitglieder; 2) die Zinsen des Gehülfen-Unterstützungs- und Pensions-Fonds; 3) die Eintrittsgelder der Lehrlinge (§. 14 d. Statut.); 4) Freiwillige Beiträge, Geschenke und Legate.

III. Die vorstehend unter 1, 2 und 4 benannten Einnahmen, wenn nicht von den Gebern ad 4 andere Bestimmungen getroffen sind, werden jährlich zu Unterstützungen und Pensionen bis zu der Höhe verwendet, dass nicht über $\frac{1}{5}$ der Gesammteinnahme kapitalisirt werden darf. Die Einnahmen sub 3 werden dem Kapitale zugefügt.

IV. Die Kasse wird von einem Director des Norddeutschen Apotheker-Vereins verwaltet. Derselbe ist verpflichtet, alle eingehenden Gesuche zu prüfen, die nöthigen Ausweise von den Petenten, Vereinsbeamten oder Mitgliedern einzufordern und die Vorschläge für Bewilligungen mit den Namen der Empfänger jährlich vier Wochen vor der Generalversammlung durch das Vereinsorgan zu veröffentlichen.

V. Gehülfen, die mindestens fünf Jahre lang zwei Thaler Beitrag an die Kasse gezahlt haben, erlangen unter Berücksichtigung von VI dieser Instruction ein Recht auf Unterstützung. Solche, die gar nicht oder noch nicht fünf Jahre diesen Beitrag gezahlt haben, können fernerhin nur ausserordentliche Unterstützungen von höchstens 60 Thlrn. jährlich erhalten.

VI. Die Bewerbungen um eine Pension oder Unterstützung müssen von zwei Vereinsmitgliedern unterstützt, von sämmtlichen Führungszeugnissen in beglaubigter Abschrift, so wie von einem Armuthszeugniss und ärztlichen Attest begleitet, vor dem 1. Juli jeden Jahres an den Director des Gehülfen-Unterstützungs- und Pensions-Fonds gerichtet werden. Die Meldungen, um weitere Gewährung einer Pension, sind ebenfalls vor dem 1. Juli einzureichen.

VII. Bei plötzlichen Unglücksfällen können von dem Director dieser Kasse ausserordentliche Unterstützungen bis zur Höhe von 50 Thlr. gewährt werden, wenn das Gesuch von zwei Mitgliedern befürwortet und von einem Vereinsbeamten begutachtet ist.

VIII. In der jährlichen Generalversammlung des Norddeutschen Apothekervereins werden die Unterstützungen und Pensionen für das nächstfolgende Jahr bewilligt, nachdem die vorhergehende Directorial-Conferenz die Anträge auf Vortrag des betreffenden Directors geprüft hat. Fällt eine Generalversammlung aus, so erfolgt die Bewilligung durch das Directorium.

Braunschweig.   # PROSPECT: August 1871.

Neues
Handwörterbuch der Chemie.

Auf Grundlage
des von
Liebig, Poggendorff und Wöhler, Kolbe und Fehling
herausgegebenen
Handwörterbuchs der reinen und angewandten Chemie
und unter Mitwirkung von
Bunsen, Fittig, Fresenius, v. Gorup-Besanes, Hofmann, Kekulé, Kolbe, Kopp, Strecker, Wichelhaus
u. a. Gelehrten
bearbeitet und redigirt von
Dr. Hermann v. Fehling,
Professor der Chemie in Stuttgart.

Mit in den Text eingedruckten Holzstichen.
In fünf bis sechs Bänden.   gr. 8.   Fein Velinpapier.   geh.
Erster Band.   Erste Lieferung.   Preis 24 Sgr.

Druck und Verlag von Friedrich Vieweg und Sohn in Braunschweig.

Das von Liebig, Poggendorff und Wöhler vor nun mehr als einem Menschenalter begründete „Handwörterbuch der reinen und angewandten Chemie" hat allgemeine Anerkennung gefunden, weil man sich bald überzeugte, dass die Form eines „Wörterbuches" eigenthümliche Vortheile bietet, besonders wenn es sich darum handelt, das einen bestimmten Gegenstand betreffende Material zusammengestellt zu finden. Nicht allein der Techniker, der Pharmaceut wird oft in den Fall kommen, sich über einen einzelnen Körper und sein Verhalten schnell unterrichten zu wollen, auch der Mann der Wissenschaft und besonders der Studirende wird oft das Nachschlagen eines solchen „Wörterbuches" vortheilhaft finden, und wird es dem Aufsuchen eines Gegenstandes in einem Lehrbuche vorziehen, besonders wenn zugleich durch Angaben der Literatur das nöthige Mittel geboten wird, die Quellen, welche das Material lieferten, selbst aufzusuchen. Für den Vortheil, welchen ein Wörterbuch gewährt, spricht auch der Umstand, dass nach Vollendung des deutschen Werkes in England „*A Dictionary of Chemistry and the allied branches of science by Henry Watts* (London 1868 und 1869)" erschien, und bald darauf in Paris die erste Lieferung des „*Dictionnaire de Chimie pure et appliquée par Ad. Wurtz* (1869) publicirt wurde.

Bei den riesigen Fortschritten der Wissenschaft, in den letzten Jahrzehnten, welche Fortschritte wir heute in ähnlichem Grade zu constatiren haben wie Liebig und Poggendorff sie bei dem Erscheinen der ersten Lieferung des „Handwörterbuchs," gegenüber dem älteren Werke von Klaproth und Wolff hervorhoben, muss ein solches Wörterbuch, welches dem neuern Standpunkte der Wissenschaft entspricht, dem Techniker und dem Gelehrten doppelt willkommen sein.

Von dem von Liebig und Poggendorff begründeten „Handwörterbuche" liegen die Bände 3 bis 9 (F bis Z, erschienen 1848 bis 1864) in erster Auflage vor, während die älteren Bände 1 und 2 (A bis E) aus seiner Zeit angeführten Gründen durch eine zweite Auflage (erschienen 1857 bis 1863) ersetzt wurden. Das ganze Werk ist seit etwa 7 Jahren vollendet, ein langer Zeitraum, wenn man bedenkt, was in diesen Jahren die Forschungen auf dem Gebiete der Chemie ergaben, und wie sehr die theoretischen Ansichten sich in dieser Zeit geändert und ausgebildet haben.

Es erschien daher im Interesse des Chemikers geboten, ein „Handwörterbuch" zu bearbeiten, welches dem heutigen Standpunkte der Wissenschaft entspricht. Nach reiflicher Erwägung und nach Berathung mit befreundeten Fachgenossen erschien es zweckmässig, ein „Neues Handwörterbuch" zu bearbeiten, im Wesentlichen an der Einrichtung des Handwörterbuches von Liebig und Poggendorff festhaltend, andererseits aber die neueren theoretischen Ansichten zu Grunde legend; kurz ein Werk, welches dem heutigen Standpunkte der Wissenschaft entspricht. Das ganze Material soll durch präcise Kürze der Abfassung und durch Vermeidung von Wiederholungen, sowie durch compressen Druck in den Raum von etwa 6 Bänden gebracht werden. Es ist dies jetzt eher möglich zu erreichen als früher, nachdem das ältere Werk fertig vorliegt und sich das ganze Material übersehen lässt, was bei Abfassung des alten Handwörterbuches wegen Mangel an vergleichbarem Vorgange nicht möglich war. Diese grössere Kürze wird eine schnellere Vollendung des ganzen Werkes möglich machen und damit eine grössere Einheit erreichen lassen.

Eine Reihe von Chemikern (Baeyer, Birnbaum, Bunsen, Fittig, v. Gorup-Besanez, A. W. Hofmann, Kekulé, B. Kerl, Kolbe, Kopp, Ladenburg, Oppenheim, Wichelhaus u. A. m.) haben ihre thätige Mitwirkung bei Ausarbeitung des Werkes zugesagt, wie sie zum Theil schon bei Ausarbeitung des Programmes mit ihrem Rath mich unterstützten.

Die Redaction wird nach Kräften bemüht sein, dahin zu wirken, dass die einzelnen Artikel nach dem allgemeinen Plane ausgearbeitet und die Herausgabe thunlichst beschleunigt wird.

Stuttgart, am 27. Juli 1871.

Dr. H. Fehling.

Nach Schluss der Sitzung Mittagstisch an verschiedenen der Wahl der Theilnehmer anheimgegebenen Oertlichkeiten unter Hinweis auf die in den Specialprogrammen vorzuschlagenden Localitäten. — Von Nachmittag 3 Uhr an, gemeinschaftlicher Besuch des zoologischen Gartens.

Sonnabend, den 16. September, früh 8 Uhr, Besuch der Etablissements der Herren G e h e & Co.

Nachmittag 1 Uhr Ausflug in die s ä c h s i s c h e S c h w e i z. Zur Betheiligung an dieser Parthie wird am ersten Versammlungstage durch Aufforderung zur Subscription Gelegenheit geboten werden.

Diejenigen Herren C o l l e g e n, welche an der Generalversammlung Theil zu nehmen gesonnen sind, werden freundlich und angelegentlich ersucht, sich womöglich bis zum 7. September bei dem Vorsitzenden des unterzeichneten Localcomitées, Herrn Hofapotheker F i s c h e r, anzumelden.

Der Preis für T h e i n e h m e r k a r t e n ist auf 3 Thaler und für D a m e n k a r t e n auf 1½ Thaler festgestellt worden.

D r e s d e n, den 15. Juli 1871.

Das Localcomitée.
Fischer.
Dr. Crusius. Dr. Hofmann. G. Hofmann.
Richter. Schneider. Vogel.

Zum besseren Besuch der Generalversammlung würde gewiss eine Ermässigung der Fahrpreise wesentlich beitragen. Von dieser Voraussetzung ausgehend, habe ich mich mit den Eisenbahndirectionen in Verbindung gesetzt, und die folgenden sind so freundlich gewesen, auf meine Proposition bereitwilligst einzugehen und uns Hin- und Rückfahrt zu dem einfachen Fahrpreise zu gewähren. Zu allen Zügen (Schnellzüge und gewöhnliche Züge) zu den entsprechenden Preisen:

Altona - Kiel.
Berlin - Görlitz.
Berlin - Anhalt.
Berlin - Hamburg.
Berlin - Stettin.
Magdeburg - Cöthen - Halle - Leipzig.
Magdeburg - Halberstadt.
Nordhausen - Erfurt.

} Vom 12.—19. September.

Zu den gewöhnlichen (nicht Schnell-) Zügen:

Die Thüringische Eisenbahn - Gesellschaft und die Königlich Sächsischen Eisenbahnen.

} Vom 12.—19. Septbr.

Letztere noch mit der Beschränkung, dass kein Freigepäck gewährt wird. Wer also mehr als leichtes Handgepäck hat, muss dieses als Eilgut befördern lassen.

Sämmtliche Directionen verlangen indess Vorzeigen der Theilnehmerkarten, und dies involvirt allerdings die Bedingung, dass Jeder sich vorher mit solcher versieht. Da diese Karte indess mit Opfer von 2 Sgr zu erlangen ist (Einsendung des Kassenpreises durch Postanweisung), so hoffe ich, dass dies geringe Opfer Niemand abhalten wird, und ich verspreche mir eine recht zahlreiche Betheiligung an unserer Generalversammlung.

Magdeburg, den 15. Juli 1871.

W. Danckwortt.

Verlag von Julius Springer in Berlin.

Zu beziehen durch alle Buchhandlungen:

Grundriss

der

r e i n e n C h e m i e.

Als Lehrbuch

für

Realschulen, Lyceen und technische Lehranstalten

sowie als Repetitorium

für

Studirende der Medicin und Pharmacie

bearbeitet

von

Dr. August Husemann,

Professor der Chemie und Experimentalphysik an der Kantonsschule in Chur.

23¹/₈ Bogen elegant brochirt. Preis 1 Thlr. 6 Sgr.

Daraus als Separatausgabe:

Grundriss

der

anorganischen Chemie.

12 Bogen brochirt 16 Sgr.

Husemann's Grundriss der reinen Chemie ist bestimmt, die Mitte einzuhalten zwischen den ausführlicheren Werken, welche den angehenden Chemiker bei seinen Studien auf Hochschulen zu unterstützen und zugleich dem Selbststudium zu dienen die Aufgabe haben — und den kleinen Compendien, die nur das Gerippe des chemischen Lehrgebäudes darstellen, mithin den Schülern solcher Lehranstalten, die einen ausgedehnten chemischen Unterricht in ihren Lehrplan aufgenommen haben, das geschriebene Heft nicht entbehrlich machen können. Der Verf. hat sich bemüht unter der Fülle des thatsächlichen und theoretischen Materials, welches die heutige Chemie ihr Eigenthum nennt, eine solche Auswahl zu treffen, wie sie dem Schüler der genannten Unterrichtsanstalten neben einer ausreichenden Kenntniss der wichtigsten Einzelheiten zugleich einen gewissen Einblick in die Methoden der chemischen Forschung und in den Entwicklungsgang dieser Wissenschaft zu gewähren vermag.

Von den allgemeinen Lehren der Chemie ist, theils im Eingange des Buches, theils und soweit sie sich speciell auf die organische Chemie beziehen als Einleitung zu dieser, in möglichst präciser Form das Hauptsächlichste mitgetheilt worden. Indem dabei alle Erörterungen über rein physikalische Begriffe ausgeschlossen wurden, da letztere bei den Schülern derjenigen Lehranstalten, für welche dieses Buch bestimmt ist, als bereits bekannt vorausgesetzt werden können, so war es möglich, diese Abschnitte, ohne sie in inhaltlicher Beziehung zu verkürzen, wesentlich conciser darzustellen, als es sonst zu geschehen pflegt.

Was den speciellen in unorganische und organische Chemie geschiedenen Theil betrifft, so wurde grosse Sorgfalt auf eine möglichst bestimmte und übersichtliche Classification der Verbindungen verwandt da gerade dieser Punkt für den Unterricht von ganz hervorragender Wichtigkeit ist. Bei den unorganischen Verbindungen ist ihrem mineralogischen, bei den organischen Stoffen pflanzlicher Abkunft ihrem botanischen Vorkommen besondere Aufmerksamkeit geschenkt worden. Aus pädagogischen Gründen ist im unorganischen Theil die dualistische, in der organischen, für den zweiten Jahrescursus berechneten Abtheilung die typische Schreibweise der chemischen Formeln in Anwendung gebracht worden. Die erstere bereitet erfahrungsgemäss dem Anfänger die wenigsten Schwierigkeiten und die letztere vermittelt für diejenigen, welche sich später auf Hochschulen ausführlicheren chemischen Studien zuwenden, in bequemer Weise den Uebergang zu den Structurformeln der sogenannten modernen Chemie.

Um auch solchen Schulen, die mit ihrem chemischen Unterricht nicht über die unorganische Chemie hinausgehen können, Rechnung zu tragen, wurde von der ersten Hälfte des Buches eine besondere Ausgabe unter dem Titel „Grundriss der unorganischen Chemie" veranstaltet.

Das Inhaltsverzeichniss des Buches lassen wir hier folgen:

Allgemeiner Theil.

Definition der Chemie. Einfache und zusammengesetzte Körper. Bildung und Zersetzung chemischer Verbindungen. Gewichts- und Raumverhältnisse bei chemischen Vorgängen. Chemische Aequivalente. Chemische Zeichen und Formeln. Eigenschaften der einfachen und zusammengesetzten Körper. Beziehungen des specifischen Gewichts zum Aequivalentgewicht. Beziehungen der specifischen Wärme zum Aequivalentgewicht. Beziehungen zwischen der Krystallform und der chemischen Zusammensetzung. Isomorphie. Allotropie. Isomerie. Atomistische Theorie.

Specieller Theil.

A. Unorganische Chemie. I. Die Nichtmetalle. Wasserstoff. **Gruppe des Sauerstoffs:** Sauerstoff, Schwefel, Selen, Tellur. **Gruppe des Chlors:** Chlor, Brom, Jod, Fluor. **Gruppe des Stickstoffs:** Stickstoff, Phosphor, Arsen, Antimon. **Gruppe des Kohlenstoffs:** Kohlenstoff, Bor, Silicium. II. Die Metalle. **Gruppe der Metalle der Alkalien:** Kalium, Natrium, Rubidium, Cäsium, Lithium, (Ammonium). **Gruppe der Metalle der alkalischen Erden:** Baryum, Strontium, Calcium, Magnesium. **Gruppe der Metalle der Erden:** Aluminium, Beryllium, Zirkonium, Yttrium, Erbium, Terbium, Thorium, Lanthan, Didym, Cerium. **Gruppe des Eisens:** Eisen, Mangan, Nickel, Kobalt, Uran, Zink, Indium, Thallium. **Gruppe des Silbers:** Silber, Quecksilber, Kupfer, Blei, Wismuth, Kadmium, Palladium, Rhodium, Ruthenium, Osmium. **Gruppe des Zinns:** Zinn, Gold, Platin, Iridium. **Gruppe des Chroms:** Chrom, Wolfram, Molybdän, Vanadin, Titan, Tantal, Niobium, Dianium.

B. Organische Chemie. Definition der organischen Verbindungen. Elementar-Zusammensetzung der organischen Verbindungen. Elementaranalyse der organischen Verbindungen. Berechnung der Aequivalentformel organischer Verbindungen. Constitution der organischen Verbindungen. Uebersicht der wichtigsten organischen Radikale. Classification der organischen Verbindungen. Tabellarische Zusammenstellung der Hauptgruppen der besser gekannten organischen Verbindungen.

I. **Organische Verbindungen mit nachweisbaren Radikalen.** a. Verbindungen mit Alkoholradikalen. Die Alkohole. Die Aether. Die Sulfalkohole und Sulfäther. Die Hydrüre. Die Alkoholradikale. Die Haloidester. Die Cyanüre der Alkoholradikale. Die Amine und die Ammoniumbasen. Die Phosphor-, Arsen- und Antimonbasen. Die Metallverbindungen der Alkoholradikale. b. Verbindungen mit Säureradikalen. Die Säuren. Die Anhydride. Die Aldehyde. Die Chlorüre, Bromüre, Jodüre und Cyanüre der Säureradikale. Die Amide. Die Aminsäuren. c. Verbindungen mit Alkohol- und Säureradikalen. Die Ester oder zusammengesetzten Aether. Die Sulfester. Die Ketone. Die Aetheramide.

II. Organische Verbindungen ohne nachweisliche Radikale. Die ätherischen Oele. Die Harze. Die Kohlehydrate. Mannit und verwandte Körper. Die Glucoside. Die Pflanzenbasen oder Alkaloide. Die Chromogene und Farbstoffe. Die stickstoffhaltigen Säuren des thierischen Organismus. Die amidartigen Verbindungen des thierischen Organismus. Die Eiweissstoffe und verwandte Körper. Einige Producte der trockenen Destillation und der freiwilligen Zersetzung allgemein verbreiteter Pflanzen- und Thierstoffe.

In demselben Verlage ist ferner erschienen:

Die Chemie

bearbeitet als

Bildungsmittel für den Verstand

zum Gebrauch beim chemischen Unterricht

an höheren Lehranstalten

von

Dr. A. Krönig,

Oberlehrer an der Königlichen Realschule zu Berlin.

Erste Lieferung

umfassend ungefähr das Pensum für die Secunda einer Realschule und enthaltend:

Einleitung. — Die Metalloide und deren Verbindungen unter einander. — Verzeichniss der stöchiometrischen Aufgaben. — Alphabetisches Register.

21 Bogen. Preis: 27 Sgr.

Die praktischen Arbeiten

im

chemischen Laboratorium.

Handbuch

für den Unterricht in der unorganischen Chemie zum Schulgebrauch an höheren Lehranstalten sowie namentlich auch zum Selbststudium.

Von Dr. **Carl Bischoff**

ordentlichem Lehrer am Cölnischen Real-Gymnasium zu Berlin.

Mit 90 in den Text gedruckten Abbildungen.

Preis 1 Thlr. 6 Sgr.

Druck von Eduard Weinberg in Berlin.

EINLADUNG ZUR GENERALVERSAMMLUNG

DES

NORDDEUTSCHEN APOTHEKER-VEREINS

IN DRESDEN.

Zu der in den Tagen vom 14.—16. September c. in Dresden stattfindenden Generalversammlung des Norddeutschen Apotheker-Vereins, mit welcher die Nachfeier der im vorigen Jahre ausgefallenen Jubelfeier des fünfzigjährigen Bestehens desselben verknüpft ist, werden die Mitglieder und Ehrenmitglieder unseres Vereins wie die der Brüdervereine, alle Collegen und Freunde der Pharmacie so freundlich als ergebenst eingeladen.

Magdeburg, den 15. Juli 1871.

Namens des Directoriums
des Norddeutschen Apotheker-Vereins

W. DANCKWORTT.

PROGRAMM

für die

Generalversammlung

des

Norddeutschen Apotheker-Vereins

in

Dresden,

am 14., 15. und 16. September 1871.

⸻

Mittwoch, den 13. September in den Vor- und Nachmittagsstunden, Empfang der Theilnehmer, Ausgabe der Festkarten und Specialprogramme in **Helbig's Restauration, am Theaterplatze Nr. 2, zum „Dampfschiff."**

Abends gesellige Zusammenkunft ebendaselbst.

> NB. Das Empfangsbüreau befindet sich während der übrigen Tage im **Gewerbevereinshause, Ostra-Allée Nr. 7.**

Donnerstag, den 14. September Vormittags 9 Uhr, erste Sitzung der Generalversammlung im **Gewerbe-Vereinshause.**

Mittags 2 Uhr, Festmahl der Theilnehmer und ihrer Gäste, ebendaselbst.

Abends gesellige Vereinigung im **„Schillerschlösschen"**, Schillerstrasse Nr. 22.

Freitag, den 15. September Vormittags 9 Uhr, zweite Sitzung der Generalversammlung im **Gewerbe-Vereinshause.**

Braunschweig. # PROSPECTUS. September 1871.

Lehrbuch

der

Anorganischen Chemie

nach den

neuesten Ansichten der Wissenschaft

von

Dr. Ph. Th. Büchner,

ordentlicher Professor der Chemie und Vorstand des chemischen Laboratoriums
an der grossh. polytechnischen Schule zu Darmstadt.

Mit zahlreichen in den Text eingedruckten Holzstichen und einer farbigen
Spectraltafel.

gr. 8. Fein Vellinpapier. geh.

Erste Abtheilung. Preis 2 Thlr. 10 Sgr.

Druck und Verlag von Friedrich Vieweg und Sohn.

Das vorstehende Lehrbuch, welches für den Unterricht auf Univer-
sitäten, technischen Lehranstalten, sowie zum Selbststudium bestimmt
ist, steht seinem Umfange nach in der Mitte zwischen den kurzen
Grundrissen und den grösseren Lehr- und Handbüchern. Bei der Abfassung desselben hat sich der Verfasser die Aufgabe gestellt, die Re-
formen, welche sich seit den letzten Decennien auf dem Gebiete der
organischen Chemie vollzogen, und welche zu einer tieferen Einsicht
in die allgemeineren Gesetze der chemischen Verbindungen geführt,
auch auf das Gebiet der anorganischen Chemie, das von diesem Um-
schwunge der Dinge bis jetzt weniger berührt worden, zu übertragen
und hierdurch zugleich der neueren Form der Darstellung der chemischen Lehren eine grössere Verbreitung zu verschaffen.

Um aber das Studium der Chemie im Sinne jener modernen An-
schauungen, das dem Anfänger oft grössere Schwierigkeiten entgegen-
stellt als das nach der seither üblichen dualistischen Theorie, möglichst
zu erleichtern, sind in dem allgemeinen Theile dieses Lehrbuches die
allgemeinen Begriffe, die zum wissenschaftlichen Verständniss der
speciellen Betrachtung der Elemente und ihrer Verbindungen erforderlich sind, in gründlicher und ausführlicher Weise besprochen und
vielfach durch Beispiele unterstützt, an denen der Studirende die unter
den verschiedenen Formen wiederkehrenden Regeln und Gesetze er-

kennen lernt, um so die erworbenen Begriffe zu befestigen und zu
klaren Anschauung zu bringen.

Im speciellen Theile, welcher die wichtigeren chemischen Verbindungen bespricht und zugleich die Ergebnisse der neueren Forschungen
möglichst berücksichtigt, werden für den Ausdruck der chemischen
Processe sowohl die atomistischen als auch die typischen Molecular-
formeln, beide neben einander, zur Anwendung gebracht, um
den Studirenden in die Lage zu versetzen, beide Schreibweisen, von
denen die eine oder die andere in den verschiedenen Werken und Zeitschriften angewendet wird, verstehen zu können.

C. F. Winter'schen Verlagshandlung

in Leipzig und Heidelberg.

I. Abtheilung.

Die nachstehend aufgeführten Werke sind durch alle Buchhandlungen zu beziehen.

Chemie und Pharmacie.

Annalen der Chemie und Pharmacie. Herausgegeben und redigirt von J. Wöhler, J. Liebig, H. Kopp, E. Erlenmeyer, J. Volhard. Jahrgang 1871. 8. geh. Preis des aus 12 Heften bestehenden Jahrgangs 7 Thlr.

Ein Centraljournal, eine Quelle der trefflichsten chemischen und pharmaceutischen Arbeiten, verdient in die Hände eines jeden Chemikers und Pharmaceuten zu kommen, der sich gründlich über den Stand und die Fortschritte der Wissenschaft unterrichten will. Ausser den Aufsätzen der Herren Herausgeber enthält sie eine Reihe von Abhandlungen der berühmtesten Gelehrten — gleich wichtig für Wissenschaft und Praxis. Die Annalen der Chemie haben sich durch ihren Reichthum an gediegenen Original-Abhandlungen und durch schnelle, mit Kritik verbundene Mittheilung des Wichtigsten aus Frankreich, England, Nordamerika und Italien im In- und Auslande einen glänzenden Ruf erworben.

Die früheren Jahrgänge sind, soweit noch vorräthig, zu sehr ermässigten Preisen durch jede Buchhandlung zu beziehen.

Autoren- und Sachregister zu den Bänden I—CXVI. (Jahrgang 1832—1860), der Annalen der Chemie und Pharmacie. Bearbeitet von Dr. G. C. Wittstein. 8. geh. Preis 4 Thlr.

Das vorstehende Register ist nicht allein für die Besitzer der betreffenden Zeitschrift fast unentbehrlich, sondern dürfte auch für Alle, welche sich wissenschaftlich mit Chemie und Pharmacie beschäftigen, von hohem Interesse sein.

Erlenmeyer, Prof. Dr. Emil, Lehrbuch der organischen Chemie. Mit in den Text eingedruckten Holzschnitten. Erste und zweite Lieferung. gr. 8. geheftet. Preis der Lieferung 1 Thlr.

In diesem Werke hat der Herr Verfasser sich die Aufgabe gestellt, die Resultate, welche durch die Forschungen auf dem Gebiete der organischen Chemie bis heute zu Tage gefördert worden sind, in solcher Weise zu beschreiben, dass sie von jedem Leser, der sich mit den Lehren der anorganischen Chemie einigermaassen vertraut gemacht hat, ohne Schwierigkeit verstanden und übersehen werden können. Das Werk ist daher vorzugsweise Studirenden, Medicinern, Pharmaceuten, Technikern etc. zu empfehlen.

Die dritte und vierte Lieferung (Schluss des Werkes) werden auch sehr bald erscheinen.

Langbein, Dr. Georg, Populär-wissenschaftliche Vorträge über einige Capitel der Chemie für Jedermann. Die Genußmittel. Mit mehreren in den Text gedruckten Holzschnitten. 8. geh. Preis 12 Ngr.

In nachstehender Schrift behandelt diese Vorträge Verfassung, Eigenschaften, Bereitung, Verfälschung, Verfälschung u. der gebräuchlichsten Genußmittel, als: Zucker, Syrup, Butter, Käse, Kaffee, Thee, Cacao, Essig, Fleisch, Stärkemehl, Bier, Wein, Branntwein, Fette, Kochsalz, Pfeffer, Zwiebeln, Taback. Namentlich den Hausfrauen, welchen es obliegt, die Speisen zuzubereiten, zu conserviren und Kenntniß zu haben von der Echtheit oder Verfälschung der hauptsächlichen Nahrungsmittel ist das Schriftchen um so mehr angelegentlich zu empfehlen, als dasselbe so faßlich geschrieben ist, daß es von Allen verstanden wird, welche zu lesen vermögen.

Liebig, Justus von, Chemische Briefe. Vierte umgearbeitete und vermehrte Auflage. 2 Bände. 8. geh. Preis 3 Thlr. 24 Ngr. Geb. 4 Thlr. 10 Ngr.

———— **Chemische Briefe. Wohlfeile Ausgabe. geh. Preis** 1 Thlr. 18 Ngr.

Unter allen populären naturwissenschaftlichen Büchern nehmen Liebig's chemische Briefe unzweifelhaft die erste Stelle ein. Dieselben sind nach Fassung, Ordnung und Inhalt für Jedermann geschrieben, er mag Chemiker oder Nichtchemiker sein, und Jedem verständlich, für Jeden faßlich. Sie haben den Zweck, die Aufmerksamkeit der gebildeten Welt auf die Bedeutung der Chemie und den Antheil zu lenken, den diese Wissenschaft an den Fortschritten der Industrie, Mechanik, Physik, Agricultur und Physiologie genommen hat.

———— **Naturwissenschaftliche Briefe über die moderne Land-** wirthschaft. Zweiter unveränderter Abdruck. 8. geh. Preis 1 Thlr. 10 Ngr.

Der berühmte Forscher über die Lebensbedingungen der Pflanze macht in der vorstehenden Schrift den Leser mit den Grundsätzen bekannt, welche die Chemie in Bezug auf die Ernährung der Pflanzen, die Bedingungen der Fruchtbarkeit der Felder und die Ursache ihrer Erschöpfung ermittelt hat. Die Briefe haben nicht nur für den Landwirth, sondern auch für den Laien ein hohes Interesse.

———— **Ueber Gährung, über Quelle der Muskelkraft und Ernährung.** (Aus den Annalen der Chemie und Pharmacie besonders abgedruckt.) gr. 8. geh. Preis 25 Ngr.

Strumpf, Dr. F. L., Allgemeine Pharmacopöe nach den neuesten Bestimmungen oder die officinellen Arzneien nach ihrer Erkennung, Bereitung, Wirkung und Verordnung. Zum Handgebrauch für Aerzte und Apotheker. Lex.-8. geh. Preis 6 Thlr. 6 Ngr.

In vorstehendem Werke hat der Herr Verfasser nicht allein die neuen Ausgaben der namhaften Apothekerbücher deutscher und ausserdeutscher Staaten, sondern auch eine grosse Zahl officineller Arzneimittel und Magistral-Vorschriften, welche in jenen Büchern nicht aufgenommen sind, zu einem Ganzen vereinigt, das den Arzt und Apotheker in gleichem Maasse befriedigen wird. Ausser den Kennzeichen und Prüfung der Bereitungsart der Mittel und der genauen Synonyme ist die Wirkung, die Art der Gebrauchs und die Gabengrösse berücksichtigt worden.

Der K. Preussische Herr Minister der geistlichen, Unterrichts- und Medizinal-Angelegenheiten hat sämmtliche Kgl. Regierungen und das Kgl. Polizei-Präsidium zu Berlin veranlasst, dieses treffliche Werk den Aerzten und Apothekern ihrer Verwaltungs-Bezirke zur Anschaffung zu empfehlen. Auch von Seiten der Kgl. Sächs. Regierung wurde dem Werke eine gleiche Berücksichtigung zu Theil.

Strumpf, Dr. F. L., Die Normalgaben der Arzneien nach dem Unzen- und Grammengewicht zugleich als Repetitorium der Arzneimittellehre. gr. 8. geh. Preis 1 Thlr.

——— Gleichungen des Grammengewichts mit den Unzen- und neuen Landesgewichten nebst den gehörigen Arzneigeurklassen. gr. 8. geh. Preis 6 Ngr.

Schlossberger, Prof. J. E., Lehrbuch der organischen Chemie mit besonderer Rücksicht auf Physiologie und Pathologie, auf Pharmacie, Technik und Landwirthschaft. Fünfte, durchaus umgearbeitete und vermehrte Auflage. gr. 8. geh. Preis 4 Thlr. 10 Ngr.

Das ausgesprochene Ziel des vorliegenden Werkes ist die Darstellung des gesammten Inhaltes der organischen Chemie in möglichst gedrängter und übersichtlicher Form.

Es bestrebt sich, bei der angegebenen Tendenz die richtige Mitte einzuhalten zwischen den kurzen Grundrissen und Leitfäden einerseits, sowie den grossen umfangreichen Hand- und Lehrbüchern der organischen Chemie andererseits. Zugleich ist sein angelegentlichstes Bemühen stets dahin gerichtet, die praktische Seite, d. h. die Anwendung dieser Wissenschaft auf Thier- und Pflanzenphysiologie, auf Medicin, Pharmacie, Landwirthschaft und Technik einleuchtend, aber mehr nur in allgemeinen Zügen hervorzuheben, während es das minder wichtige Detail aus den gesammten Richtungen der angewandten Chemie den jene Fächer ausschliesslich abhandelnden Werken zuweist.

Schwarzkopf, Prof. Dr. Archimedes, Lehrer der Pharmakognosie, Nationalökonomie und Handelswissenschaften an der Universität Basel, Handbuch der Pharmakognosie und Pharmakologie für Aerzte, Studirende der Medicin und Pharmacie, Apotheker und Droguisten. Erster Theil. Arzneimittel aus dem unorganischen Naturreiche. gr. 8. geh. Preis 3 Thlr.

In dem vorstehenden Buche wird der Pharmakognosie und Pharmakologie eine gleichmässige Beachtung zu Theil, sowohl den Studirenden der Medicin und Pharmacie, als auch dem Arzte und Apotheker Gelegenheit geboten, sich über die physikalischen und chemischen Eigenschaften, über die Kennzeichen der Güte und Verfälschungen der Arzneimittel, wie über deren physiologische Wirkung und therapeutische Anwendung sich zu unterrichten und die ihren Bedürfnissen entsprechende Aufklärung zu verschaffen. Die zahlreichen in- und ausländischen Literaturquellen sind von dem Herrn Verf. in der gewissenhaftesten Weise benutzt worden, sodass in dem Werke den mannichfachen ausserordentlichen Fortschritten der medicinischen Wissenschaft, sowie den vielfachen Bereicherungen, die unser Arzneischatz in der neuesten Zeit erfahren, die erforderliche Berücksichtigung zu Theil wird.

Will, Prof. Dr. H., Anleitung zur chemischen Analyse. Zum Gebrauche im chemischen Laboratorium zu Giessen. Achte Auflage. Mit einer Spectraltafel. 8. geh. Preis 1 Thlr. 12 Ngr.

Nach dem Urtheil bewährter praktischer Lehrer der Chemie hat sich die vom Verfasser gewählte Form der Anleitung als ihrem Zweck entsprechend erwiesen und sich daher immer mehr Freunde, sogar ausserhalb Deutschlands, erworben. Die schnell auf einander folgenden neuen Auflagen des Werkchens bezeugen am besten dessen Brauchbarkeit.

——— Tafeln zur qualitativen chemischen Analyse. Achte Auflage. 8. cartonnirt. Preis 16 Ngr.

— 4 —

In der C. F. Winter'schen Verlagshandlung in Leipzig ist ferner erschienen

Henry Thomas Buckle's
Geschichte der Civilisation in England

Deutsch von

Arnold Ruge.

Vierte rechtmässige Ausgabe. 90 Druckbogen gr. Octav.

„Buckle's Geschichte der Civilisation in England" wird mit Recht zu den bedeutendsten Werken der Gegenwart gezählt. Das Buch gleicht fast einer Rede, so eindringlich, so nachdrücklich beweisend kehrt es aus der Masse des Stoffes zur Feststellung seiner Ansicht zurück.

Auch in Deutschland ist ihm die gebührende Anerkennung nicht versagt worden. Die in England bestehende Achtung vor den Heldenthaten der civilen Entwickelung, die entschiedene Bevorzugung grosser industrieller, technischer, humaner und mercantiler Erfolge vor den kriegerischen; die Macht der öffentlichen Meinung und Formen, in denen selbstständige und selbstständig Wollende Männer ihre Bedürfnisse und ihren Willen geltend zu machen wissen, — alle diese Dinge sind hier klar und anschaulich dargestellter Verlauf werden jeden denkenden deutschen Leser befriedigen.

Das ganze 90 Druckbogen starke Werk kann in 15 Lieferungen à 9 Ngr. durch jede Buchhandlung bezogen werden, ist aber auch sofort vollständig in zwei Bänden zu dem Preise von 4 Thlr. 15 Ngr. zu erhalten.

Gefangene Vögel.

Ein Hand- und Lehrbuch

für

Liebhaber und Pfleger einheimischer und fremdländischer Käfigvögel

von

A. E. Brehm.

In Verbindung mit Baldamus, Bodinus, Bolle, Cabanis, Cronau, Fischer, Fürst von Freyberg, Girtanner, Golz, Grässner, A. von Homeyer, Fr. Köppen, Karl Müller, Schlegel, W. Schmidt, Stölker und anderen bewährten Vogelwirten des In- und Auslandes.

Das Werk wird in zwei Teile zerfallen, von denen der erste die Stubenvögel im engeren Sinne, der zweite die Parkvögel behandeln soll. Der erste beginnt in einem einleitenden Kapitel Liebhaber und Vögel, Croaner, die Vogelstube, Vogelbauer und Flugkäfige, Vogelfutter, Wartung, Eingewöhnung und Schonung, Vogeltransport, Empfang und Versand, Vogelzucht, Krankheiten und Seuchen, Vogelhandel und Vogelhändler, die Papageien, die Körner- und Weichfresser. Im zweiten Teil werden umfassen: die Raubvögel, Tauben, Hühner, die Stelz- und Schwimmvögel.

Jeder Teil des Werkes wird etwa 30 Bogen in gr. Oct. Oclav zwei werden. Die Ausgabe des Werkes erfolgt in Lieferungen à 10 Ngr., so dass je ein Band auf etwa 3 Thlr. stellen wird.

Sechs Lieferungen sind bereits erschienen und in allen Buchhandlungen vorrätig.

Gedruckt bei E. Polz in Leipzig.

III. Botanik.

B. Monatsbericht.

I. Physik und Chemie.

II. Botanik und Pharmacognosie.

III. Medicin und Pharmacie.

IV. Ausstellung von Droguen, Chemikalien etc.

C. Anzeigen.

Empfangsanzeige.

Annalen de chimie et de physique, Mai et Juin 1871.

Annalen d. Chemie und Pharmacie. VIII. Suppl.-Bd. 2. Heft u. Novemberheft 1871.

Der Arbeiterfreund 1871. 3. Heft.

Botan. Zeitung, Nr. 46, 47, 48, 49 u. 50.

Botan. Zeitung, Nr. 49.

Chem. Centralblatt, Nr. 46, 47, 48, 49 u. 50.

Chem. Centralblatt, Nr. 49.

Industrieblätter, Nr. 44 — 46, 47, 48.

Pharm. Centralhalle, Nr. 44 — 46, 47, 48.

Journ. f. pract. Chem., Nr. 17 u. 18.

Sitzungsberichte d. nat.-wiss. Gesellsch. Isis in Dresden, Juli, Aug., Septbr. 1871.

Pharm. Zeitschr. f. Russland, Nr. 17 — 21.

Zeitschrift d. allgem. österreich. Apoth.-Vereins, Nr. 32, 33.

Zeitschrift d. österreich. Apoth.-Vereins, Nr. 34.

Polytechn. Notizblatt, Nr. 22 und 23, Nr. 24 u. Register.

Würzburger gemeinnützige Wochenschrift, Nr. 45 u. 46, 47 u. 48.

Neues Jahrb. f. Pharmacie, Octbr. 1871.

Neues Repertor. f. Pharm., Heft 11.

Medicinisch-chirurgische Rundschau, Februar bis Novbr. 1871.

Zeitschr. d. landwirthsch. Central-Vereins d. Prov. Sachsen, Nr. 11 und 12. 1871.

Vierteljahresschrift f. pract. Pharm. 1872. I. Heft.

R. Fresenius, Zeitschr. f. analyt. Chem. X. Jahrg. 3. Heft.

Blätter für Gewerbe, Technik und Industrie, Nr. 19 und 20.

Schweizer. Wochenschrift f. Pharmacie, Nr. 39 — 44.

American. Journ. of Pharmacy, Oct. 1871.

The Pharmaceutical Journal and Transactions, Octbr. 1871.

Dr. L. Elsner, die chemisch-techn. Mittheilungen des Jahres 1870 — 1871. Berlin 1872, Verlag von Julius Springer.

J. D. Osterbind, Beiträge zur Stöchiometrie d. physikalischen Eigenschaften der Körper. Nr. 1. Ermittelung der Beziehungen zwischen der chemischen Zusammensetzung und der Grösse der Verdichtungsexponenten, des specif. Volumen u. der specif. Gewichte der flüssigen nur C, H und O enthaltenden Körper beim Siedepunkt. (Oldenburg 1871, bei Gerhard Stalling.)

Deutschlands verbreitetste Pilze, oder Anleitung zur Bestimmung d. wichtigsten Pilze Deutschlands u. d. angrenzenden Länder, zugleich als Commentar d. fortgesetzten Prof. Büchner'schen Pilznachbildungen. Von A. v. Löseke und F. A. Rösemann. I. Bändchen: die Hautpilze. Berlin, Theobald Grieben, 1872.

Jena, den 17. Decbr. 1871. H. L.